Instruments of Darkness

The History of Electronic Warfare, 1939-1945

インストゥルメンツオブダークネス

第二次大戦、夜間航空戦の勝敗を決した電子戦の攻防

アルフレッド・プライス
Alfred Price
高田 剛 訳
Takada Tsuyoshi

プレアデス出版

INSTRUMENTS OF DARKNESS
The History of Electronic Warfare, 1939-1945
by Alfred Price

Japanese translation rights arranged with Greenhill Books, c/o Pen & Sword Books Limited
through Japan UNI Agency, Inc., Tokyo

本書について

サー・ロバート・コックバーンKBE、CB
（一九六七年記）

第二次大戦ではほとんどの戦闘場面で、飛行機が大きな役割を果たしました。飛行機は空の戦いでは、攻撃と防御のどちらについても中心的な存在でしたし、陸軍や海軍の戦闘でも、戦闘の支援、偵察、輸送などで必要不可欠な存在となりました。[訳注1]飛行機の戦力としての重要性が高くなったのは、レーダーや無線通信における大きな進歩を取り込み、利用したからでした。連合国側と枢軸国側の双方が、電子技術を利用した敵機の遠距離探知、航法、目標識別、兵器の誘導などのシステムを構築するのに、膨大な資金と人的資源を投入しました。実際に戦闘を行っている軍からの強い要求により、軍事関連の電子技術は短期間に大きく進歩し、新しく導入された電子機器や電子システムの有効範囲、精度、能力は著しく向上しました。しかし、今日の技術水準から見れば、そうした電子機器やシステムは単純で素直な設計であり、まもなく敵からの干渉、妨害、欺瞞などに弱い事が明らかになりました。開発段階では良好な機能、性能が確認されていたのに、実戦で使用してみると、敵の対抗策により短期間でその有効性が失われて、設計者が衝撃を受けた事もありました。戦争が進むにつれて、科学者や技術者は、自分達のシステムの有効性を維持する事と、敵のシステムの弱点を見つけ、それに付け込む事に知恵を絞りました。この本では、著者のアルフレッド・プライス氏は、第二次大戦における夜間航空戦について、戦争の進展に伴い、電子技術を用いた装置やシステムが、夜間の航空戦にどのように影響を与えたかを詳しく述べています。

アルフレッド・プライス氏は英国空軍の爆撃機部隊で、電子装備担当の搭乗員、教官を務めている現役の将校です。その知識と経験を活用して、彼は第二次大戦当時の、新しい電子システムやそれを使用する新しい戦術がもたらした、即効的で衝撃的な効果と、その関係者の苦闘を生き生きと描写しています。また、彼は電子装備品の専門家なので、当時の各種の電子戦関連の機器や戦術を、技術面から理解し評価する事にも適しています。

学問的研究を主な職務とする科学者が、戦争に対してこの時ほど大々的に関与したことは、それまでにはなかったし、今後も無いかもしれません。敵に関する情報に基づいて開発された電子機器や、偵察機による写真や爆撃機の搭乗員の目視による情報が、数週間後、数か月後に、どこかの都市の運命や、数百人の航空機搭乗員の生命を左右するかもしれない状況だったのです。新しい電子機器は、あまり役に立たない時もありました。ある電子機器は心理的な効果があるだけでしたし、ある電子機器はごく短期間しか効果がありませんでした。役に立たないどころか、それを使用する事が危険をもたらした機器もありました。しかし、戦時における混乱と情報不足の中では、僅かな可能性も追求しなければなりませんでした。今から振り返れば、工夫を凝らした装置や巧みな戦術も、その効果があまり大きくなかった場合もありました。電子システムは、少しでも弱点があると、そこに付け込まれる事がありますが、それに対応する事も容易です。複雑で巧妙な電子妨害装置や探知警報装置は、複雑すぎたために、ドイツへの爆撃で実戦部隊が使用するのが難しかった場合もありました。「ムーンシャイン」の様な、巧妙な電子対抗手段[訳注2]は、奇襲的要素を利用する特殊作戦では有効で、ノルマンディー上陸作戦の際に、別の場所に上陸作戦を行うように見せかけて敵を惑わせる偽装作戦では、重要な役割を果たしました。しかし、継続的に大きな効果を上げたのは、相手の無線通信に雑音を送り込む単純な通信妨害と、「ウィンドウ（チャフ）」の大量散布によるレーダー妨害でした。

プライス氏は、この第二次大戦における航空電子戦の歴史を描いた本の執筆に当たり、戦争が終わってからの二〇年間に判明した様々な事実を取り入れています。彼は戦争の各段階において、英国とドイツの双方がいかに夜間航空戦を戦ったか、一方の側の技術開発が、それに対抗するための相手方の技術開発にどのようにつながったのかを詳しく述べています。例えば、チャフについては、英国の「ウィンドウ」と、ドイツの「デュッペル」の開発過程は極めてよく似ていました。現在でも、秘密にされている軍事技術が、異なる国で同じ時期に独立して開発され実用化される事がよくあります。平時では、新しい電子システムが実用化される時期が一年違っても、大きな問題にはならないでしょうが、戦時には六か月の違いが戦闘の勝敗に大きな影響を与える場合があります。第二次大戦における「電波の戦い」でも、開発期間のわずかな違いが、戦闘の結果に影響した事がありました。

第二次大戦が始まった時は、英国もドイツも、自分達だけがレーダーを持っているので有利だと考えていました。両国とも、このレーダーの実用化とその進歩が、後に空での戦闘に及ぼした大きな影響を予想していませんでした。一九四〇年の時点では、英国のレーダーは多くの点で、ドイツの「フライヤ」レーダーや「ヴュルツブルク」レーダーに劣っていましたし、英国はドイツの「クニッケバイン」爆撃誘導システムやその後継システムのような、電波を利用した爆撃誘導用や航法用のシステムを持っていませんでした。大戦末期には、ドイツは連合国側よりずっと早く、V‐1無人爆弾やV‐2弾道弾のような長距離誘導兵器を実戦に投入し始めました。しかし、ドイツ国防軍司令部は、新兵器を短期間に実用化する事の重要性や、新兵器の効果を正しく認識していませんでした。大戦開始からの二年間は、ドイツが戦争に勝利するためには重要な時期でしたが、レーダーの研究開発に全力を投入せず、そのため最初の頃に持っていた技術的な優位性を失いました。大戦末期には、英国と米国のレーダーなどの電子機器類は、性能面でも用途の広さでもドイツをはるかに凌駕していました。それに対して、ドイツの誘導兵器の投入は、戦局を挽回するに遅すぎました。特に、連合国側はドイツ側よりも早い時期に、レーダーや無線通信システムが電子的な妨害に弱い事に気付いたので、電子システムに対する妨害の実施や対策については、ドイツよりいつも一歩先を行っていました。

電子システムの適切な利用が、航空機や誘導兵器にだけでなく、軍事に関する全ての面で重要な事は、現在では広く理解されています。レーダーや無線通信システムを評価する上で重要な評価項目の一つに、不必要な情報を識別し、排除できる事があります。電子システムが妨害を受けた際の影響については、その影響度や対策を事前に検討しておく必要があります。しかし、それでも、相手が有能であれば、妨害されたり、欺瞞される可能性はあります。理想としては、電子システムを開発する際に、目標とする機能や性能を確保する事と、妨害に対抗する手段を組み込む事とのバランスを取る事、つまり、妨害を排除するための費用や労力が、その電子システムの目的とする機能、性能を実現させるための費用や労力を上回らないようにする事が必要です。しかし、実際には、このバランスをうまく取る事は難しく、成功しなかった事もありました。アルフレッド・プライス氏のこの本は、魅力的で華やかな最新兵器システムの真価は、結局は戦場において、その誘導や制御システムなどが正しく機能して、実際に戦果を上げれるかどうかで判断される事を、改めて教えてくれる有益な本です。

（サー・ロバート・コックバーンは一九〇九年に生まれ、一九九四年に没しています。物理学者、理学博士で、本書にも紹介されているように、第二次大戦では英空軍の電子戦用の機器やシステムの開発を担当しました。その貢献に対して、戦後、英国ではＫＢＥ（大英帝国勲章）、ＣＢ（バス勲章）を、米国から功労賞（Medal of Merit）を授与されています。――訳者）

関係者への謝辞（第一版：一九六七年）

この本の執筆に当たり、多くの方がご多忙にもかかわらず、快くご協力くださった事は、私にとって非常に有難く、励みになりました。ご協力いただいた方々に心からお礼を申し上げます。スペースの都合上、全ての方のお名前を紹介する事はできませんが、サー・ロバート・コックバーン、R・V・ジョーンズ教授、D・A・ジャクソン教授、サー・ロバート・ソーンドビー空軍中将、E・B・アディソン空軍少将、チショルム空軍准将、B・G・ディキンス博士、J・B・サパー氏、ドイツのドイツ空軍研究会、テレフンケン社、ハンス・リング氏には特にお世話になりました。

チャーウエル卿（フレデリック・リンデマン：英国の物理学者）の資料を閲覧するのを許していただいたサー・ドナルド・マクドゥーガルと、資料の管理をしておられるR・ブルース氏とC・ムーア氏にもお礼を申し上げます。また、イギリス空軍歴史部のL・A・ジャケッツ氏と職員の皆さまにも、本書の執筆の際に、資料の利用でお世話になりました。しかし、本書の記述内容については、私に全ての責任が有る事を強調したいと思います。

『ドイツに対する戦略爆撃（The Strategic Air Offensive Against Germany）一九三九年～一九四五年』（サー・チャールズ・ウェブスター及びノーブル・フランクランド著）からの引用を許可いただいた事に対して、英国政府印刷庁に感謝申し上げます。カッセル出版社がウィンストン・チャーチル著の『第二次大戦（The Second World War）』からの引用を、メスエン出版社がアドルフ・ガーランド著の『始まりと終わり（Die Ersten und die Letzten）』からの引用を、J・R・ブラハム空軍大佐が自伝『スクランブル（Scramble）』からの引用を、デイリー・ミラー紙がバック・ライアンの漫画の転載を、許可して下さった事にお礼を申し上げます。

本書の著述が難航した際の妻の暖かい支援と、ドイツ語の翻訳についての私の母の助力にも感謝いたします。

関係者への謝辞（二〇〇五年、第三版出版時の追加分）

本書の初版の発行以来、三七年が経過しました。その間に、当時は利用できなかった重要な資料を利用できるようになりました。この版では、初版を大幅に改訂し、日本が一九四五年に降伏するまでの期間も含めると共に、ヨーロッパ戦線と太平洋戦線の双方において、米国が電子戦に投入した大きな努力についても述べる事にしました。ワシントンDCにある「オールド・クロウ・クラブ」（電子戦関係者の団体）に手紙を出してお願いした結果、『米国の電子戦の歴史（The History of US Eelectronic Warfare）第一巻』の一部の引用を許可していただいた事を感謝しています。

残念な事に、この本を書く際にインタビューさせていただいたほとんどの方々（男性も女性も）が、今ではお亡くなりになっています。本書が亡くなられた方々が成し遂げられた事の記録として役立てばと思っております。

目次

本書について……i
関係者への謝辞……v
プロローグ……1
第1章　電波ビームの戦い……5
第2章　ドイツにおけるレーダーの開発……46
第3章　ドイツのレーダーを奪取せよ……61
第4章　反撃の準備……89
第5章　米国の参戦と日本のレーダー……105
第6章　電波妨害の実行と新型レーダーの投入……115
第7章　「ウィンドウ」の使用開始までの経緯……126

第8章　激しさを増す電子戦……141
第9章　ハンブルクへの無差別爆撃とその影響……167
第10章　戦局は山場に……200
第11章　ノルマンディー上陸作戦の支援……238
第12章　ヨーロッパ戦線　最後の数か月……255
第13章　太平洋戦域における激戦……284
第14章　戦いを顧みて……299

参考A　ドイツの主な地上設置型レーダー……309
参考B　日本の主な地上設置型レーダー（海軍のレーダーは艦載型も含む）……312
参考C　本書に関連する主な機器、システム等……316
訳　注……325
訳者あとがき……332
索　引……339

「闇の世界の手先は、我々に真実をささやく。
ひとかけらの真実で我々を信頼させるが、
最後には、我々を裏切って悲惨な結果をもたらす」

シェイクスピア作 戯曲『マクベス』第三幕第一場より

（訳注：「闇の世界の手先」は、シェイクスピアの原文では、「Instruments of Darkness」となっており、この本の原書の題名になっています）

プロローグ

第二次大戦が始まる一か月前の一九三九年八月二日の夜、巨大な飛行船、ＬＺ一三〇「グラーフ・ツェッペリン」号は、フランクフルト・アム・マイン市の基地を離陸し、夜空をゆっくりと高度を上げて行った。クックスハーフェン港付近でドイツの海岸線を離れ、飛行計画に従って北海の上空を、グレートブリテン島の沖合の電波偵察実施空域へ向かって進んで行った。

ＬＺ一三〇号は、ドイツで一九〇〇年から作られて来たツェッペリン硬式飛行船の最後の機体で、姉妹船のＬＺ一二九「ヒンデンブルク」号と同じく、大西洋横断路線での旅客輸送用に設計された飛行船である。しかし、グラーフ・ツェッペリン号が完成する前に、ヒンデンブルク号は着陸の際の火災事故で失われてしまった。その事故で、飛行船による旅客輸送の計画は中止になり、グラーフ・ツェッペリン号の用途は無くなってしまった。その後、一九三九年春に、グラーフ・ツェッペリン号は全く別の用途に使用するために、ドイツ空軍により改造された。

ドイツが他国と戦争を始める場合、ドイツ空軍は敵国の通信、航法、そして保有している場合にはレーダーについても、その電波の情報が必要になると考えていた。敵が使用する電波の諸元、使用状況、関連施設の位置などが不明なら、敵が使用する電波システムに対して、適切な対抗手段を講じる事が出来ない。グラーフ・ツェッペリン号の豪

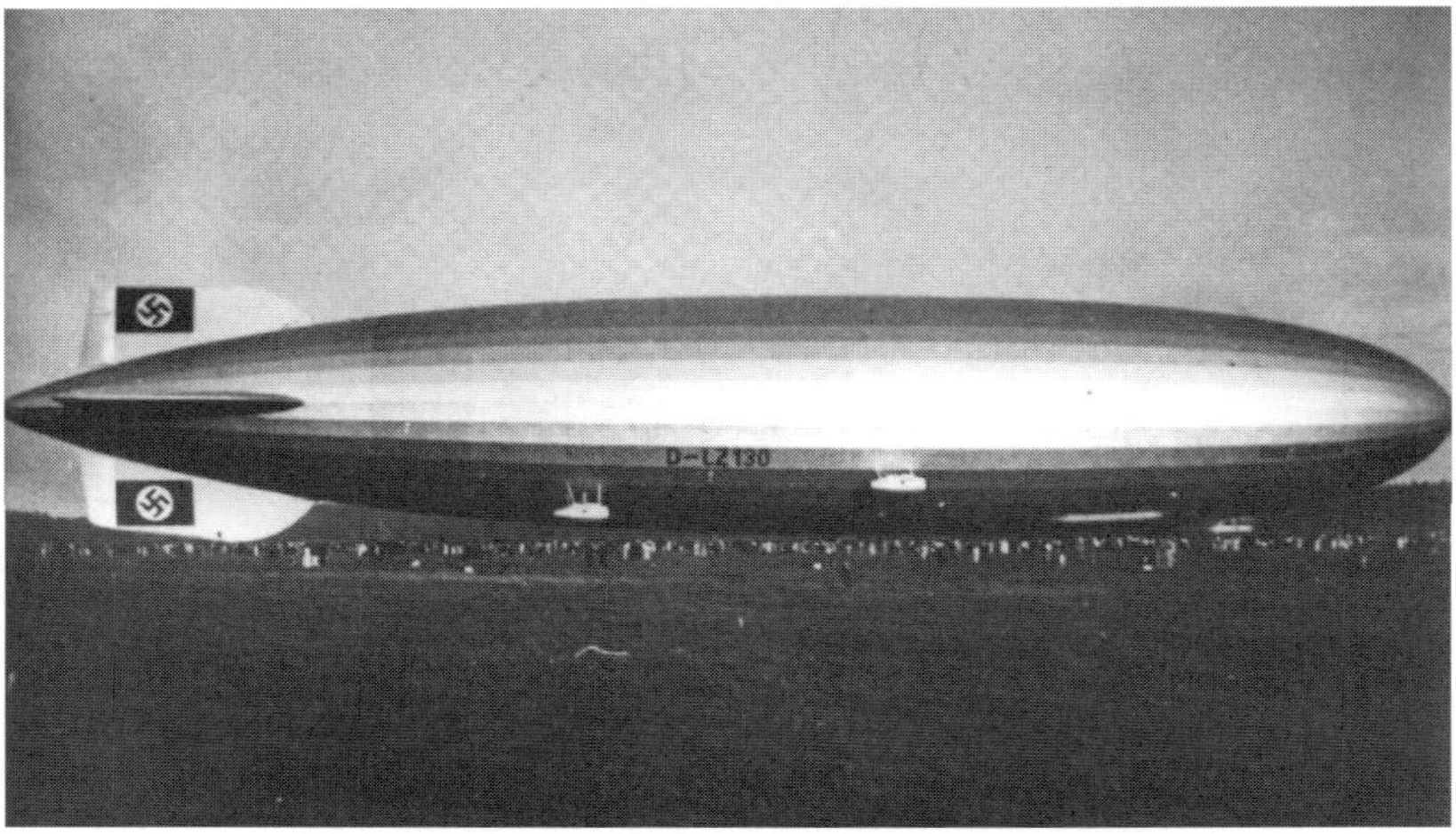

LZ-130「グラーフ・ツェッペリン」硬式飛行船　旅客輸送用の硬式飛行船の最後の機体。電子偵察用に改造されて、1939年8月にイングランドとスコットランドの沖合を電子情報収集のために飛行した。(LZ-127も名称が「グラーフ・ツェッペリン」なので、区別するためにLZ-130は「グラーフ・ツェッペリンII」と呼ばれる事もある)

エルンスト・ブロイニング博士（写真右）は飛行船「グラーフ・ツェッペリン」号の電波情報収集チームを指揮した。戦後、博士は著者に、博士のチームは英国が新しく建設した対空警戒用レーダー網の信号を受信したが、それを、地球を取り巻く電離層の高度を測定するために、ドイツの研究所が出した実験用の電波と間違えた、と語った。

華な客室は、多数の無線受信機と、その操作員が乗り込めるように改造された。この飛行船は、世界初の空飛ぶ電子戦情報収集機、つまりエリント機になったのだ。[訳注1]

　改造が完了した一九三九年四月以降、グラーフ・ツェッペリン号は、ドイツの東部や西部の国境に沿って何度も飛行を行い、近隣の国の無線通信などに使用されている電波の調査を行なった。七月一二日には、北海上空に進出し、イングランド北部の町、ミドルズブラから約一六〇kmの位置まで近付いて調査を行なった。

　八月二日の飛行では、グラーフ・ツェッペリン号には四八人が搭乗し、その内の二五名はエルンスト・ブロイニング博士が率いる無線通信の専門家だった。飛行船は北海を横切り、英国の領海内には入らないように注意しながら、スコットランド東岸に接近した。飛行船はその後、南に進行方向を変え、イングランド東部のローストフトの沖合まで飛行してから、ドイツへ帰投した。

　英国はすでに対空警戒レーダーの開発に成功していて、そのレーダーを海岸線に沿って配置した「チェイン・ホーム」対空警戒レーダー網[訳注2]は、グラーフ・ツェッペリン号が探知可能範囲内に入ってくると、その動きを監視していた。飛行船がアバディーンの沖合を通過した際には、英空軍のマイルズ・マジスター練習機が、飛行船を監視するために派遣され、しばらく飛行船と並んで飛行した。

　英国の「チェイン・ホーム」レーダー網は飛行船を監視するために北海の方向にレーダー波を出していたので、ツェッペリン飛行船の受信チームがそのレーダー波に気付かなかったのは不思議に思える。一九六九年にインタビューした際、ブロイニング博士は筆者に、彼の受信チームは１００ＭHz以上の周波数域を集中的に捜索していたと話してくれた。その周波数域は、初期の頃のドイツのレーダーが使用していた周波数域なので、英国のレーダーも同じ周波数域を使用していると考えた事は理解できる。しかし、受信チームは、英国のレーダー波を見つける事はできなかったが、英空軍用に新しく開発されたＶＨＦ無線機からの電波を受信した（ＶＨＦ帯：30〜３００ＭHz：訳者）。

興味を感じた飛行船の受信チームは、20～50MHzの周波数域を捜索してみた。その帯域こそ英国の「チェイン・ホーム」レーダーが使用している周波数帯だった。受信チームはパルス信号を受信したが、それを無視してしまった。以前の電波情報収集飛行でもパルス信号を受信していたが、地球を取り巻く電離層の高度を測定する実験のためにドイツ国内で使用されていたパルス信号によく似ていたので、それと間違えてしまったのだ。英国のレーダーの電波を見逃してしまったが、ドイツの受信チームは電波情報の収集方法を学び始めた段階で、受信機もレーダー波受信用ではなかった事を考慮すると、この見逃しはやむを得なかったかもしれない。

グラーフ・ツェッペリン号の電波偵察飛行は、四八時間に及び、その間に四五〇〇㎞の距離を飛行した。グラーフ・ツェッペリン号としては、それまでで最長の飛行だった。その飛行からまもない一九三九年九月一日に、ドイツはポーランドに侵攻した。二日後、英国とフランスは同盟国のポーランドを救うために、ドイツに宣戦布告をした。大戦争が始まったので、ドイツ空軍は巨大なグラーフ・ツェッペリン号を今後は使用しない事にして廃棄処分にした。

グラーフ・ツェッペリン号の行なったグレートブリテン島沖の電波情報収集飛行は、軍事的にはほとんど価値がなかったので、歴史的な事実の一つでしかない。しかし、敵国や仮想敵国の電波情報を調査する事は、対抗手段を考えるための準備作業として、その必要性が認識されるべき時期が来ていた。この飛行船の電波偵察飛行は、その重要性を連合国側も枢軸国側もすぐに認識する事になる、全く新しい形の戦いである電子戦の始まりを告げるものだった。

第1章　電波ビームの戦い

「英空軍とドイツ空軍の戦いは、パイロット対パイロット、高射砲対飛行機、爆撃対国民の忍耐力の戦いだった。しかし、別の種類の戦いが、日夜、途切れる事なく続いていた。それは目には見えない秘密の戦いで、その戦いの状況は、一般の人々には知られていなかった。今日でも、高度な科学的知識を持った少数の関係者を除けば、その戦いの実態や重要性を理解するのは難しい。」

ウィンストン・チャーチルの演説（Their Finest Hour：彼らの最も輝かしい時）より

軍事情報の収集・分析活動における成功は、ほとんどが幸運と忍耐により得られているのが実態だ。スパイ小説の読者が期待するような、大胆で冒険的な活動が実行される事はほとんどない。例えば、爆撃機を目標まで誘導する装置を秘密にしていても、戦時にあっては、いずれはその装置を搭載した機体は撃墜され、敵地に墜落するだろう。その場合、残骸から装置が発見されるだろうし、撃墜された機体から脱出して捕虜になった搭乗員が、まだ心理的に動揺している時に尋問されれば、装置について話してしまうかもしれない。航空機の搭乗員が、その日に使用する無線通信の周波数、コールサイン、航法用の無線局の正確な位置など、全てを完全に記憶しておく事は無理である。作戦行動に集中すべき時に、そうした情報が必要になりそうだと思えば、そうした情報を紙に書いて機体に持ち込むだろう。遅かれ早かれ、撃墜された機体から、そうした情報を記入した紙が、敵に発見されて回収されるだろう。

もし調査対象である敵のシステムに、送信する電波を細く絞った電波ビームが使用されている場合、調査を行う側には有利な点が有る。そうした電波ビームは敵に対して隠せないのだ。何らかの電波ビームが使用されていないか注意深く探せば、使用されている場合には電波ビームを見つける事ができる。電波ビームが発見されてしまうと、その諸元、特性を分析して、使用目的を推測する事が出来る。そのため、そうした電波情報を分析する部門は、その人数は少なくても、戦局の進展に大きな影響を与える場合がある。

一九四〇年六月二一日の夜、英空軍のハロルド・バフトン中尉がアブロ・アンソン双発機で、イースト・アングリアの夜空を飛行していたのは、ドイツ軍の電波ビームを探すためだった。後部座席では無線士のデニス・マッキー伍長が、無線機を注意深く操作しながら、電波を受信できないか試みていた。すると、突然、電波信号を受信した。彼のヘッドフォンに、一分間に六〇回の速さの、モールス信号のドット信号（「トン」音）がはっきりと聞こえた。アンソン機がそのまま直進すると、信号音は「トン」音から連続音に変化した。更に直進を続けると、連続音は一分間に六〇回の速さの、モールス信号の「ダッシュ信号」（「ツー」音）に変化した。その飛行では、その後、電波ビームをもう一本発見した。ワイトンの基地に着陸した後、バフトン中尉は次のように報告した。

一　スポールディングの町の一マイル（一・六km）南を通る、幅が約四〇〇〜五〇〇ヤード（三六〇m〜四五〇m）の、幅の狭い電波ビームを検出した。ビームの方向は真方位で一〇四度の方向から二八四度への方向で、ビームの南側ではドット信号を、北側ではダッシュ信号を受信した。

二　六月二一日から二二日にかけての夜間に受信した電波ビームは、搬送波の周波数は三一・五MHzで、信号は一一五〇Hzで変調されており、ローレンツ装置用の電波ビームに似ている。

三　同じような諸元の電波ビームをもう一本検出した。このビームの北側ではドット信号を、南側ではダッシュ信号を受信した。これらの信号は最初に検出したビームの信号と同期していた。この電波ビームは、ビーストンの町の近くを、六〇度から一〇四度の間の方向で通過していた。

電波情報の収集に掛けた労力で比較すれば、二人の搭乗員によるアンソン機の電波情報収集飛行に要した労力は、ほぼ一年前のグラーフ・ツェッペリン号の、あまり収穫が多くなかったグレートブリテン島沖合の電波情報収集飛行に比べると、ずっと小さかった。しかし、得られた成果ははるかに大きかった。

この飛行で、アンソン機はドイツ本土から発信されている二本の電波ビームの捕捉に成功した。この二本の電波ビームは、ダービーにあるロールスロイス社の航空機用エンジン工場の位置で交差していた。これは非常に重要な発見だった。

＊＊＊

この電波ビームを発見した事の重要性を理解するために、ドイツにおける一九三〇年代前半の電波技術の進歩の状況を簡単に振り返ってみたい。その頃、ドイツのローレンツ社は、飛行機が悪天候下で飛行場を見つけて着陸するために、計器進入用の装置を開発した。この「ローレンツ・システム」と呼ばれる装置は、飛行場から五〇㎞離れた位置から使用でき、部分的に重なり合う二本の電波ビームを使用して、着陸進入コースを操縦者に示す事ができる装置だった。左側のビームではモールス信号のドット信号（「トン」信号）が、右側のビームではダッシュ信号（「ツー」音）が送信される。この二本のビームの信号は、二本のビームが重なる中央の部分では、ドット信号とダッシュ信号が合わさって、連続音が聞こえるように二つの信号のタイミングが設定されている。[訳注1] 連続信号を受信し続けるように飛行すれば、飛行場内に設置された電波ビームの送信機の位置に向かって飛ぶ事になるので、視程が悪い時でも滑走路を視認して着陸できる可能性が高い。

一九三〇年代中期には、ローレンツ・システムは民間航空会社では広く使用されるようになり、幾つかの国の空軍

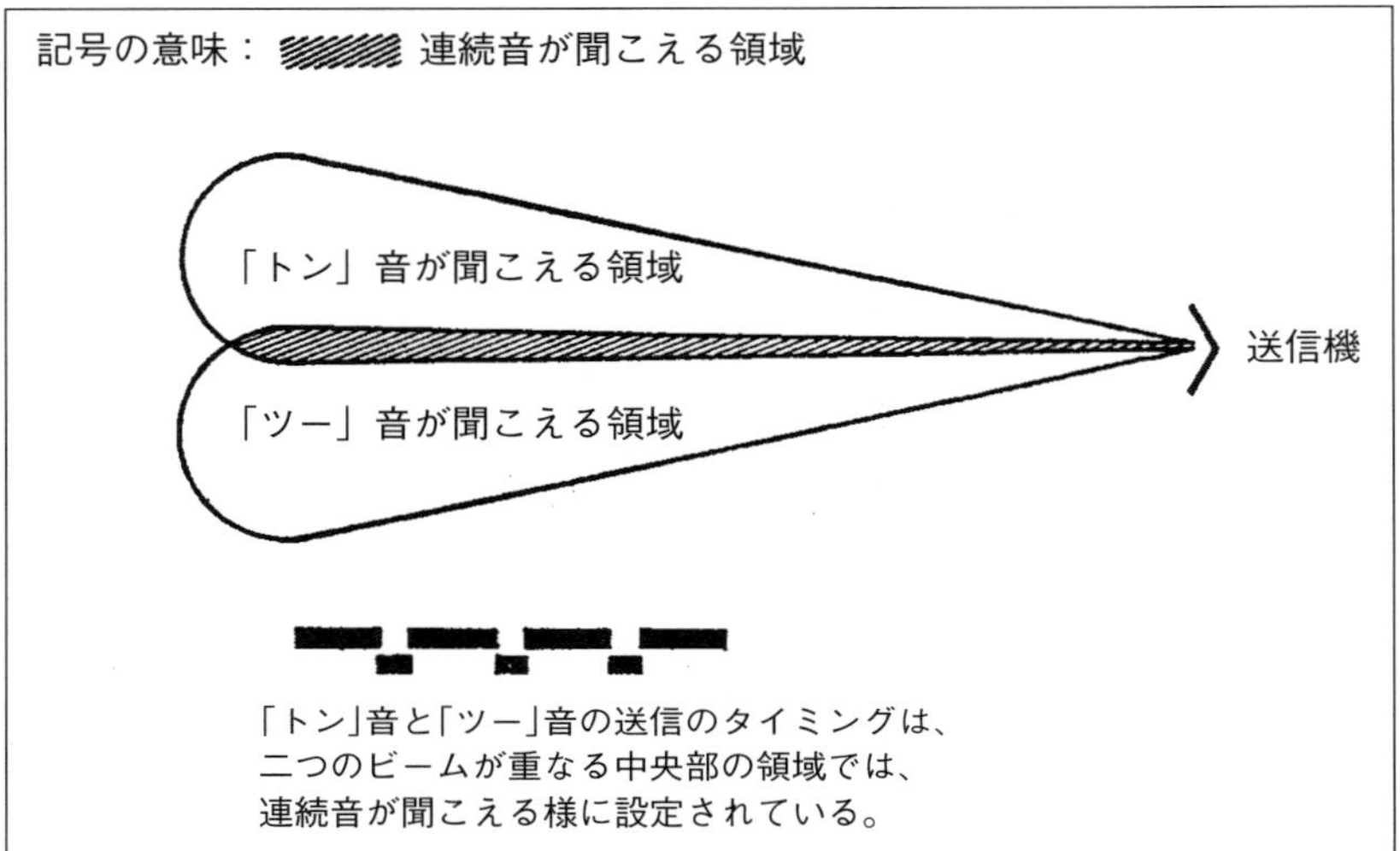

ローレンツ・システムの電波ビーム

にも採用された。英空軍もドイツ空軍も採用した。ドイツでは、電波の伝播を研究しているハンス・プレンドル博士が、夜間や悪天候の場合でも正確な爆撃が出来る様に、ローレンツ・システムを応用する事を考え付いた。彼の考案したシステムはX装置と呼ばれ、ローレンツ・システムで使用するのと同じ様な電波ビームを六本使用する。爆撃目標地点へ向かうコースの誘導には、六本のビームの内三本の電波ビームを使用する。一本は大まかなコースの誘導用で、二本をローレンツ・システムに類似した精密誘導用に使用する。それぞれの電波ビームの使用する周波数は異なるが、三本とも目標地点の方向へ送信される。残りの三本のビームは交差ビームとして使用され、爆弾投下位置までのコース上の三カ所で、コース誘導用のビームと交差する。X装置の電波ビームに使用される電波の周波数は、六六～七五MHzの範囲である（三六ページの図を参照）。

　X装置を搭載した爆撃機は、コース誘導用ビームに従い飛行する。爆弾投下位置から五〇km手前で、爆撃機は一本目の交差ビームを横切る。それにより、投弾地点が近いので、以後はコース誘導ビーム上を正確に飛行しなければならない事が分かる。投弾位置から二〇km手前に来ると、爆撃機は二本目の交差ビームを横切る。交差した時に、航法士がＸ装置用の特別な自動爆撃時計の始動ボタンを押すと、一本目の指針が動き始める。この時計はストップウォッチに似ているが、独立して動く二本の指針が付いている。爆撃機が爆弾投下位置から五㎞手前に来たとき、三本目のビームと交差する。三本目のビームの中心線と交差して連続信号が聞こえると、航法士は自動爆撃時計の始動ボタンをもう一度押す。押した瞬間に、動いていた一本目の指針は停止し、二本目の指針は一本目の指針を追いかけて動き始める。二本目の交差ビームを横切った位置から三本目の交差ビームを横切った位置までの距離は一五㎞で、三本目の交差ビームを横切った位置から爆弾投下地点までの距離（五㎞）の三倍である。そのため、自動爆撃時計の二本目の指針は一本目の指針の三倍の速さで動くようになっている。二本目の指針が停止している一本目の指針の位置に到達すると、電気回路の接点がつながり、自動的に爆弾が投下される。

第二次大戦前に製作された事を考えると、これはかなり複雑なシステムである。自動爆撃時計で測った二本目の電波ビームから三本目の電波ビームを横切るまでの時間で、爆撃機の正確な対地速度[訳注2]が分かる。対地速度は、目標への正確なコースに乗って投弾位置へ向かう場合、正確な位置で投弾を行うために必要不可欠な情報の一つである。ドイツ空軍はＸ装置の地上局を運用する専門の部隊、第一〇〇航空通信大隊を新たに編成した。大隊はデッサウ近郊のケーテンを基地にして、ユンカースＪｕ52輸送機とハインケルＨｅ１１１爆撃機を装備していた。

同じ頃に、ローレンツ社の競争相手であるテレフンケン社は、ドイツ空軍用に別の爆撃用誘導システムを開発した。「クニッケバイン（曲がった足）」と呼ばれるこのシステムはＸ装置よりずっと簡単で、ローレンツ・システムと同様の電波ビームを二本使用する。一本目のビームは爆弾投下位置へのコースを示すのに用いられ、もう一本の電波ビームは、投弾位置でコース誘導用の一本目のビームと交差して、爆撃機が投弾位置に到達した事を示す。このシステムの精度はＸ装置より劣るが、大きな利点が二つある。まずこの装置は、計器着陸進入用のローレンツ・システムと同じ周波数（三〇、三一・五、三三・三ＭHz）の電波を使用するが、ローレンツ・システムは、ドイツ空軍の全ての双

ドイツのシュレースヴィヒ・ホルシュタイン州シュトルベルクに設置された、巨大な「クニッケバイン」用の電波ビーム送信アンテナ。アンテナの高さは約30mで、送信する電波のビームを指定された方向に向けるため台車に乗せてあり、直径95mの円形のレール軌道の上を移動する。

発爆撃機の標準装備になっているので、爆撃機はそのままの状態で「クニッケバイン」の電波を受信でき、専用の特別な受信機を搭載する必要がない。二番目の利点としては、ローレンツ・システムを使用する計器着陸進入の訓練を受けた爆撃機の搭乗員は、追加の訓練を行わなくても「クニッケバイン」を利用して正確に飛行する事ができる。そのため、ドイツ空軍では「クニッケバイン」を、双発機以上の大きさの全ての爆撃機で使用する事が可能だった。

「クニッケバイン」の地上局の送信アンテナは巨大で、高さは三〇m以上、幅は九五mもある。送信アンテナは円形の線路上を動く台車に搭載され、高い精度で目標の方向に電波を送信できる。このシステムの利用可能範囲は、受信する航空機の飛行高度によるが、六千mの高度を飛行している場合には、送信アンテナから四三〇km離れた位置でも電波を受信できる。コース誘導用の電波ビームは、誘導ビームを構成する二本のビームが重なって連続信号が聞こえる部分の幅は1／3度と狭く、送信機から二九〇km離れた位置での幅は、計算上は一・六km（一マイル）程度である。

一九三九年末までに、ドイツ空軍は英国本土と西ヨーロッパを爆撃するために、「クニッケバイン」の送信設備を三か所に建設した。オランダとの国境に近いクレーヴェ、シュレースヴィヒ・ホルシュタイン州のシュトルベルク、ドイツの南西端のレラッハの三か所である。

一九三九年の後半には、第一〇〇航空通信大隊は、第一〇〇爆撃飛行大隊（ＫＧｒ１００）と改称され、X装置を装備したハインケルＨｅ１１１爆撃機が二五機配備された。ノルウェーとフランスに対する侵攻作戦では、この部隊はその夜間精密爆撃能力は使用せず、通常の目視照準による昼間爆撃を行なった。しかし、一九四〇年六月の連合国軍のダンケルクからの撤退後は、ドイツ空軍の通信部隊は英国本土に対する夜間爆撃の準備のため、「クニッケバイン」やX装置用の送信局を、オランダや北フランスに設置する工事を始めた。

＊＊＊

一九四〇年の春までは、英空軍はドイツ空軍の夜間爆撃が大きな脅威になるとは考えていなかった。一般的には、夜間の暗闇の中では、防空部隊は敵の爆撃機を発見できないが、爆撃機も爆撃目標を発見できないと思われていた。物理学者のＲ・Ｖ・ジョーンズ博士は、英国空軍省情報部の科学技術情報班長に数ヵ月前に任命されていて、軍事技術に関する情報の収集、分析を担当していた。[訳注3]彼の主な任務は、ドイツで行われている科学的研究や技術的研究の成果が、空軍の戦闘にどのように影響するかを調査し、推定する事だった。彼の所には様々な情報源から、ドイツ空軍が夜間や悪天候の時でも、爆撃機を目標に正確に誘導できる無線誘導システムを保有しているか、又は間もなく保有する事になりそうだとの情報が入ってきていた。

一九四〇年三月、一機のＨｅ１１１爆撃機が英国本土内で撃墜された。調査チームはその残骸で一枚のメモを発見したが、そこには次の内容が書かれていた。

航法支援設備：無線標識局はプランＡの局が利用できる。それに加えて、〇六時〇〇分以降は、無線標識「デュ

磁気コンパスの自差修正作業中の、第100爆撃飛行大隊のHe111爆撃機。胴体後部にX装置用のアンテナが追加されている。

R. V. ジョーンズ博士は、ドイツ空軍が英国本土を爆撃した際に使用した、爆撃機誘導用の電波ビームの正体を明らかにするのに大きな役割を果たした。

X装置用送信局

ンヘン」も利用可能。日没後は航空灯台が利用できる。〇六時〇〇分以降は、「クニッケバイン」の無線局が三一五度の方向へ電波を送信する。

その頃、ドイツ人捕虜が英国で尋問を受けて、すでに知っていると思って、「クニッケバイン」はX装置に類似したシステムだと供述した。捕虜は、ドイツから送信される電波ビームの幅は非常に狭いので、ロンドン上空でもビームの幅は一㎞以下だと話した（捕虜は電波ビームの幅を実際より狭く言ったが、ジョーンズにはそれを確認する手段がなかった）。

それから二ヵ月後、別のＨｅ１１１爆撃機の残骸から、ドイツ人搭乗員の日誌が発見された。三月五日の欄には、次の注目すべき内容が記載されていた。

飛行中隊の三分の二が非番だった。午後、「クニッケバイン」や折り畳み型の救命ボートなどについて説明を受けた。

こうした断片的な情報から、ジョーンズは「クニッケバイン」と、それに「少し似ている」X装置は、ある種の指向性の電波を使用していると推測した。ドイツ人搭乗員のメモの「三一五度の方向」は、ドイツの北西部の海岸から見た、スコットランドの北のオークニー諸島にある、英海軍のスカパ・フロー停泊地の方向の事だろうと推測した。スカパ・フロー停泊地方面では、ドイツ空軍の爆撃機の活動が盛んになっていた。ドイツ軍捕虜の供述で信じられなかったのは、ドイツからロンドンまでの距離は四五〇㎞以上あるのに、電波ビームの幅がロンドン上空でわずか一㎞しかないとの発言だった。実際には捕虜の供述は少し誇張されていて、電波ビームの幅は、二・五㎞程度が正しい。

その頃、ブレッチリー・パークに設置された政府暗号学校は、エニグマ暗号機を用いて高度に暗号化されたドイツ軍の無線通信を、部分的にではあるが解読する事に成功して、解読結果を関係部門に提供し始めていた。六月五日に受信されたエニグマ暗号通信は、四日後に「クレーヴェのクニッケバイン局の電波を、北緯五三度二一分、西経一度の地点で受信した」と解読された。

この通信は、ドイツ空軍第四航空軍団の通信隊長が出したもので、受信したとされる位置はノッティンガムシャーのレットフォードの近くだったので、そこにドイツ軍が無線ビーコンを秘かに設置したのではないかと疑われた。その地域を捜索しても何も発見されなかったが、その暗号通信で、「クニッケバイン」の無線局がクレーヴェに設置されている事が分かった。クレーヴェの町は、ヘンリー八世の四番目の妃、アン・オブ・クレーヴズの出身地であり、ドイツの中ではグレートブリテン島に最も近い地域にある。

ドイツ軍の無線ビーコンが発見されなかったので、「クニッケバイン」の電波を受信したのはドイツ軍機であろうから、次はドイツ軍機に搭載されている無線機器を詳しく調査する事が必要だと考えられた。Ｈｅ１１１爆撃機は、「クニッケバイン」を利用しているらしいとの情報があった。Ｈｅ１１１爆撃機は、特別な電波ビーム受信用の装置を搭載しているのだろうか？　一九三九年一〇月に、Ｈｅ１１１爆撃機が一機、エジンバラの近くで撃墜された。墜落した機体から回収した無線機器がファーンボロー基地に運び込まれ、英空軍の技術者が、回収された無線機器を慎重に分解して調査を行なった。その調査で、撃墜された機体に搭載されていたローレンツ・システムの受信機は、英国の機体が装備しているローレンツ・システムの受信機よりずっと感度が高い事が分かった。この受信機で、遠距離から送信された電波ビームを受信しているのだろうか？

ドイツ空軍が長距離用の電波ビーム・システムを使用しているかどうかを確認するのは、簡単な事のように思える。電波ビームを受信できる無線機を搭載した機体を何回か飛ばせば、すぐに結論が出るはずだ。しかし、ジョーンズはまだ若く、空軍情報部の科学技術情報班長になったばかりだったので、調査するために機体を飛ばしてもらう権限は無かった。又、彼は慎重に行動する必要がある事も分かっていた。科学技術情報班長の職は番犬に似ている、とジョーンズは感じていた。危険を察知したらすぐに警告する必要があるが、危険と思って警告しても、その後に何も起きなければ、それ以後は警告しても無視されるようになる。反対に、警告するのが遅すぎると、的確な対応ができない。現在は英国の防空能力が十分ではないので、ドイツ空軍が正確に夜間爆撃を行う能力を有しているかどうかについて、判断を間違う事は許されない。

この時点で、ジョーンズが必要としている影響力を持ち、ジョーンズの言葉に真剣に耳を傾けてくれそうな人が一人いた。戦争が始まる前に、オックスフォード大学で彼の指導教師だったフレデリック・リンデマン教授だ。リンデマン教授とウィンストン・チャーチル首相は一九一九年以来の親密な友人で、一九四〇年五月にチャーチルが首相に就任してからも、二人の友人関係は続いていた。チャーチルは戦時の指導者として素晴らしい資質の持ち主だったが、科学的な事にはうといので、リンデマン教授に説明してもらっていた。

ジョーンズが、ドイツ空軍の電波ビームの危険性をリンデマン教授に納得してもらえたら、ジョーンズの調査計画が実行される可能性が高くなる。六月一二日、リンデマン教授は他の件についてジョーンズを呼び寄せた。話の最後に、ジョーンズは「クニッケバイン」の説明をした。しかし、リンデマン教授は関心を持たなかった。リンデマン教授は、ローレンツ・システムで使用されている三〇MHz近辺の周波数の電波は直進性があり、地球の表面に沿って曲がらないので、遠距離まで伝わるとは思えないと言った。この時代には、こうした高い周波数の電波は直進するので、受信する機体が高度六千mを飛行している場合でも、受信可能な距離は送信局から二九〇km程度までだと思われていた。この距離は、ドイツ本土の英国本土に最も近い地域からロンドンまでの距離の約四二〇kmよりはずっと短いので、ロンドン爆撃には使用できない。

この会見の翌日、ジョーンズは彼が発見した、まだ公表されていない技術論文を持って、リンデマン教授の部屋を再び訪問した。その論文の著者は、マルコーニ社の技術顧問のトーマス・エカーズリーで、電波の伝搬についての権威だった。その論文には、種々の周波数の電波について、受信可能な最大距離のグラフが含まれていた。そのグラフから推定すると、送信アンテナがドイツ国内の標高の高い場所に設置されている場合には、三〇MHzの電波は、高度六千mを飛行する航空機では、英国本土内のほとんどの場所で受信が可能だった。その論文で納得したリンデマン教授は、すぐにチャーチル首相に次のメモを書いた。

英国本土内の爆撃目標地点へ正確に飛行するために、ドイツ空軍はある種の無線装置を保有している可能性があります。その装置が、何らかの無線方位測定装置であれ、他の方式の装置であれ、それについて調査する事、特にその使用する電波の周波数を調査する事は非常に重要であります。使用されている電波の諸元が判明すれば、我が方はそれを妨害する方法を考える事ができます。ドイツがその電波を英国の艦船を探知するのに使用するなら、それを無効にする方法は幾つも考える事が出来ます。……指向性の電波を使用している場合には、それを役に立たなくする事は可能です。

もしお許しいただければ、私はこの件を航空省と協議し、必要な処置を検討いたしたいと存じます。

チャーチルは、このメモの下部の欄外に、「この件はとても興味深い。調査する事を希望する」と書き込んで、空軍大臣のサー・アーチボルド・シンクレアに回した。

これでジョーンズは強い立場で調査を要望できる事になった。シンクレア大臣はすぐに行動を起こして、翌日の六月一四日には、空軍のサー・フィリップ・ジョウバート中将に電波の調査計画を担当させる事にした。ちょうどその日に、英空軍の捕虜尋問官がドイツ空軍の捕虜を尋問したところ、その捕虜は「クニッケバイン」は爆撃用の装置で、交差する二本の電波ビームを使用するが、ローレンツ・システムの受信機でその電波ビームを受信できると述べた。捕虜はそれに加えて、遠距離で電波ビームを受信するには、爆撃機は非常に高い高度を飛ぶ必要があると話した。例えば、スカパ・フロー停泊地で電波ビームを受信するには、六千m以上の高度を飛行する必要があるとの事だった。ジョーンズはスカパ・フロー停泊地と、ドイツ軍の占領地域でそこから一番近いノルウェー西部との距離は、四三〇kmであることに気づいた。この距離は、ドイツ本土内のロンドンに一番近い地域からロンドンまでの距離とほぼ同じである。

この捕虜の尋問結果は、ジョウバート中将が六月一五日に召集した、リンデマン教授やジョーンズも出席した会議に間に合った。その会議で捕虜の尋問結果などを知ったジョウバート中将は、電波ビームの調査にもっと多くの人を関係させたいと思ったので、その日の午後に再び会議を開くことにした。会議には、ジョーンズに加えて、戦闘機軍団司令官のサー・ヒュー・ダウディング空軍大将、英空軍通信部長のチャールズ・ナッティング准将も参加した。会議では、ジョーンズはそれまでに得た情報を報告し、電波ビームを捜索するための無線機を搭載した機体を飛ばす事が決まった。三機のアブロ・アンソン多用途機を使用する事になり、直ちに必要な無線受信機を搭載する作業が開始された。

英空軍の通信情報部から会議に参加していたローリー・スコット‐ファーニー少佐は、電波ビームに使用されている周波数は三〇・〇、三一・五、三三・三MHzのどれかだと思われると発言した。その理由は、ドイツ空軍機の残骸から回収したローレンツ・システムの受信機は、この三つの周波数のどれかに合わせてあったからだ。

六月一八日（火曜日）には、数週間前にフランスで撃墜されたドイツ軍機で発見された書類の中から、関連があると思われる書類が届けられた。その書類の一つには、次の記述があった。

長距離の無線標識局＝ＶＨＦ

一、クニッケバイン（フーサムの北西、ブレットシュテット付近）

五四度三九分

八度五七分

二、クニッケバイン（クレーヴェ付近）

五一度四七分五秒

六度六分

この情報は、「クニッケバイン」に関するそれまでに得られていた断片的な情報を、綜合的にまとめて解釈するのに役立った。この記述は、クニッケバイン・システムの二つの局の位置を表していると解釈できる。この二つの地点は、ドイツ本土の中でも、英国本土に最も近い地域にあり、しかも、それぞれの地点から送信される電波ビームが交差する角度が、ある程度の大きさを確保できるだけ離れている。ジョーンズはブレットシュテットから見たスカパ・フロー停泊地の方位が三一五度で、以前に得られたドイツ機の残骸から回収されたメモの情報と一致する事に気づいた。

更なる証拠として、ハインケル爆撃機の残骸から新しい情報が発見された。無線士の日誌が無傷で発見され、そこには既知の無線標識局の一覧表が含まれていた。表の上部には「クニッケバイン　クレーヴェ　三一・五」と書かれていた。記載されていた既知の無線標識については周波数が書かれており、英空軍の通信傍受部隊は、当日の夜にそれらの無線標識の周波数の電波を受信していた。従って、クレーヴェの「クニッケバイン」用の送信局は、その夜は三一・五MHzの電波を送信していたと推定できる。これはスコット - ファーニー少佐の予測とも一致する。

六月一九日の夜、アンソン機は電波ビームを捜索する最初の飛行を行なった。しかし、無線機が故障し、電波ビームを受信できなかった。翌日の二〇日の夜、別のアンソン機が電波ビームを捜索するために飛行したが、やはり受信できなかった。その夜は、ドイツ空軍は「クニッケバイン」の電波の送信をしていなかった。

アンソン機が電波ビーム捜索のために飛行している間も、英空軍の情報部は、情報収集作業でよくあるように、「ばらばらの断片的な情報をつなぎ合わせる」努力をしていた。英国本土上空で、損傷したドイツ空軍機から無線士がパラシュートで脱出した。その無線士は、それまで捕虜になった無線士の多くよりは冷静で注意深く、地面に降りた時にまだ自分のメモ帳を持ったままである事に気づいた。彼はそのメモ帳を引き裂いて、千個以上の断片にばらばらにした。その断片を地面に埋めようとしたが、埋める前に捕まってしまい、断片は回収された。断片をつなぎ合わせる面倒な作業の結果、無線局の一覧表が復元できて、クレーヴェとブレットシュテットの送信局の位置と、クレーヴェ局の送信周波数を確認する事が出来た。また、ブレットシュテット局の送信周波数は三〇MHzである事も分かった。

こうして、六月二一日の朝には、ジョーンズは、二つのクニッケバイン局の位置と周波数をつかんでいた。この時点で、確実な情報を入手していた事は、タイミング的にとても良かった。その日の午前に、チャーチル首相はダウニング街一〇番地の首相官邸で、ドイツ軍の電波ビームについて、最高レベルのメンバーで検討会を開く事にしていたのだ。会議の出席者には、サー・アーチボルド・シンクレア（航空大臣）、ビーバーブルック卿（航空機生産大臣）、リンデマン教授、サー・シリル・ニューオール元帥（空軍参謀総長）、サー・ヒュー・ダウディング大将（戦闘機軍団司令官）、サー・ヘンリー・チザード（空軍科学技術顧問）が含まれていた。ジョーンズが到着した時には、会議はすでに始まっていた。ジョーンズが席に着いた時には、電波ビームで飛行機を遠距離まで誘導できるかどうかが、議論されていた。会議の参加者の中で、ジョーンズは年齢も地位も一番下だった。彼は発言を求められるまで、黙って待っていた。何分かして、チャーチル首相は技術的な事項をジョーンズに質問した。ジョーンズは質問されるのを待っていた。彼は、「初めから説明させていただいてよろしいでしょうか?」と尋ねた。チャーチルが説明するのを許したので、ジョーンズは、ドイツ空軍がその爆撃機を目的地まで電波で誘導する装置を保有していると推測しているが、それには様々な根拠がある事を詳しく説明した。それで会議の参加者は、この電波ビームの件はもっと調査する必要がある事を納得した。会議の議論は、「ドイツ軍の無線ビームは存在するか?」から、「それについて、どうすればもっと詳しく分かるか?」がメインテーマになった。

その日の午後、空軍通信部長のナッティング准将はジョーンズとマルコーニ社の技術顧問のエカーズリーを呼んで、ドイツ空軍の爆撃機が英国本土上空で利用していると思われる電波ビームについて、技術的な事項について話し合った。その話し合いの席上で、エカーズリーは爆弾発言をした。自分は以前に電波の通達距離のグラフを発表しているが、「クニッケバイン」について他の人達が言っている事に同意できないと言ったのだ。彼は三〇MHzの電波は、地球表面に沿って曲がって伝播するとは思わないと言った。ジョーンズはエカーズリーに、それならなぜ今朝の首相官邸の会議でジョーンズが有力な根拠とした、あの通達距離のグラフを発表したのかと質問した。エカーズリーは、それらのグラフは彼の理論を適用して、別の条件に対して作成したものだと説明した。ジョーンズはリンデマン教授に、電波が地球表面に沿って曲がって進む可能性がある事を信じてもらうためにそのグラフを利用したので、エカーズリーの発言にジョーンズは大きな衝撃を受けたに違いない。誰かが大きな間違いをしたことは確かだが、ジョーンズはそれが自分でない事を祈るのみだった（実際には、三〇MHzの電波は地球の表面にそってある程度曲がるが、どの程度曲がるのかは当時の英国ではまだ確認されていなかった）。

ジョーンズがこの思いがけない展開にどう対応しようか考えている間にも、電波ビームの捜索は続いていた。話し合いのあったその日の夜、バフトン中尉とマッキー伍長は、この章の最初に書いたように、イングランド東部のイースト・アングリア地方の上空で、ドイツ軍の電波ビームを受信した。この電波ビームのもたらす危険性を表すために、英空軍はこの電波ビームを使用するドイツ空軍の誘導システム（「クニッケバイン」）の暗号名を「ヘッドエイク（頭痛）」と名付けた。

「クニッケバイン」への対抗手段の開発は、ライウッド空軍准将が担当する事になった。ライウッド准将の部下のエドワード・アディソン中佐は、後に次のように回想している。

ある日、ライウッド准将は私を呼んで、「情報部の科学技術情報班長のジョーンズと言う若い人物が、ドイツ空軍がロンドンを爆撃する爆撃機の誘導用に、英国上空に向けて電波ビームを送信していると言う、信じられないような説を唱えている。そのシステムは『クニッケバイン』と言う名前らしい」と言った。「ジョーンズがどこからその情報を得たのかは知らないが、ともかく彼はその情報を入手したのだ。そのシステムはとても危険な存在のようだ。我々はどうしたら良いと思うかね？」と准将は私に質問した。

アディソン中佐は、ドイツ空軍の電波ビームに対抗するために、専門の部隊を作る事を提案した。ライウッド准将は同意して、アディソン中佐をその部隊の隊長に任命した。アディソン中佐の新しい部隊は、第八〇飛行大隊として短期間の内に編成を終わり、ハートフォードシャーのラドレットの近くのガーストンの村に司令部を置いた。

電波ビームへ対応するための部隊の準備作業は速やかに進められたが、英空軍としてはもう一つの準備作業が必要

ロバート・コックバーン博士は、ドイツ軍の電子航法システムや無線通信を妨害すための、英空軍用の電子機器を設計し、生産を指導するチームを率いた。

英空軍のエドワード・アディソン中佐は、「電波ビームの戦い」の時には第80飛行大隊の司令官だった。後に、電子妨害を行って爆撃部隊を支援する第100飛行連隊の司令官になった。

だった。ドイツ空軍の電波ビームを無力化できる、特別な妨害装置を開発し製作する部署が必要である。その任務はスワネージにある英空軍のＴＲＥ（無線通信研究所）が担当する事になり、妨害装置担当チームのリーダーにはロバート・コックバーン博士が指名された。彼は物理学者でまだ若く、ＴＲＥに入所したばかりだった。彼の率いる少人数のチームは、「クニッケバイン」を対象とする、専用の妨害電波送信機（ジャマー）の設計と製作に着手した。

妨害電波送信機は特殊な機器なので、新しく開発するには時間がかかるが、その時間的余裕はなかった。英国本土に対するドイツ空軍の大規模爆撃は、いつ始まってもおかしくない状況だった。そのため、アディソン中佐は、ジアテルミー高周波治療器（病院で傷口を温熱治療するのに用いる装置）を何台か入手して、それを原始的な雑音電波発生器に改造して、「クニッケバイン」の周波数で雑音を送信する事にした。英空軍は、この高周波治療器を改造した妨害電波送信機を、いくつかの警察署に設置した。第八〇飛行大隊の司令部から指令が来ると、当直の警官が、装置のスイッチを入れる事になった。

それに加えて、アディソン中佐は英空軍が持っているローレンツ・システムの送信機を何台か入手して、「クニッケバイン」の電波ビームに似た電波ビームを出すように改造した。中佐の狙いは、偽の電波ビームをドイツ空軍のビームと交差するように送信して、ドイツ軍の爆撃機を間違わせて、偽の電波ビームの方向へ行かせる事だった。飛行機を飛ばして確認したところ、この装置では出力が低いので、ドイツ空軍の爆撃機を惑わせる可能性は小さい事が分かった。それでも、何らかの対抗策をできるだけ実行したいとして、第八〇飛行大隊はこの装置を何台か使用する事にした。

新編された第八〇飛行大隊では、アブロ・アンソン多用途機の飛行小隊が重要な役割を果たした。ブルック少佐が指揮するアンソン機の飛行小隊は、毎晩飛行を行って、「クニッケバイン」の二本の電波ビームについて、その方向と交差する点を求めようとした。当初、第八〇飛行大隊は偽装のため、計器進入方式訓練・開発部隊（Blind Approach Training and Development Unit: BATDU）の名称を使用した。一九四〇年九月、部隊は名称を無線情報収集方法開発部隊（Wireless Intelligence Development Unit: WIDU）に変更したが、任務の内容はそれまでと全く同じだった。

アンソン機が「クニッケバイン」の電波の受信に成功すると、まもなく英空軍の電波傍受部隊も、適切な受信機を用いれば、地上局でも「クニッケバイン」の電波を受信できる事を発見した。地上局の支所が何カ所か作られ、「クニッケバイン」の電波を受信すると、その周波数と信号の種類（短音か長音か）を第八〇飛行大隊の司令部に伝え、司令部では専用の地図上に信号の状況が記入された。こうした地上局による受信だけでは、「クニッケバイン」の電波ビームの全体像は正確には分からない。しかし、地上局の受信情報は、アンソン機が電波ビームを調査するために飛ぶ空域を判断するのに役立ち、電波ビームの信号音が連続音になる部分の方向（ドイツの爆撃機の侵入コース）の捜索範囲を大幅に狭める事が可能になった。

ドイツ空軍が「クニッケバイン」を重視している事を示す事実として、八月に入ると英空軍の電波監視所は、フランス北部の海岸地帯の二か所から送信された、「クニッケバイン」の電波を受信した。一つはディエップの近くのグルニーからの電波で、ロンドン中心部からの距離は二〇〇kmしかない場所からだった。もう一つはシェルブールの近くのボーモン・アギュからで、ロンドンから二四〇kmの距離の場所からだった。

アディソン中佐は、彼の電子妨害部隊がその任務を早く開始できるよう、急いで装備を入手するよう努力したが、有能な人材も直ちに必要だった。電子技術が重要な役割を果たす部隊なので、アディソン中佐は、他の部隊で能力不足で不要とされた隊員は欲しくなかった。中佐はできるだけ有能な人材を集めたかった。幸い、彼の飛行大隊の任務は首相を始め各方面から注目されていたので、アディソン中佐は優先的に要員を選ぶ事が出来た。人材として特に適していたのは、アマチュア無線の経験者だった。

＊＊＊

アディソン中佐の部隊は、「クニッケバイン」に対して急造の機材で電子妨害を始めたが、それに加えて、もう数か月前から始められていた、別の電子妨害活動も担当する事になった。ドイツ空軍は、ドイツの勢力範囲内に数多く設置された無線標識局（ラジオビーコン）を、自軍の飛行機の航法用に利用していた。各無線標識局は、その局の識別符号をモールス信号で発信した後、連続音を五〇秒間送信するので、飛行中の機体の無線士はその電波を受信して無線標識局の方位を求める事が出来た。その頃、英国ではドイツのスパイが、ドイツ軍の爆撃機を誘導するために、英国内の目標の近くに無線標識用の送信機を設置する事を心配していた。そうした無線信号の送信に対処するため、英国郵政省の通信技術者は、「マスキングビーコン（無線標識無効化装置）」とか「ミーコン（Meacon）」と呼ばれる、巧妙な装置を考案した。

「ミーコン」は、受信機と、そこから約二〇km離れた所に設置された送信機で構成される。受信機は、妨害しようとするドイツの無線標識局の方向に向けられた指向性のアンテナに接続されている。受信機がドイツ軍の無線標識局の信号を受信すると、その信号を増幅し、地上回線により「ミーコン」の送信機に伝える。すると、「ミーコン」の送信機は、同じ周波数で送られて来たドイツ軍の無線標識局の識別符号をそのまま送信し、それに続いて連続音を五〇秒間送信する。しかし、「ミーコン」の送信機は当然ながら、ドイツ軍のスパイが設置した送信機とは全く違った場所にあるので、ドイツ空軍機は見当違いの場所に誘導される事になる。

八月の初め、リンデマン教授はチャーチル首相のために、「ミーコン」による妨害方法を説明するメモを作成した。教授は、ドイツ空軍はドイツ、ノルウェー、フランス北部に八〇近い無線標識局を設置していて、中波帯と長波帯の電波で運用している。これらの局のうち、同時に運用されるのは一二局以下で、それ以外の局は電波を出さない。日によって、使用される無線局は異なる、と書いた。

リンデマン教授はそれに続いて次のように説明した：

このような無線標識局に対しては、二つの対処方法が有ります。一つは、その電波を妨害する事です。つまり、敵の電波と同じ周波数で、こちらから強い電波を送信して、敵が自軍の無線標識局の電波を受信できなくする方法です。灯台に例えると、昼間で明るい時には灯台の灯りが見えなくなりますが、それと同じ状況にするのです。この方法は、実行するのが困難です。なぜなら、敵の無線標識局が使用している全ての周波数について、非常に強い電波を送信する必要があるからです……各無線標識局はその標識ごとに固有の周波数（波長）の電波が割り当てられていて、その無線標識の電波を受信できなくするためには、こちらから出す、その周波数の電波は圧倒的に強くないといけないのです。今回の場合、電波の波長が三〇ｍから一八〇〇ｍの範囲内を、強い電波で圧倒する事が必要です。これだけの広い周波数範囲をカバーするには、非常に強力な送信局が八か所は必要です。しかし、それを行なう場合には、別の問題が出てきます。もしこのような強力な送信局を八か所に設置したとすると、ドイツ空軍はその位置をすぐに突き止め、その局をドイツ機の航法に利用するでしょう。後ろから来る電波の方向に飛ぶより、前から来る電波の方向に飛ぶ方がずっと易しいのです。

こうした事態を避けるには、妨害電波を送信する際、三つの局を一つのグループにして、その三局が同じタイミングで妨害電波を送信すれば良いのです。こうすれば、敵は電波を受信しても、その電波の来る方向を知る事ができず、目的地への飛行に利用できません。そうではありますが、この方法では強力な三つの送信局のグループが八つ、つまり二四局が必要です。この方法を採用して強力な電波を送信した場合、国内の無線通信や放送は全て使用不能になります。ＢＢＣ（英国国営放送）や他のラジオ局の送信機をこの用途に転用すれば、この方法は四週間から八週間後には使用できるようになると思われます。その場合でも、ドイツ空軍が現在の無線標識局の代わりに、フランスやオランダの国内で、普段は放送局でラジオ放送用に使用されている強力な送信機を、無線標識局用に使用するとしたら、我々が妨害をするのは難しい思われます。

そのため、「マスキングビーコン」と呼ばれる、別の方法を使用する事が必要です。この方法では、英国本土内に小規模な送信局を多数設置し、ドイツ軍の電波信号を受信すると、それと同じ電波信号をタイミングを合わせて送信します。こうすれば、ドイツ機の搭乗員はドイツ側が送信している電波信号と英国側が送信している電波信号を区別できないので、無線標識局からの方向が分からなくなります。英国側の送信局の電波は、ドイツ側の送信局の電波と同期しているので、どの送信局からの電波を受信しているのか分からなくなり、ドイツ側の送信局だけの時のように、航法に利用できなくなります。この方式は送信局の数が多くなりますが、すでに六局が運用中ですし、もう一週間以内に更に九局が運用を開始します。ドイツ空軍が同時に一二局以上を使用しない限り、我々はこの一五局で敵のシステムを無力化でき、敵はこの無線標識局を使用する方式を、航法用に使用できなくなります。この妨害用の送信局は最優先で建設が行われており、数週間以内にドイツ側の無線標識局による航法を不可能にできる思われます。我々がこうした送信局を八〇局保有すれば、ドイツ側が八〇局全てを同時に使用しても対処できる事は明らかです。しかし、ドイツ側が同時に多くの局を使用するとは考えられません。局が多すぎると、ドイツ機の搭乗員が混乱する事は確実です。ドイツ空軍の運用方法を考えると、英国側の局は三〇局で十分だと考えられます。

＊　＊　＊

一九四〇年八月一八日には、第八〇飛行大隊は九か所で「ミーコン」を運用していた。その二日後には、英国が急いて準備した、高周波治療器を改造した送信機や、ローレンツ・システムの送信機を用いる「ヘッドエイク（クニッケバインの英国側の名称）」妨害用の局が、妨害電波の送信が可能な状態になった。八月二八日には、ドイツ空軍はリバプールに対して、一六〇機の爆撃機による大規模な夜間爆撃を初めて行なったので、英国側の妨害装置はきわどいタイミングで間に合った。ドイツ空軍の爆撃部隊は、それから三晩続けて、ほぼ同等の戦力でリバプールに夜間爆撃を行なった。心配されていたドイツ空軍による夜間の無差別爆撃が開始されたのだ。

九月七日、ドイツ空軍は、夜間爆撃の目標地をロンドンに変更した。その日から一一月一三日まで、ドイツ空軍は平均して一六〇機の爆撃機で、天候が悪くて爆撃が出来なかった一日を除いて、毎晩ロンドンを爆撃した。この夜間爆撃の期間に、コックバーン博士と彼のチームが開発した、「クニッケバイン」用の妨害装置が初めて実戦に用いられた。ドイツの「クニッケバイン」に対する英国側の暗号名は「ヘッドエイク（頭痛）」だったので、それに対抗するための妨害電波送信システムの暗号名は、頭痛の際の解熱鎮痛剤の「アスピリン」になった。「アスピリン」は「クニッケバイン」が使用している周波数の電波で、モールス信号の長音（「ツー」音）を送信する。「アスピリン」が送信するのは、「クニッケバイン」の短音や長音の区別には関係なく、単純に長音だけである。そうするのは、ドイツ空軍の爆撃機が、「アスピリン」からの長音を聞くと、連続音が聞こえるはずの方向に針路を変える事を期待したからだ。ドイツ機がコースの中央で安定して連続音が聞こえるはずの位置まで来ても、「アスピリン」からの長音が聞こえたままなので、正しいコースに乗る事ができない。「クニッケバイン」の短音が聞こえる領域に入っても、短音と長音が混ざり合って聞こえて、コースを指示する明確な信号には聞こえない。

重要な地区については、妨害効果が弱い高周波治療装置の改造型やローレンツ・システムの送信機に代わって、「アスピリン」が設置された。重要な地区で不要になったそれまでの妨害装置は、妨害可能地域を拡大するために別の地区に移設された。

こうして対応策を進めている頃、ＴＲＥでは、ドイツ軍の誘導電波を「曲げる」事で、ドイツ機の搭乗員が気付かないまま、爆撃機をコースから外れさせるような妨害装置を作れないか検討されていた。技術的にはそのような装置は製作可能である。しかし、こうした巧妙な装置を設計し製作するには時間が掛かるが、アディソン中佐は英国内の都市に対する夜間爆撃の脅威に、今すぐに対応しなければならなかった。彼にはこのような巧妙な装置が開発されるのを待つ時間は無かった。実際にはドイツ軍の誘導電波を曲げる方法は使用されなかったが、コースを曲げる妨害が行われたとする噂を信じる人は多かった。多分、そうした噂は、ドイツ側の「クニッケバイン」に対する信頼感を弱めるために、英国の情報機関が広めた「フェイクニュース（偽情報）」だったかもしれない。アディソン中佐は後に筆者に次のように語っている：

何か変わった事が起きると、人々はそれは我々のせいだと考えた。我々が行っていた内容は秘密にされていたので、それが間違っていても、我々にはそれを否定する方法がなかった。ある日、ドイツ機がウィンザー城の敷地内に爆弾を投下した。翌朝、ウィンザー城の管理責任者が私に電話をしてきた。彼は非常に不機嫌な声で、なぜ我々が誘導電波をウィンザー城の方へ曲げたのか知りたいと質問してきた。国王陛下に危険が及んだかもしれないではないかとの理由からだった。今回の爆弾は、迷子になったドイツ空軍の爆撃機が、いつものように爆弾を適当な位置で捨てただけの事なのだが、どこに落ちたかで、我々は褒められたり、責められたりするのだ。

コックバーン博士も、筆者がインタビューした時に、同じような意見を述べている。博士は次のように語った：

我々が敵の誘導電波を曲げていたとする説がある。実際にはそんな事はしていない。私はスワンジーの近くのワース・トラバースに受信機を、ソールズベリーの近くのビーコン・ヒルに送信機を配置した妨害システムを作った。「クニッケバイン」の信号電波を受信すると、それをそのまま送信する事で、ドイツ空軍の誘導ビームの方向を狂わせたいと考えたのだ。言い換えれば、我々の送信機を使って、ドイツの地上局からの電波ビームとそっくりの電波ビームを、我々の希望する方向に送信しようと思ったのだ。発想は良かったが、実際にはそうはならなかった。このシステムが使用可能になった時には、他の妨害システムが大きな効果を上げていて、そうした妨害システムに加えて、新しいシステムをわざわざ時間と労力をかけて使えるようにする必要は無くなっていた。そのため、ドイツ軍の電波ビームを曲げる事を考えてはみたが、実際に行う事はなかった。

第八〇飛行大隊がビーコン・ヒルの妨害電波送信局を引き継ぐと、他の「アスピリン」と同様に、「クニッケバイン」の周波数で、モールス信号の長音（「ツー」音）を送信するのに使用した。

一九四〇年一〇月、アディソン中佐は大佐に昇任した。第八〇飛行大隊はこの頃には、将校が二〇名、男性、女性の隊員二〇〇名が在籍していて、「クニッケバイン」を妨害するために「アスピリン」を一五局運用していた。この妨害システムの効果はどれほどだっただろう？

本書の以前の版も含めて、これまでに刊行されている幾つかの本では、英国側の公式の見解に従って、「クニッケバイン」への電波妨害は非常に効果的だったので、「クニッケバイン」はすぐに使用されなくなったとしていた。結果は同じだが、その理由は実際には少し異なっている。

ロンドンから二〇〇kmの位置にあるフランスのグルニーに設置された「クニッケバイン」の送信所は、ロンドンへのコース誘導用のメインビームを送信する事が多かった。ロンドンから二四〇kmの位置にあるフランスのボーモン・アギュの送信所は、位置的に交差ビームの送信に適している。この二つの局が、ロンドンに向けて爆撃機誘導用のメインビームと交差ビームを送信すると、ロンドン上空に、幅が約八〇〇m、長さが約一四〇〇mのひし形の区域が爆弾投下区域として示される事になる。一〇〇機以上のドイツ空軍の爆撃機が、夜間爆撃を行う際にこの狭い区域内で爆弾を投下したら、ロンドンは大きな被害を受けただろうが、実際にはそうはならなかった。

当時、英国本土を爆撃に来ていたドイツ空軍の爆撃機の搭乗員は、筆者に対して、英国側の妨害があっても、「クニッケバイン」の信号を、最初の頃は十分に聞き取れたと話している。しかし、妨害の効果そのものは大きくなくても、妨害電波が送信されている事を攻撃側は不安に感じていた。それは防衛側が誘導ビームの存在に気付いていて、

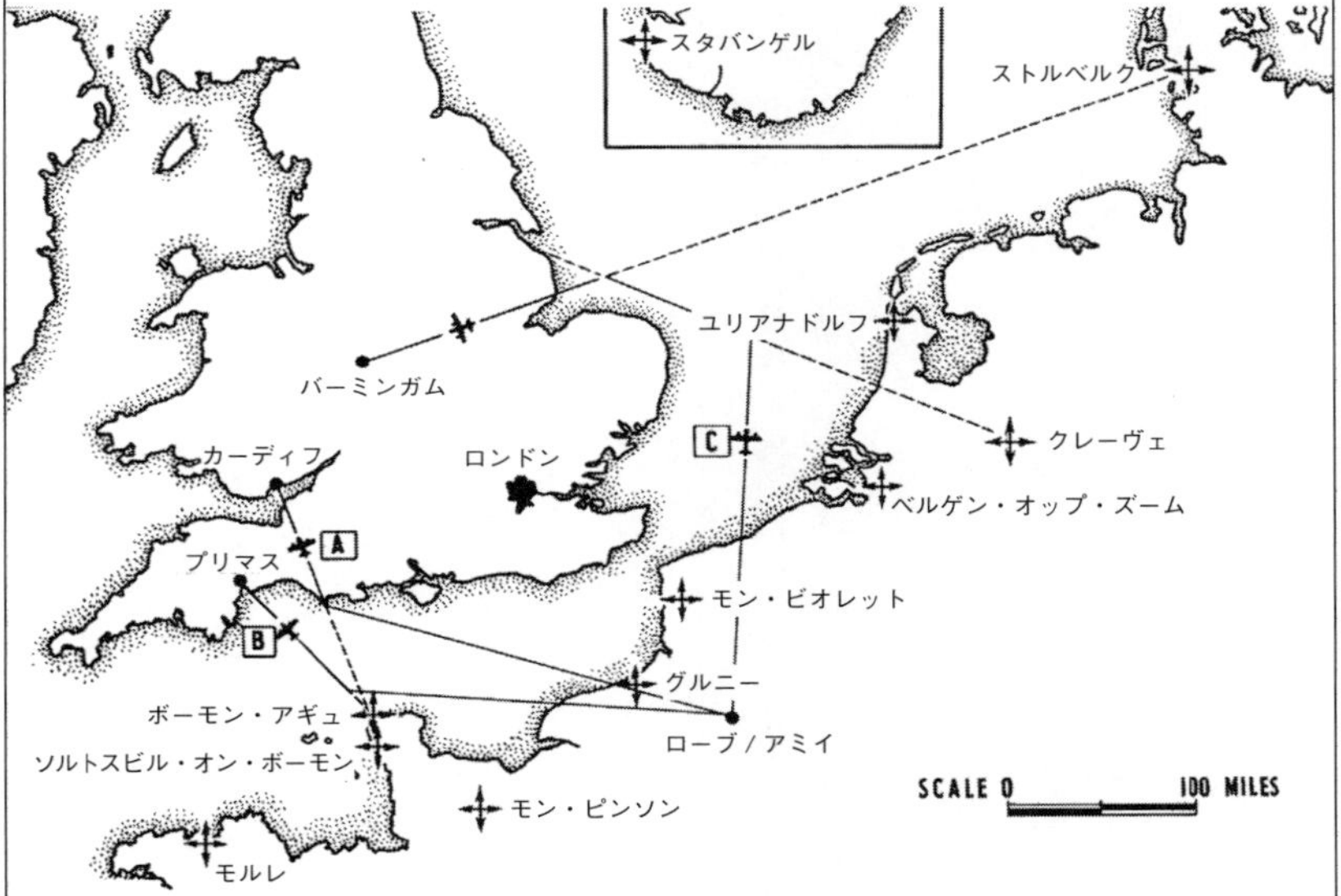

「クニッケバイン」の電波ビーム送信局

英国を爆撃する際に使用された11の送信局を示す。図には、ドイツ空軍第一爆撃機航空団第Ⅲ飛行大隊（Ⅲ /KG1）の Ju88 爆撃機が、ローブ / アミイから爆撃を行なった際のコースも示してある。Ⓐ：1941 年 3 月 1 日と 3 日の夜の、カーディフへの爆撃の際のコース。英国の海岸線上空でボーモン・アギュ局の電波を捕捉し、そこから目標地点に直進した。Ⓑ：4 月 21 日、28 日、29 日のプリマスへの爆撃の際のコース。この時もボーモン・アギュ局の電波を利用。Ⓒ：5 月 16 日のバーミンガム爆撃の際のコース。爆撃機はまず北に向かって飛行した。クレーヴェ局の電波ビームを受信すると、そのビーム上を北西へ飛行した。ストルベルグ局の電波ビームを受信すると、そのビーム上をバーミンガムへ向かって飛行した。3 月と 4 月は、ドイツ空軍の爆撃機は、同じ都市を再び爆撃する場合、前回と同じコースで飛ぶ事が多かった。5 月になると、イングランド南東部の防空態勢が強力な地域を避けるため、大きく迂回するようになった。

爆撃機の位置も知っているかもしれないと思ったからだ。あるドイツ空軍の爆撃機のパイロットは、筆者に次のように話してくれた。

最初、我々は「クニッケバイン」は新方式の素晴らしい航法システムで、目的地を見つけるのにとても役立つと非常に喜んだ。しかし、このシステムを使用して爆撃を一、二回行ってみると、英国側がこのシステムを妨害してくるのに気付いた。最初は妨害電波は弱く、「クニッケバイン」の信号が分からなくなる事はなかった。しかし、英国側が、誘導電波の存在と、「クニッケバイン」で示されるその夜の目標地点を知っているらしい事に不安を感じた。我々は、敵の夜間戦闘機が、「クニッケバイン」が指示している誘導コース目がけて集まって来るだろうと考えた。「クニッケバイン」を距離を知るためだけに利用する搭乗員がだんだん増えてきて、爆撃目標地点へ突入する際は、コース誘導ビームから離れているようにしていた。

他のドイツ空軍の搭乗員たちも同じ不安を感じていて、電波妨害がますます強力になり、夜間爆撃に対する防空活動がより強力になるにつれて、その不安はさらに強くなっていった。

従って、この時の電波妨害では、「クニッケバイン」の誘導信号を妨害した効果よりも、ドイツ空軍の爆撃機の搭乗員の士気を低下させた効果の方が大きかった。それでも、第八〇飛行大隊とコックバーン博士のチームの緊急対応的な対抗措置は、ドイツ側の電波誘導システムを無力化するのに成功したと評価しても良いだろう。それにより、英空軍と政府の中枢部における、第八〇飛行大隊への評価は大幅に高くなった。また、こうした成果を上げた事は、ジョーンズの科学技術情報班の情報活動の勝利でもあった。次に彼らが警告を出した時には、その警告を関係者は無視しないだろう。ドイツ空軍はまだ別の電波誘導システムを準備していたので、空軍情報部の科学技術情報班が警告を出す事態がまもなく生じた。

＊＊＊

一九四〇年八月一三日、ドイツ空軍は英国本土に対して、大規模な爆撃を開始した。その日の日中には、イングランド南部の上空で、激しい空中戦が初めて行われた。夜になると、二一機のハインケルＨｅ１１１爆撃機が、スピットファイア戦闘機を作っているキャッスル・ブロムウィッチにあるナフィールド工場と、その近くのバーミンガムにあるダンロップ・タイヤの工場を爆撃した。この爆撃で注目されたのは、夜間爆撃にしては着弾点が集中していた事だ。一一発の爆弾が、キャッスル・ブロムウィッチの広い工場内に着弾した。爆撃を行ったのは、新しい装備品などの試験を担当する特別な部隊であるドイツ空軍の第一〇〇爆撃飛行大隊（ＫＧｒ１００）に所属する機体で、電波誘導システム用のＸ装置を搭載していた。

最初の夜間爆撃に成功した後、第一〇〇爆撃飛行大隊は何か所かの小規模な目標に対して夜間爆撃を行った。しかし、最初の時のような高い爆撃精度を実現できた回数は少なく、爆撃の効果は大きくなかった。

八月の半ばを過ぎた頃、英空軍の電波監視所は、フランスの海岸地帯から送信されたと思われる、使用目的が不明な七四ＭHzの周波数の電波を受信した。ジョーンズ科学技術情報班長は、この新しい電波を「ラフィアン」と呼ぶ事にした。八月の終わりまでに、電波監視所は最初に受信した七四ＭHzに近い周波数の電波を何回も受信し、無線方向探知機で、その送信源の位置がカレーからシェルブールにかけての地域である事を突き止めた。この電波は、「クニッケバイン」の電波とは、周波数も送信される信号の伝送速度も違っていたが、航法用の電波であろうと推測された。翌月の九月には、ジョーンズは「ラフィアン」に関して更に多くの情報を入手した。「クニッケバイン」で成功したので、彼の新しい航法用電波に対する懸念は取り上げてもらえた。九月第三週の週末に、彼の報告書はリンデマン教授を経由してチャーチル首相に届けられた。そこには：

ドイツ空軍は夜間爆撃の精度向上に大きな努力を払っていると思われます。これまでに比べて波長の短い電波を用いた、新しい電波ビームがいくつも発見されています……ドイツ空軍第一〇〇爆撃航空団は約四〇機の爆撃機を持っていますが（注：「航空団」としているが、実際は「爆撃飛行大隊」。部隊の規模は正しい）、それらの爆撃機はこの新しい電波ビーム用の機器を装備し、航法精度は二〇m程度ではないかと思われます。

ドイツにおける電波技術の進歩の速さを考慮すると、このような高い精度の実現も可能だと思われます。我々はこの電波ビームの送信局の位置を正確に把握しています。コース誘導用のメインビームはシェルブール半島の先端から送信されており、交差ビームはカレー地区から送信されています。この電波ビームは、ロンドンより先は、あまり遠くまでは届かないと思われます。当該装置を搭載した機体を攻撃する以外の防衛手段としては、次の手段が考えられます：

一、第一〇〇爆撃航空団の前進基地のヴァンヌ、母基地のリューネブルグ、予備基地のケーテンの各基地を攻撃して、新しい電波ビーム用の機器を搭載している、第一〇〇爆撃航空団の機体を破壊する。

二、電波ビームの送信局を破壊する

(a) 爆撃による破壊。しかし、送信局を目視で発見するのが困難なので、この方法による破壊は非常に困難だと思われます。

(b) 特殊部隊の奇襲による破壊

三、電波ビームに対する電波妨害を行う

英空軍情報部が行なった調査によれば、新しい電波誘導システムを利用したと思われる爆撃では、着弾位置の分布について、はっきりとした傾向がある事が分かった。シェルブールから送信された電波ビームからの左右の誤差は小さいが、距離の誤差はそれより大きい。使用された最大の爆弾は二五〇kg爆弾だった。

一九四〇年の中頃から、ドイツ空軍の通信部隊は、フランスにある主要な基地や飛行場の間に通信用地上回線を敷設し、その地上回線をドイツ本土内の通信回線網に接続する作業を進めていた。地上回線の敷設は、フランス東部から始まり、徐々にフランス西部へ進められた。地上回線に接続された飛行場では、他の飛行場や司令部などとの通信では、地上回線が使用できる場合は、無線通信を使用しなくなった。そのため、ブレッチリー・パークの政府暗号学校が入手できるドイツ空軍の無線通信の量は減少した。しかし、幸運にも第一〇〇爆撃飛行大隊のヴァンヌの基地は、フランスの西部に位置していたので、地上回線に接続された時期は遅かった。

そのため、一九四〇年の秋から一九四一年の初春までは、ブレチリー・パークの政府暗号学校は、第１００爆撃飛行大隊の作戦行動に関する暗号通信の解読結果を、空軍情報部のジョーンズに継続的に提供する事が出来た。受信した通信には、誘導電波の周波数やその夜の誘導電波の方向が含まれている場合もあった。しかし、この頃は暗号解読作業には手間がかかり、解読に何日もかかる事がしばしばだった。そのため、ジョーンズが解読結果を入手する何日も前に爆撃が終わっている事もあったが、解読で得た情報は、この誘導システムの運用に関する全体像の理解には非常に役立った。ジョーンズは、ビームの設定精度が角度にして五秒以下の場合には、送信機から一六〇㎞の距離における、電波ビームの左右方向の誤差は四ｍ程度になると推定した。その推定に基づき、ジョーンズは、この新しい誘導システムの爆弾投下地点を指示する際の誤差は、総合的には「二〇ｍ程度」であろうと推定した。ジョーンズが推定した精度は、実際の精度より六倍も高い精度だったが、それより精度が低かったにしても、ドイツの新しい誘導システムは英国にとって大きな脅威だった。

Ｘ装置を使用する電波誘導による爆撃に対抗するため、コックバーン博士とそのグループは、英陸軍の高射砲射撃管制レーダーの送信ユニットを、今回の誘導電波を妨害するために急いで改造し、その装置の暗号名を「ブロマイド」とした。「ブロマイド」の試作機が上手く機能したので、コックバーン博士の部署は、爆撃目標になりそうな地点を守るのに必要な台数の「ブロマイド」を、突貫作業で作り始めた。最初に行なったのは、「ブロマイド」を、誘導電波の送信局のあるフランスのシェルブールと、爆撃目標になりそうなマンチェスターやロンドンのような英国中央部の大都市との中間に設置する事だった。

九月の終わりまでに、ドイツ空軍第一〇〇爆撃飛行大隊は爆撃のために三〇回以上出撃したが、その半数以上は他の部隊と共にロンドンに対する爆撃のためだった。それ以外の出撃では、第一〇〇爆撃飛行大隊だけで、Ｘ装置を使用して精密夜間爆撃を行なった。

一〇月の初めに、英空軍情報部は、第一〇〇爆撃飛行大隊が爆撃を行う際に、重量一kgの棒状の小型焼夷弾を投下する場合がある事に気付いた。最初は、この焼夷弾を投下する理由が理解できなかった。この小型焼夷弾は投下後の軌道のばらつきが大きく、広い範囲に落下するので、目標に正確に着弾させる事はできない。そのため、X装置を利用して爆撃精度を高めるのと矛盾しているように思われた。この焼夷弾の使用について、考えられる理由は一つだけだと考えられた。第一〇〇爆撃飛行大隊は、ドイツ空軍の他の爆撃部隊を先導する実地訓練をしているのだろう。

こうした新しい情報に基づき、リンデマン教授は一〇月二四日にチャーチル首相に次のメモを送った：

ドイツ空軍は夜間爆撃を行う際には、誘導電波受信用の特別な機器を搭載した第一〇〇爆撃飛行大隊の機体が数機、最初に爆撃目標地点に焼夷弾を投下して火災を発生させ、その火災を目標にする事で、後続の機体が特別な誘導装置を使用しなくても、正確に目標を爆撃ができるようにする戦術を取り入れたと思われます。

このメモは、数週間後にドイツ空軍が使用し始めた戦術を正確に予言していた。

この頃、英国の情報部門はドイツ軍のお粗末なミスにより、幸運にもドイツ軍の電波誘導用の搭載機器を入手して調査する事ができた。一一月六日の早朝、英国本土を爆撃に来たハインケルＨｅ１１１爆撃機が、英国上空を飛行中にジャイロコンパスが故障した。そのため、搭乗員は自動方向探知機（ラジオコンパス、ＡＤＦ）の受信局に、ブルターニュ地方のサン・マロの無線標識局を選んで、その方向へ帰ろうとした。飛行を続けると、自動方向探知機の指針が反転して、機体が無線標識局の直上を通過した事が分かったので、搭乗員は機体の高度を下げて雲の下に出たが、下は海だった。陸地を通り抜けてビスケー湾に出てしまったのだろうと思い、パイロットは反転して無線標識局の方へ戻ろうとした。この頃になると、燃料がほとんどなくなっていたので、海岸線が見えるとパイロットは浜辺に近い海面に不時着水する事にした。しかし、パイロットは不時着水の進入で高度の判断を誤った。不時着水で機体は破損し、搭乗員の一名が死亡し、二名が負傷した。

生き残った搭乗員達は、不時着水した場所から近くの浜辺に脱出したが、英陸軍のカーキ色の軍服を着た兵士達に包囲されて驚いた。搭乗員がサン・マロの無線標識局と信じていたのは、サマセット州テンプルコームに設置された、英空軍第八〇飛行大隊の「ミーコン」の送信機だった。搭乗員がブルターニュ半島南西部の海岸と思ったのは、実際は英国のサザンプトンの西方、ブリッドポートの近くのウエストベイの海岸だった。何人かの英国兵は、波をかぶっている機体の残骸まで行き、機体にロープをかけて海岸に引き戻そうとした。そこに英海軍の小型船がやって来なければ、万事順調に運んだはずだ。小型船の船長は、爆撃機の残骸があるのは海の中なので、規定に従えば、その回収は海軍が担当だと主張した。しばらく議論した結果、陸軍は不本意ながら海軍が回収作業を行う事に同意した。船員達は機体を船の上に引き上げる準備作業として、機体にロープを掛けて、水深の深い場所までゆっくりと曳いて行こうとした。残念な事に、曳航中にロープが切れ、爆撃機は海底まで沈んでしまった。翌朝になると、潮が引いていたので、爆撃機の上部は海面の上に出ていて、浜に打ち上げられて身動きの取れないクジラのように見えた。干潮で海面が更に下がると、機体に描かれた標識や記号が徐々に見えてきた。後部胴体には縦方向が一・二m近い大きさで、機体の識別記号が6N＋BHと書かれていた。6Nは第一〇〇爆撃飛行大隊を表わし、BHは個別の機体識別用に指定された記号である（「＋」はドイツ空軍機を表わすバルケンクロイツと呼ばれる十字のマーク）。

リンデマン教授がこの失態を厳しく批判した事は当然である。一週間後、教授はチャーチル首相にメモを送った。

ドイツ空軍の第一〇〇爆撃飛行大隊は、これまでわかっている限りでは、正確な夜間爆撃を行うために、非常に幅の狭い電波ビームを利用する特別な装置を使用している唯一の部隊であります。この装置の詳細とその機能や性能をできるだけ正確に知る事は重要ですが、陸軍と海軍の縄張り争いの結果、この装置を装備した機体を初めて入手したのに、それを海没させた事は誠に遺憾であります。

しかし、全てが失われた訳ではなかった。英空軍の整備兵が海水に浸かった機体から、貴重なX装置の受信機を取り外して回収した。海水に浸かったので機器は少し傷んでいるように見えたが、ファーンボロー基地へ調査のため送られた。ドイツ軍の電波航法関連の技術が進んでいる事は、受信機に貼ってあった何枚かの検査票の日付印で確認で

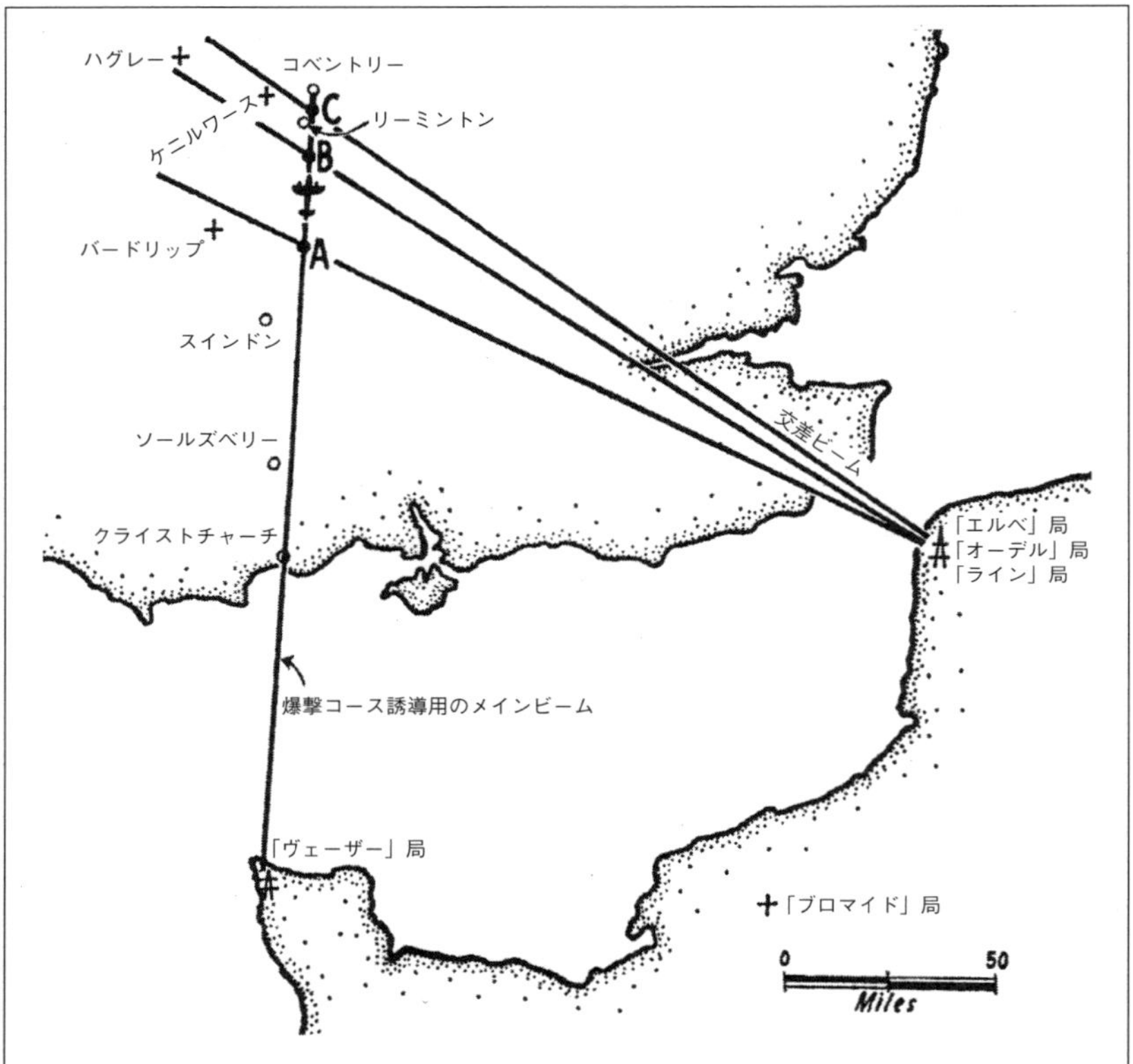

1940年11月14日の夜、コベントリー爆撃の際のX装置用電波ビームの配置図

きた。二年前の一九三八年の日付が押された検査票があったのだ。

一一月の第二週、ドイツ空軍は爆撃の重点を、ロンドンから英国中央部の都市に変更した。中央部の都市で最初に爆撃されたのはコベントリーで、その爆撃では第一〇〇爆撃飛行大隊は爆撃部隊の本隊を先導する役割を果たした。一一月一四日の午後、X装置用の誘導電波ビームの送信を担当するドイツ空軍の第六通信中隊は、ヴァンヌの第一〇〇爆撃飛行大隊の司令部から、電波ビームを向ける方向についての指令を受領した。第六通信中隊は、その指令を近くの、交差ビームを送信する「エルベ」局、「オーデル」局、「ライン」局と、コタンタン半島に設置された、爆撃コース誘導用のメインビームを送信する「ヴェーザー」局へ伝えた。この夜の爆撃コース誘導用のメインビームは、クライストチャーチ付近の海岸線を通り、ソールズベリーとスウィンドンの東側から、リーミントンとコベントリーの上空を通過する方向に設定された。目標とするコベントリーのすぐ手前で、三本の交差ビームがメインビームと交差する。

その夜、第一〇〇爆撃飛行大隊は、コベントリーの位置を爆撃部隊の本隊に正確に示すために、一三機のHe111爆撃機を爆撃部隊の本隊より先にコベントリーに向かわせた。一九時を少し過ぎた時間に、先頭の機体はテムズ川を横切り、その六分後に一本目の交差ビームを通過し、コベントリー市街地への爆撃コース誘導用のメインビームの中心線上を進んでいった。

その夜は、X装置の誘導電波を妨害するための「ブロマイド」は、四台しか稼働していなかった。そのうちに一台は、爆撃進入コースに近い、ケニルワースに設置されていた。それでも、「ブロマイド」による妨害は、ほとんど効果が無かった。この頃の「ブロマイド」は、X装置の詳しい情報がほとんどなかった時期に、急いで作られていた。そのため、妨害電波送信機からの信号の搬送波の周波数は正しかったが、搬送波に乗せて送られた信号音の周波数は一五〇〇Hzで、敵の使用していた二〇〇〇Hzではなかった。この信号音の周波数の違いは、口笛と金切声の違い程度で、人間の耳では何とか区別できる程度の差だが、ドイツ軍の受信機にはフィルター回路がついていて、周波数の違った電波は弱められるので、「ブロマイド」の妨害電波があっても、誘導ビームの信号音を簡単に識別する事ができた。

第一〇〇爆撃飛行大隊のHe111爆撃機の先頭の機体は、誘導コース上を北に向かって飛行を続け、一九時〇六分にリーミントンの南五kmで二本目の交差ビームを通過した。爆撃手は自動爆撃時計を始動させた。二分半後、バビントンの東、約一・六kmの位置で、機体は三本目の交差ビームを通過した。爆撃手が再び自動爆撃時計の始動スイッチを押すと、一本目の指針は停止し、二本目の指針が一本目の指針を目がけて動き始めた。五〇秒後、二本目の指針が一本目の指針の位置に到達すると、自動爆撃時計内の電気回路の接点が閉じ、爆弾が自動的に投下された。投下時刻は一九時二〇分だった。

それに続く四五分間に、第一〇〇爆撃飛行大隊の残りの一二機のHe111爆撃機が爆弾をコベントリーに投下し、何カ所かで火災が発生した。その頃になると、爆撃部隊の本隊が到着して爆弾を投下し始めた。その後の数時間にわたる爆撃で、コベントリー市の被害はさらに拡大した。この夜は、第一〇〇爆撃飛行大隊機が目標地点の指示を行わなくても、爆撃部隊の本隊がコベントリーを見つけるのは難しくなかったと思われる。その夜の天候は晴れで、月が明るかった。第七六爆撃航空団（KG76）のギュンター・ウンガー伍長は、ドルニエDo17爆撃機を操縦して、その夜遅くにコベントリーへの爆撃を行なった。彼は次のように回想している：

我々がまだドーバー海峡上空にいる時に、二〇〇〇m先のたいまつの明かり程度の小さな白い光が前方に見えた。同乗していた搭乗員も私も、その光は英国側の夜間戦闘機を誘導するための照明かもしれないと思った。目的地に近付くにつれて、光の範囲はだんだん大きくなり、突然、それが何か分かった。炎上中のコベントリーの市街地が見えているのだ。

ドイツ空軍の爆撃部隊は、コベントリーに向けてウォッシュ湾、ワイト島、ブライトンから押し寄せた。合計四四九機の爆撃機が、コベントリーを一〇時間に渡り爆撃した。爆撃では、焼夷弾が五六トン、通常爆弾が三九四トン、パラシュート投下式の地雷が一二七発投下された。コベントリーは大きな被害を受け、いくつかの工場は一時的だったが生産を停止した。六〇〇名近くが死亡し、八〇〇名以上が重傷を負った。

この爆撃では、攻撃側はめったにないような好条件に恵まれた。雲がなく、満月で、市街地は燃えやすく（古い木造の建築が多かった）、対空砲火は弱かった。X装置による誘導は、爆撃の成功にある程度は貢献したが、過大評価してはならない。後続の爆撃部隊の搭乗員は、ギュンター・ウンガー伍長もそうだったが、夜空が明るかったので、第一〇〇爆撃飛行大隊による支援が無くても、コベントリーを見つける事は出来ただろうと言っている。

その頃、入手したX装置の受信機の調査により、「ブロマイド」の妨害電波の信号の周波数が正しくなかった事が明らかになり、コベントリー爆撃の数日後には、正しい周波数で送信するように装置は改修された。改修された「ブロマイド」が、コックバーン博士の作業場で次々と完成して、第八〇飛行大隊に引き渡されると、次の大規模爆撃でも予想される、ドイツ空軍の第一〇〇爆撃飛行大隊の爆撃機先導戦術を失敗させれるのではないかとの期待が高まった。

バーミンガムは一一月九日の夜に、ドイツ空軍の第一〇〇爆撃飛行大隊の一三機と、後続部隊の三四四機の爆撃機による爆撃を受け、二〇日の夜にも同じく一一機と一〇五機による爆撃を、二二日の夜にも同じく九機と一九五機による爆撃を受けた。しかし、バーミンガムは隣のコベントリーのように、狭い区域に集中的な爆撃を受けなかった。翌月の他の都市に対する爆撃でも同じだった。

当時、英国の情報部門は、第一〇〇爆撃飛行大隊が先導する爆撃の効果が低下したのは、改良された「ブロマイド」のためだと考えていた。しかし、後から振り返って見ると、コベントリーのような破滅的な効果を繰り返せなかったのには、全く別の説明も可能である。一九四〇年の冬になると、英国側の夜間防空態勢の強化が進められたので、ドイツ空軍は月が明るい夜には、大編隊による爆撃を行うのをやめた。また、この時期は、爆撃部隊は悪天候に悩まされる事が多くなった。そのため、第一〇〇爆撃飛行大隊が本隊を先導して爆撃を行っても、月が暗くて天候が悪い時に、コベントリーより防御が固く、燃えにくい建物が多い都市を爆撃しても、爆撃の効果が大きくなかった事は不思議ではない。コベントリーと同程度の被害を受けたリバプールやプリマスのような都市もあるが、その場合は何度も爆撃が繰り返された結果の被害であり、一度の爆撃によって大きな被害を受けたわけではない。

たとえX装置が完璧に作動しても、その爆弾投下位置を指示する方法は目視による識別より間接的なので、爆撃の効果が低くなりやすい。ドイツ空軍はゼロから夜間爆撃の方法を開発してきたが、まだ改良が必要だった。例えば、先導機の機数は少な過ぎた。後続機の攻撃が六時間以上も続くような場合には、目標地点を指示するのに、爆撃先導機が一〇機程度では十分とは言えない。更に、第一〇〇爆撃飛行大隊の爆撃先導機が火災を起こすために投下する、重量一kgの細い棒状の焼夷弾は、投下後の軌道のばらつきが大きく、狙った地点の近くに落下する数が少ない。たとえ爆撃先導機による火災の発生地点が正確だったとしても、後続機も大量に焼夷弾を投下するし、その命中する位置もばらつくので、先導機による火災の位置は、他の多くの火災と区別できなくなる。爆撃先導機と後続の爆撃機はどれも同じ種類の通常爆弾と焼夷弾を使用するので、目標の都市で発生している火災が、爆撃先導機によるものなのか、後続の爆撃機部隊によるものなのか、見分ける事ができない。もし都市の上空に雲がかかっていたら、後続の爆撃機の編隊は、最初の目標地点指示用の火災の位置が正確だったとしても、その火災を見つけられないかもしれない。本書の後の章では、この一九四〇年から一九四一年のドイツ空軍の夜間爆撃を教訓にして、英空軍がどのように夜間爆撃を実施したかを述べる。

一九四〇年の秋、ドイツ空軍の爆撃先導機戦術に対抗するために、英空軍第八〇飛行大隊に特別な地上部隊が追加された。ドイツ空軍の後続の爆撃機が、爆撃先導機が引き起こした地上の火災を目標にして爆弾を投下するのなら、爆撃機が目標地点を間違えるように、畑や牧草地で火災を起こしたらどうだろう？「スターフィッシュ」と呼ばれる欺瞞用の火災を起こす作業は、英空軍の整備部隊の司令官だったJ・ターナー大佐が指揮する部隊が担当する事になった。欺瞞用の火災は、爆撃目標の都市の市街地の火災に似せる必要があるので、火災を起こすタイミングが問題だった。後続編隊の注意を引きつけるタイミングで火災を発生させる必要があり、場所としては、爆撃機が本来の爆撃目標に進入するコースの手前側が理想的だ。こうした模擬火災を起こす際には、関係先と密接に連絡をとり、周囲の状況を見ながら実施する必要がある。この「スターフィッシュ」作戦は、第八〇飛行大隊としては重要な任務の一つであり、実施する際には、第八〇飛行大隊の司令部が直接、命令を出した。一一月末までには、二七か所で模擬火災を起こす準備が整った。

「スターフィッシュ」作戦の最初の模擬火災は、コベントリーへの爆撃から約二週間後の一九四〇年一二月二日の夜、ブリストルへの爆撃の際の、二か所の火災だった。この模擬火災に対して、ドイツ空軍は六六発の通常爆弾を投下した。これ以後、「スターフィッシュ」作戦は、英国側の間接的防衛手段として、標準的に用いられるようになった。爆撃目標となった都市の消防隊と民間防衛隊が、爆撃先導機による火災を短時間に消火できた場合には、模擬火災が都市に対する爆撃のかなりの部分を引き付けた事が何度もあった。

一九四一年二月には、第八〇飛行大隊には、Ｘ装置による全てのコース誘導用ビームと交差ビームを妨害できる台数の「ブロマイド」がそろった。「ブロマイド」による電波妨害能力が強化された事で、Ｘ装置の使用が難しくなった。そのため、第一〇〇爆撃飛行大隊の爆撃では、投下した爆弾が目標地域の外に着弾する比率が大きくなった。

＊＊＊

一九四〇年十一月、英空軍の無線傍受部隊は四二～四八MHzの周波数で、それまでに気付いていなかった電波信号を発見した。英空軍情報部のジョーンズは、この電波信号の暗号名を「ベニート」とした。この新しい周波数帯を使用する誘導システムを、ドイツ空軍は「γ（ガンマ）装置」と呼んでいたが、この誘導システムもハンス・プレンドル博士が考案したものだった。この装置は、目標へのコースに対して、その右側をいる事を示す信号と、左側をいる事を示す信号を、一分間に一八〇回の速度で交互に送信する。この信号の切り替え速度が速いので、耳で聞いて目標へのコースの左右どちらにいるかを判別できない。そのため、電波信号を分析して、コースに対して左右どちらにいるかを表示する計器が装備されていた。

地上局から機体までの距離を測定するため、地上局はコース誘導用とは別の信号を送信する。機体はその信号を受信すると、別の周波数でその信号を送り返す。地上局はレーダーと同じように、送信してから応答信号を受信するまでの時間で、機体までの距離を測定する。機体が予定されている爆弾投下地点までの距離に到達すると、地上局は爆弾投下信号を送信する。このシステムでは地上局は一カ所だけですむので、γ装置はそれ以前のクニッケバイン・シ

第26爆撃機航空団第3飛行大隊（Ⅲ/KG26）のHe111爆撃機。この飛行大隊の機体はγ装置を搭載して、1940年と1941年に英国本土の爆撃を行なった。操縦席後方の胴体上部に、γ装置用のアンテナが見える。

ステムやX装置用のシステムより、使用しやすい。X装置より精度は高いが、作動方式はずっと複雑である。

　ドイツ空軍の通信部隊の司令官のウォルフガング・マルティニ将軍は、ヘルマン・ゲーリング国家元帥にγ装置の作動原理を説明した時の事を、後に次のように語っている。ゲーリング国家元帥は約二時間、説明を聞いた後、幾つかの質問をしたが、それで彼は全く理解していない事が分かってしまった。ゲーリング国家元帥は第一次大戦における戦闘機パイロットでエースだったが、技術的な事項には興味が無かった。彼は、戦争は勇敢な男達が銃を用いて行う戦いであり、このような複雑な電子システムを使用する戦いではないと考えていた。彼は別の機会に、「無線航法装置の箱にはコイルが入っているが、私はコイルが入った箱は好きではない」と語ったとされている。時代について行けない彼は、哀れな存在としか言えない。

　プレンドル博士の考案したγ装置は、一九四〇年の夏に使用が始まったが、当初は順調に作動せず、改良した装置が一九四〇年の年末に運用を開始した。最初にγ装置を搭載したのは、フランスのアミアン近郊のポアを基地にしている、第二六爆撃航空団第Ⅲ飛行大隊（Ⅲ／ＫＧ26）のＨｅ１１１爆撃機で、地上局がフランスのポア、シェルブール、カッセルに設置された。

　γ装置の信号を調査したコックバーン博士は、地上局からの方位と距離を知らせるために、別々の信号が送信されている事に気付いた。そのため、このシステムへの対抗手段として、コックバーン博士は方位と距離のそれぞれの信号を妨害しようと考えた。その時点では、この新しい電波誘導方法は、まだ試験的な段階である事が分かっていたので、コックバーン博士は妨害装置の開発、実用化を急ぐ必要はなく、妨害装置に巧妙な方式を組み込む時間的な余裕すら感じていた。

γ装置に対するコックバーン博士の妨害装置の暗号名は「ドミノ」とされ、ハイゲイトに受信機を置き、ロンドン北部のアレクサンドラ・パレスにある、ＢＢＣの休止中のテレビ放送用送信機を使用する事にした。ハイゲイトの受信機は、爆撃機が送信した距離測定用の信号を受信すると、その受信信号をアレクサンドラ・パレスに転送する。アレクサンドラ・パレスでは、転送されてきた爆撃機の送信した信号を、ドイツ側の地上局へ送信する。ドイツ側の地上局は爆撃機からの信号と英国からの信号の双方を受信するが、二つの信号がわずかにずれているので、爆撃機までの距離を正確に計測できなくなる。

最初に製作された「ドミノ」は一九四一年二月に運用を始め、それに続いてソールズベリーに近いビーコン・ヒルで、二番目の「ドミノ」が運用を始めた。「ドミノ」によりγ装置が正常に使えなくて、ドイツの爆撃機の搭乗員が困っている事がすぐに確認された。三月九日には、英国側からの妨害を避けるために、ドイツ軍は使用中にγ装置用の電波の周波数を変更したが、それでも妨害を避ける事はできなかった。二日後の夜、数機のドイツ空軍機がビーコン・ヒルを爆撃し、投下された爆弾が「ドミノ」のすぐ近くに落下したので、「ドミノ」は数日間、使用できなくなった。次の日の夜、第二六爆撃航空団第三爆撃大隊の爆撃機が再び爆撃に来たが、ビーコン・ヒルの「ドミノ」はまだ作動不能だった。アレクサンドラ・パレスの「ドミノ」は、カッセルの地上局からの電波を妨害し、この局を利用していたドイツ空軍機が爆弾の投下信号を受信できなくしていた。しかし、ボーモン・アギュの地上局に対しては、妨害に使用できる「ドミノ」がなく、その局を利用していたドイツ空軍機は正確な爆撃を行った。翌日の夜には、ビーコン・ヒルの「ドミノ」が運用を再開し、全てのγ装置用の地上局に対する妨害が可能になった。一九四一年三月の前半の二週間に、ドイツ空軍はイングランドに対する爆撃で、γ装置を搭載した爆撃機を八九機出撃させたが、爆弾投下信号を受信できたのは一八機だけだった。

一九四一年五月三日の夜、リバプールとバーケンヘッドに対する爆撃で、γ装置を装備したHe111爆撃機が三機撃墜された。撃墜された各機の残骸からγ装置の機器が回収され、ファーンボロー基地の研究所へ調査のため送られた。調査の結果、電波ビームのコース信号で、コースの左か右にいるかの信号は、同じタイミングで一組にして送信されていて、次の信号までの間に短い休止期間があるが、その休止期間を利用して、コースの左右を分析する回路が電波ビームにロックして、機体がコースに対して右か左かを判別している事が分かった。後にコックバーン博士は次のように回想している：

γ装置の誘導電波ビームへのロックを外すのは簡単だった。ドイツ側はコースの左右の識別を自動化する間違いを犯していた。自動化すると、妨害に対して脆弱になる。ロックを外すには、電波ビームの周波数で連続音を送信するだけでよい。この連続音で、コースの左右を示すためにタイミングを合わせて送信されている断続的な信号の間の切れ目が塞がってしまうので、誘導電波ビームに対するロックが外れて、全てが台無しになってしまう。

コックバーン博士のγ装置用の妨害装置の暗号名は「ベンジャミン」とされ、一九四一年五月二七日に運用を開始した。

しかし、その頃にドイツの国家戦略が大きく変化し、それにより英国本土上空の航空戦の状況は大きく変化した。一九四一年五月に、ドイツ空軍の爆撃機部隊の多くは、以前から計画されていたソ連に対する攻撃の準備のため、東ヨーロッパ方面へ移動した。六月二二日の未明、ドイツ軍はソ連への攻撃を開始した。英国本土に対するドイツ空軍の攻撃は突然弱まり、英国本土に来襲するドイツ空軍機の数は激減した。

英国本土上空には、信じられないほどの穏やかさが戻ったが、アディソン大佐はこの平穏な状態が長続きするとは思わなかった。もしドイツ軍が東部戦線で速やかに勝利を収めれば、ドイツ空軍は英国に対する攻撃を再開するだろう。一九四一年の夏と秋の間に、第八〇飛行大隊の戦力は強化され、急造の妨害装置は、新しく開発された装置に交換された。九月には、部隊には様々な階級の男女の隊員が二〇〇〇名近く配属されていた。第八〇飛行大隊は英本土内の各地で、八〇以上の電波妨害用の地上局を運用し、「スターフィッシュ」作戦用の模擬火災場も一五〇か所以上を管理していた

＊＊＊

こうして、史上初の航空電子戦は一つの区切りを迎えた。「クニッケバイン」は、ほとんど実戦で成果を上げないまま使用が終わった。X装置は妨害がより困難だったが、ドイツ軍の爆撃機を爆撃目標地点に導くその能力を、十分に発揮できる段階まで成熟させるには、時間が足らなかった。γ装置は大きな役割を果たせなかった。ドイツ空軍の英国本土に対する爆撃作戦では、γ装置は英国側の電波妨害により、その真価を発揮できなかった。

現在では、「クニッケバイン」やX装置に対する電子妨害は、当時に思われていたほどには効果がなかった事が分かっている。「クニッケバイン」に対する電波妨害は、当初はその電波ビームの信号を利用不能にするには出力が小さすぎたが、それでもドイツ軍機がイングランド上空に飛来する時に、ドイツ軍機の搭乗員に「クイニッケバイン」の利用をためらわせる効果はあった。

ドイツ空軍は、その電波誘導システムに対する英国側の種々の妨害に対して、適切な対応をするのが遅れた。しかし、ドイツ空軍側の技術者が、英国側の各種の対抗策を克服して、ドイツ側の電波誘導システムが正常に機能するように改善する能力を持っていなかったわけではない。ドイツ空軍が対策をする前に、ドイツがソ連との戦いに突入したため、英国本土に対する夜間爆撃は停止されてしまったのだ。後で示すように、ドイツ空軍は電子妨害に対して、ずっと巧みに対応する能力を持っていた。

第2章　ドイツにおけるレーダーの開発

「私は過去数年間に渡り、ドイツ空軍を世界で最大かつ最強の空軍にするよう、最大限の努力をしてきた。ドイツ第三帝国の建国には、空軍が大きな戦力を持ち、その即応性を維持してきた事が大きく貢献している。第一次大戦におけるドイツ空軍の戦士たちの祖国への忠誠心を引継ぎ、現在のドイツ空軍は、我らの総統かつ総司令官のヒトラー閣下を信じ、総統のあらゆる命令を電撃的かつ圧倒的な力で遂行する準備が整っている。」

ドイツ空軍に対するヘルマン・ゲーリングの訓示より　一九三九年八月

レーダーは二〇世紀における他の重要な発明と同じく、一人の発明家が、突然ひらめいたアイデアを独力で実用段階にまで作り上げた発明品ではない。他の多くの発明と同じく、基本的なアイデアは何十年も前から存在した。そうしたアイデアを現実に機能させる上で必要な構成品が使用できるようになって、初めてアイデアを具現化する事が可能になる。そうした条件がそろうと、他の多くの発明の場合でもよくある事だが、アイデアを具現化する開発作業が、幾つかの国で同時並行的に始められる事がある。

レーダーの場合は、一九三〇年代前半には、レーダーを製作するために必要な主要な構成品はすでに開発されていた。大出力のパルス波の送信機、高感度の受信機、わずかな時間差をきわめて正確に測定する装置（ブラウン管）、指向性が強いアンテナなどがすでに存在していた。一九三〇年代には、英国、米国、フランス、ドイツ、オランダ、日本、ソ連の科学者は、それぞれ独立してレーダーの開発を行い、実際に機能する製品を完成させていた。どの国も独自に開発したと主張し、それぞれの国の軍部は、自国だけがレーダーを持っているので、他国に対して優位な立場を確保できたと思っていた。レーダーは電子戦の次の段階で主役を演じる装置なので、この章ではドイツにおけるレーダーの開発について述べる事とする。

＊＊＊

一九三九年九月に第二次大戦が始まった時、ドイツ軍はすでに二種類のレーダーを使用中で、三種類目のレーダーの開発も最終的な試験段階に来ていた。飛来する敵機を発見するための対空警戒レーダーとして、ジーマ社は「フライヤ（Freya）」レーダーを開発した。「フライヤ」レーダーは一二〇ＭHz付近の周波数の電波を用い、当初の最大探知距離は一二〇km程度だった。ジーマ社は三七〇ＭHz付近の周波数の電波を使用する「ゼータクト」レーダーも、艦艇用や沿岸防衛部隊用に開発した。このレーダーは、海上の物体の探知に使用でき、砲撃時には目標物までの正確な距離の測定も出来た。

一九三〇年代後半、ジーマ社の競争相手のテレフンケン社もレーダーの分野に進出し、その「ヴュルツブルク」レーダーの性能は素晴らしかった。第二次大戦が始まった時には、このレーダーはまだ試験運用の段階だった。この小型で、移動性に優れたレーダーは、当時としては極めて高い周波数である五六〇ＭHzの電波を使用していて、四〇km以内の航空機の位置を高い精度で探知できた。「ヴュルツブルク」レーダーは、夜間や雲がかっている時に高射砲が敵機に向けて射撃する際、高い精度の射撃用の情報を提供できる世界初のレーダーだった。また、この頃にテレフンケン社は航空機搭載用の小型レーダーの試験を開始した。

第二次大戦が始まった時点において、ドイツのレーダーは英国のレーダーと比べてどうだっただろうか？　ドイツが有する唯一の対空警戒用レーダーの「フライヤ」レーダーは、最大探知距離は一二〇km、回転式のアンテナで三六〇度の範囲の捜索が可能で、車輪付きの台車に搭載されていて移動性が優れていた。しかし、機体の高度は計測できなかった。「フライヤ」レーダーに相当する英国のレーダーは「チェイン・ホーム」レーダーで、ずっと低い二〇～五二MHzの周波数を使用し、最大探知距離は一九〇km、相手の機体の高度が測定できた。しかし、「チェイン・ホーム」レーダーのアンテナは海の方向に固定で、設置方向の左右一二〇度の範囲内しか探知できず、技術的な理由により、陸上を飛行する機体は安定的にその位置を追跡し続ける事は出来なかった。その上、各地上局の四本のアンテナ塔の高さは、ネルソン記念柱の二倍の高さの九〇mもあり、その場所に固定され移動はできない。

英国がレーダーに関連して優れていたのは、レーダーの性能ではなく、その探知情報の処理、利用方法だった。迎撃を行うために飛び立った戦闘機軍団の戦闘機に対しては、レーダーによる探知情報の中で、確実性が高い最新の情報だけを、無線で伝えるようにする必要がある。一九三九年九月には、英空軍は「チェイン・ホーム」レーダー局を一九局運用しており、イングランドとスコットランドの東海岸にやってくる機体の探知が可能になっていた。「チェイン・ホーム」レーダーの探知情報を利用して戦闘機を管制する方法は、戦闘機が参加する演習で何度も試験され、改良がなされた。ドイツ空軍は、開戦前はそのような戦闘機の管制システムを作らなかった。ドイツ軍は敵の爆撃機に対する防衛を重視していなくて、敵を攻撃する事を重視していたので、敵地爆撃用の電波誘導装置のような、攻撃的な装備の開発に力を入れていた。

「ゼータクト」レーダーや「ヴュルツブルク」レーダーのような高精度のレーダーは、それぞれの分野において、世界で最も進んだレーダーだった。第二次大戦が始まった時、英海軍には「ゼータクト」レーダーに匹敵するレーダーはなく、それから二年間もないままだった。「ヴュルツブルク」レーダーは、探知距離と位置測定精度については英国のレーダーよりずっと優れていた。しかし、英国は航空機搭載用のレーダーの開発については、ドイツをリードしていて、沿岸哨戒機用と夜間戦闘機用の二種類のレーダーが実用寸前だった。

＊　＊　＊

一九三九年の秋には、ドイツ空軍はドイツの北西部の海岸地域で、ヘリゴランド島に二基、ジルト島に二基、ヴァンガーオーゲ島に二基、ボルクム島に一基、ノルダーナイ島に一基、合計八基の「フライヤ」レーダーを配備して、運用していた。

この頃、英空軍は、一般市民の犠牲者を出さないために、ドイツ本土の爆撃を禁じられていた。そのため、英空軍はドイツの防空能力を探るため、ヘリゴランド湾内のドイツ海軍の艦艇を爆撃する事にした。最初の三回の昼間爆撃は、敵艦に損害を与えたかどうか不明だった。そこで、一九三九年一二月一八日に、第九、第三七、第一四九中隊からの合計二四機のウェリントン爆撃機が、敵の艦船の爆撃するためにイースト・アングリアの基地から、ドイツのシリング村、ヴィルヘルムスハーフェン港、ジェイド湾に向かって飛び立った。二機は機体の不調で引き返したが、残りの機体は目的地へ向かって飛行を続けた。

正午を少し過ぎた頃、戦前は観光地として賑わっていたヴァンガーオーゲ島の「フライヤ」レーダーは、接近してくるウェリントン爆撃機を一一〇㎞の距離で探知した。レーダーの操作員は、近くのイエファーの戦闘機基地に連絡し、少し時間はかかったが、一六機のＢｆ１１０複座戦闘機と、三四機のＢｆ１０９単座戦闘機が、迎撃のために飛び立った。その頃、ウェリントン爆撃機は、ドイツ海軍の艦艇を発見できなかったので基地へ帰り始めていた。その日は冬で視程が良かったので、ドイツ空軍の戦闘機は、英空軍の爆撃機の編隊を、遠くからでも視認する事ができた。そのドイツ軍機は短時間の内に英空軍の爆撃機に追いつき、激しい攻撃を加えたので、爆撃機は次々と撃墜されていった。二二機のウェリントン爆撃機の内、味方の地域に帰投できたのは一〇機に過ぎなかった。

かくして、英空軍は、ドイツ空軍がバトル・オブ・ブリテン（英国の戦い）で学び、後に米国の陸軍航空隊が一九四三年にドイツ本土爆撃で学ぶ事になる様に、昼間に敵地上空を飛行する爆撃機編隊は、護衛戦闘機が無い場合には大きな損害を受ける事を、多くの犠牲者を出して学んだ。今回の教訓に疑問の余地はなかった。これ以後の戦争の期間内のほとんどで、英空軍の爆撃部隊は敵地への爆撃は夜間に行う事にして、ドイツ空軍の防空部隊による損害を減らす事にした。

一九四〇年五月一四日、ドイツ空軍がオランダのロッテルダムを爆撃して大きな被害を与えた行為への対応措置として、チャーチル首相はドイツ本土に対する爆撃の禁止を撤回した。六月四日までに、英空軍はドイツに対して延べ一七〇〇機の爆撃機で夜間爆撃を行い、三九機を失ったが、そのほとんどは事故や故障による損失だった。後に英空軍が行った爆撃に比較すると、こうした初期の爆撃作戦は、ドイツに対する英国の反撃の意思を示すための爆撃に過ぎなかった。それでも、英空軍の夜間爆撃は、ドイツに少なからぬ衝撃を与えた。ゲーリング国家元帥は、ルール工業地帯には敵に爆弾を一発たりとも落とさせない、と宣言していたのだ。

一九三九年にエッセン地区の高射砲部隊を視察してから、ゲーリングは「ヴュルツブルク」レーダーを極端に重視するようになった。このレーダーを使えば、厚い雲が上空を覆っている時も、夜間の暗闇の中でも、高射砲は敵の機体を撃墜できると考えたのだ。良く引用される「ルール地方の防空態勢は鉄壁である」とのゲーリングの言葉は、「ヴュルツブルク」レーダーが初期の試験で良い成績を上げた事が、その根拠の一つになっていた。それでも、「ヴュルツブルク」レーダーを実用段階にこぎつけるには、予想より少し時間がかかり、一九四〇年の夏までは運用可能にならなかった。それまでの期間はレーダーがなかったので、高射砲部隊は敵機をサーチライトと、あまり頼りにならない聴音機を使用して発見しようとしたが、成果は上がらなかった。

ゲーリングはこの状況には不満だった。ドイツではゲーリングの評判は悪くなったが、英国では英空軍の爆撃部隊の評判が悪くなった。高射砲部隊だけでは夜間爆撃を食い止めるだけの戦果を上げられないので、ゲーリングは夜間防空専用の夜間戦闘機部隊を編成する事にした。それまでも、少数の勇敢なパイロットが、Ｂｆ１０９単座戦闘機で夜間に哨戒飛行を行ない、爆撃に来た敵機を撃墜した事はあった。それでも、夜間に戦闘機が迎撃する際に、地上から無線で情報を伝えて戦闘機を支援する組織が整備されていなかったので、夜間に敵爆撃機を発見できるのは、幸運に恵まれた時だけだった。

一九四〇年七月、ドイツ空軍総司令官のゲーリング元帥は、ヨーゼフ・カムフーバー大佐を司令部に呼んで、彼に敵の夜間爆撃に対抗するため、夜間の迎撃用の戦闘機部隊を編成すると共に、迎撃を行う機体を支援する地上管制システムを構築するよう命じた。この命令を受けた時、カムフーバーは四三歳だった。それまでの部署では、カムフーバーは、担当する職務について、的確な判断力を持ち、意欲的かつ組織的に業務を遂行できる能力を実証してきた。今回の新しい任務では、カムフーバーは彼の能力を最大限に発揮する必要があった。

カムフーバーは命令に対して速やかに対応した。一九四〇年八月中旬には、最初に編成された夜間迎撃専門部隊である、第一夜間戦闘機航空団（ＮＪＧ１）には、夜間戦闘機のＢｆ１１０型機が七〇機、Ｊｕ88型機が一七機、Ｄｏ17型機が一〇機配備されていた。しかし、これらの機体は、夜間に敵機を探知できるレーダーを装備していなかった。これらの戦闘機を支援するのは、地上のサーチライト部隊と、数台の「フライヤ」対空警戒レーダーだけだった。カムフーバーは少将に昇任し、司令部をオランダのユトレヒトの近くのツァイストにある一七世紀の城に置いた。夜間戦闘機関連の部隊を統括するのは、ドイツ全体の防空作戦を指揮するフーベルト・ヴァイゼ大将だった。

「ヒンメルベット（天空のベッド）」防空システム（連合国側は「カムフーバー・ライン」と呼んだ）を構築したドイツ空軍のヨーゼフ・カムフーバー大将

一九四〇年の秋頃には、ドイツの夜間防空態勢の強化は進んでいたが、レーダーの利用はまだ初歩的な段階だった。海岸地域の対空警戒レーダー局から敵機の接近が報告されると、夜間戦闘機隊は緊急出撃を行う。離陸後、夜間戦闘機は指定された無線標識へ向かい、その上空でサーチライトが敵の爆撃機を照らし出すのを、旋回を続けながら待つ。サーチライトにより敵機が視認できると、夜間戦闘機は攻撃を加えるため、敵爆撃機に突進する。「照射による夜間戦闘（Helle Nachtjagt）」と呼ばれるこの方式は、ある程度の成果を収める事ができた。

しかし、実際に迎撃を行うと、この方式に欠点がある事が明らかになった。サーチライトは高射砲と同様に、目標にされそうな地点を取り囲む様に配置される。サーチライトの照射では、敵の爆撃機と味方の夜間戦闘機を見分ける事が難しいので、夜間戦闘機が味方の高射砲に撃たれる事態が頻発した。搭乗員や機体に対する被害は多くなかったが、このような事態が生じるのでは、この迎撃方式は改善が必要である。高射砲は敵の爆撃機だけでなく、味方の戦闘機も攻撃するので、戦闘機はそれを避けながら飛ばねばならないので、敵機の攻撃に集中できない。

このような「同士討ち」を避けるために、カムフーバー少将は、高射砲が担当する空域と、夜間戦闘機が担当する空域を分離する事が必要だと考えた。そのため、カムフーバー少将はサーチライト部隊を、目標地域周辺を守る高射砲部隊から離して、市街地から離れた地域に配置した。そして、ドイツ本土に敵爆撃機を入れないために、ドイツのシュレースヴィヒ・ホルシュタインからベルギーのリエージュまで、海岸線に平行な帯状の防空空域（カムフーバー・ライン）を設定した。敵の爆撃機は、ドイツ国内の目標地点を爆撃するには、その防空空域を通過する必要がある。カムフーバー少将は、その帯状の防空空域を、幅が約三〇km程度の区画に分割し、その区画毎にサーチライト部隊と無線標識を設置した。夜間戦闘機はその無線標識上空を旋回しながら、敵の爆撃機の到来を待ち構え事になった。

カムフーバー少将はこの防空空域を利用して、防空戦闘をより効果的に行う方法を考えた。彼はサーチライトに頼る迎撃方式は、天候の影響が大きい事に注目した。それに対する解決策として、敵機の位置を高精度で検出できるレーダーを地上に設置して、そのレーダーで夜間戦闘機を敵の爆撃機へ誘導しようと考えた。この目的には、「フライ

遠距離対空警戒用のフライヤ・レーダー（前景）と、英国の爆撃機の追跡用と、迎撃するドイツ空軍の夜間戦闘機の誘導用の、２台の「ヴュルツブルク・リーゼ」レーダー（右と左にそれぞれ１台が見える）。

ヤ」レーダーでは精度が低すぎる。「フライヤ」レーダーの表示画面では、夜間戦闘機のパイロットが敵の爆撃機を視認できる距離まで近付くよりずっと前に、夜間戦闘機と爆撃機の位置を示す「輝点（ブリップ）」は重なって見分けがつかなってしまう。高射砲の射撃管制用の「ヴュルツブルク」レーダーなら、使用する電波の周波数が高く、分解能が高いため、それぞれの「輝点」が重なる事はなさそうだ。一九四〇年末には、「ヴュルツブルク」レーダーの生産が軌道に乗っていたので、カムフーバー少将は夜間戦闘機を誘導する試験のために、「ヴュルツブルク」レーダーを何台か入手した。

「ヴュルツブルク」レーダーを試験的に使用してみると、レーダーを夜間戦闘機の誘導に使用する方法が効果的な事が実証されたので、カムフーバー少将は各防空空域に配置するために、もっと多くの「ヴュルツブルク」レーダーを要求した。この頃には、敵の爆撃機は爆撃に行く際の往路や復路で防空空域を通過するので、ドイツ空軍機が爆撃機を攻撃する機会が増えるように、防空区画の奥行と区画数は増やされてい

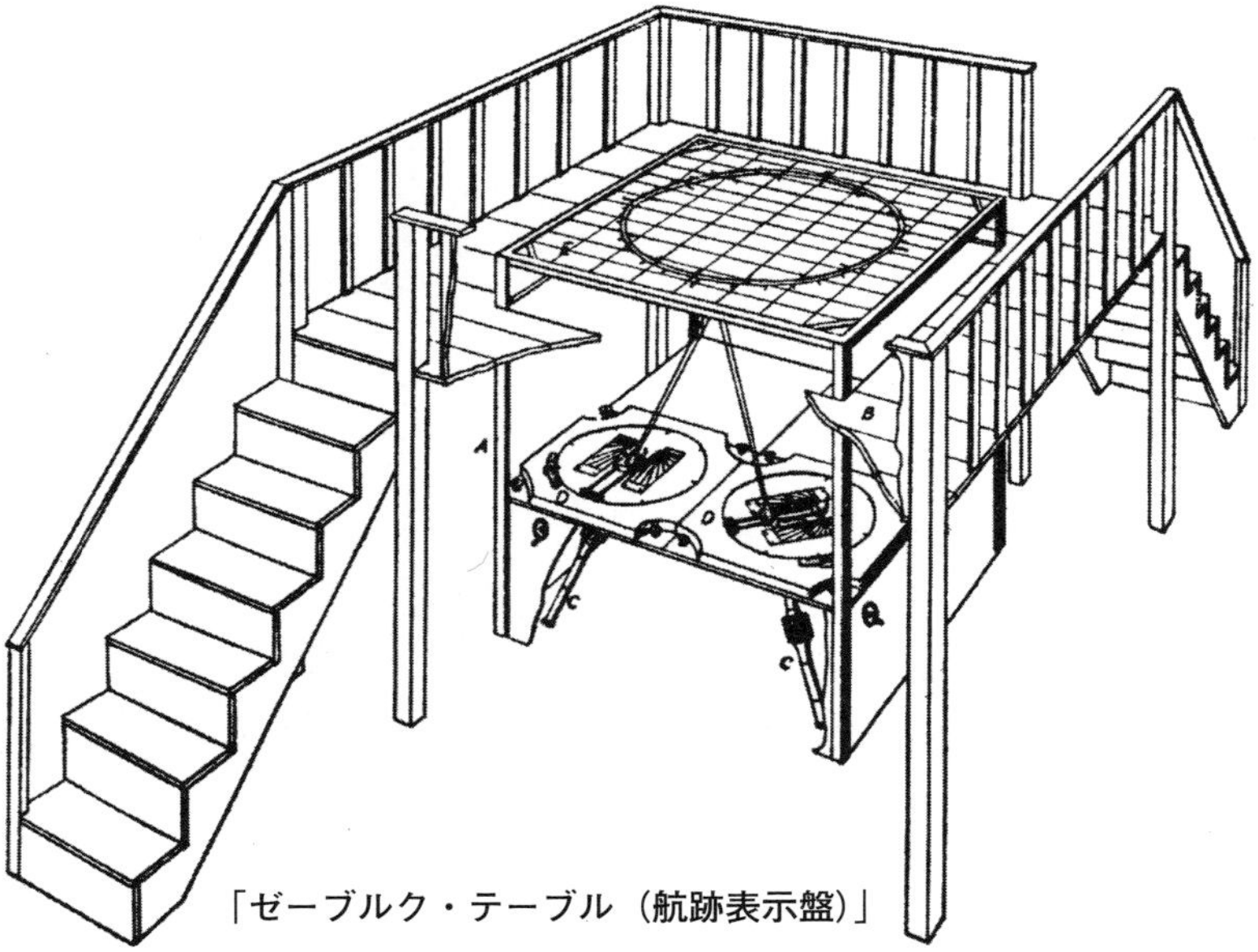

「ゼーブルク・テーブル（航跡表示盤）」

た。各防空区画には、「フライヤ」レーダーが一台、「ヴュルツブルク」レーダーが二台、無線標識が一カ所と、戦闘機のための地上管制局が設置された。「フライヤ」レーダーで遠距離から敵機を探知し、その情報を用いて、探知距離は短いが、レーダービームが細くて敵機の位置が高い精度で分かる「ヴュルツブルク」レーダーの一台を夜間戦闘機誘導用に、もう一台を敵爆撃機を追跡するのに使用する。

「ヴュルツブルク」レーダーは高射砲の射撃管制用に設計されたレーダーなので、距離、方位、迎角（上下方向の角度）をそれぞれ別の表示器に表示するので、レーダーの表示器だけを見て夜間戦闘機を誘導する事は難しい。夜間戦闘機の管制官が、夜間戦闘機用と敵の爆撃機用の二台の「ヴュルツブルク」レーダーの探知情報を、同時に参照して夜間戦闘機を誘導できるよう、ドイツ空軍は「ゼーブルク・テーブル」と呼ばれる航跡表示盤を開発した。各地上管制局の司令室内に設置されたこの大きな表示盤は、広い部屋の中央に設置された二階建ての構造物の二階部分に置かれ、そこへ上がるための階段が二か所についている。航跡表示盤はすりガラス製で、担当する防空区画の地図と格子状の仕切線が描かれている。この航跡表示盤の下には二人の操作員がいて、プロジェクター（光の投射機）を操作する。各操作員（女性の場合もある）には、「ヴュルツブルク」レーダーから機体の位置情報が電話で伝えられる。操作員の内の一名は、上にある表示盤にプロジェクターから赤い光の点を爆撃機の位置に投影し、もう一人の操作員は青い光の点を夜間戦闘機の位置に投影する。赤や青の光の点がすりガラスのスクリーン上を移動すると、表示盤の横に居る航跡記録員が、赤色の点と青色の点が動いた軌跡をグリースペンシルで記入していく。夜間戦闘機の管制員はすりガラスの航跡表示盤の上に立って、夜間戦闘機を爆撃機を攻撃する位置に誘導するため、夜間戦闘機に無線で指示を出す。この「ゼーブルク・テーブル」は、地上管制局の標準的な設備になった。この長い帯状の防空空域を幾つもの区画に区切って、各区画毎に夜間戦闘機を攻撃位置に誘導する方式を、ドイツ空軍は「ヒンメルベッド（天蓋付きベッド）」と名付けた。

最初、カムフーバー司令官は「ヴュルツブルク」レーダーをサーチライト部隊のすぐ前方に配置した。この配置により、夜間戦闘機はまずレーダー誘導による迎撃を行う。もし、レーダー誘導により敵機を撃墜できなかったら、これまでで実績を上げて来た「照射による夜間戦闘」戦術に移行できる。レーダーを使用した事で、サーチライトの台数を減らす事ができた。減らした分のサーチライトを別に地域に移動させる事で、サーチライトの配備地域を、フランス東部からデンマーク中央部まで拡げる事ができた。

「ヴュルツブルク」レーダーは防空空域の有効性を高めるのに役立ったが、探知距離が短すぎる事も明らかになった。連合国の爆撃機が防空空域に向かって飛んできても、ドイツ空軍の夜間戦闘機が爆撃機を捕捉する前に、爆撃機が「ヴュルツブルク」レーダーの探知範囲を出てしまう事がよくあったのだ。

カムフーバー司令官の要望により、テレフンケン社はこの問題の解決策として、「ヴュルツブルク」レーダーを改良して、探知可能距離を長くする事にした。一九四一年の春、テレフンケン社はレーダーのパラボラアンテナの直径を、三mから七・五mに大きくした改良型を開発した。それによりレーダーの送信ビームの幅が狭くでき、六四km先の飛行機を探知できるようになった。この改良型のレーダーは、「ヴュルツブルク・リーゼ（ジャイアント・ヴュルツブルク）」と呼ばれた。アンテナが大型化し、移動式でなくなった以外は、電子的にはそれまでの「ヴュルツブルク」レーダーとほとんど同じだった。一九四一年の後半には、「ヴュルツブルク・リーゼ」レーダーが、それまでの「ヴュルツブルク」レーダーに代わって、夜間戦闘機の誘導用に使用され始めた。

一九四二年初めには、夜間防空関連の組織の変更があり、新しいレーダーや通信機器などが増強されたので、カムフーバー・ラインにはサーチライトは不要だとされた。カムフーバー司令官は、最初はサーチライト部隊が無くなる事に反対したが、後にはそれが妥当な決定だった事を認めている。サーチライトが無くなると、夜間戦闘機の搭乗員は、目標への誘導については地上管制官の指示を信頼するしかなくなったが、その方式に慣れると、レーダーによる誘導方式は、それまでの「照射による夜間戦闘」方式より戦果が上がるようになった。

一九四二年の春には、カムフーバー・ラインには三種類の新しいレーダーが導入され、迎撃能力が向上した。アンテナを大きくする事で、レーダーの送信する電波ビームの幅を細くして探知距離を大きくする方法は、「ヴュルツブルク」レーダーで成功したが、対空警戒レーダーの能力向上でも成功した。その方法を適用した対空警戒レーダーは、I・G・ファルベン社が開発した、「マムート（ドイツ語でマンモスの事）」レーダーだった。このレーダーは実質的には、アンテナをテニスコートほどの大きさの、幅二七m、高さ一〇・五mに大型化した「フライヤ」レーダーだった。大型のレーダーアンテナは固定式で、レーダービームの向きを電子的に「左右に振る」事により、横方向で一〇〇度の範囲内の飛行機を探知できる。レーダーアンテナを大型化する事で、レーダーのビームは非常に細くなり、三〇〇km先の飛行機を探知できるようになった。

それまでの「フライヤ」レーダーと同じく、「マムート」レーダーは飛行機の高度は測定できない。もう一つの新型レーダーは、ジーマ社が開発した「ヴァッサーマン」レーダーで、二八〇km以内の距離にいる飛行機について、高度、距離、方位を正確に測定できる。このレーダーは、回転式の塔状の支持構造に取り付けられた、高さ三九m、幅六mのアンテナを使用している。このレーダーは、第二次大戦中の対空警戒レーダーとしては、枢軸国、連合国の双方のレーダーの中で、最も優れた性能を持つレーダーだった。ドイツ空軍は「マムート」レーダーと「ヴァッサーマン」レーダーを、敵機を本土からできるだけ離れた位置で探知できるよう、ヨーロッパの占領地域の海岸沿いに配備した。

オランダのベルゲン・アーン・ゼーに設置された、ドイツ軍の「ヴァッサーマン」対空警戒レーダー。周囲の家屋との比較で、この高さ39mのアンテナの巨大さが分かる。

この二種類の新型レーダーは、どちらも遠距離から敵機を探知するための、対空警戒用のレーダーだった。三番目の新型レーダーは、用途が全く異なるレーダーだった。それは夜間戦闘機搭載用の、小型で軽量の「リヒテンシュタイン」レーダーだった。このレーダーはテレフンケン社の製品で、四九〇MHz帯の電波を使用している。最大探知距離は三・二km（二マイル）で、最小探知距離は約一八〇m（二〇〇ヤード）である。最小探知距離は、夜間戦闘機用のレーダーの性能としては、重要な数値である。一般的に、レーダーには送信機と受信機が組み込まれている。送信機は強力なパルス波を送信するが、そのパルス波を受信機が直接受信すると、高感度の受信機は破損する可能性がある。そのため、パルス波の送信中は受信機の受信回路を切っておく必要がある。パルス波の送信が終わると、受信機は受信を開始する。パルス波と言っても、実際にはごく短時間だが電波の送信を続けてから送信を停止する。パルスの先端（パルス波の最初に出た部分）が物体に当たって反射されて戻って来た時に、パルスの後端がまだ送信中の場合には、受信回路は切れているので受信できない。そのため、パルスの幅で決まるある距離より近い物体からの反射波は受信できない。結局、レーダーで探知できる最短距離は、送信するパルスの時間的な幅にほぼ比例する。この最小探知距離が一八〇ｍであった事は、第一世代の航空機搭載レーダーの最短探知距離としては優れていた。

この新型の航空機搭載用「リヒテンシュタイン」レーダーの量産が始まると、それを搭載した四機の夜間戦闘機が、一九四二年二月にオランダのレーワルデン基地に到着した。実戦に投入されると、このレーダーの欠点が明らかになった。機首に取り付けられた複雑な形状のアンテナにより空気抵抗が増加し、Ｊｕ88機の場合は最大速度が一〇㎞／時遅くなり、操縦特性が悪化した。最初は、故障が多そうなこのレーダーを装備した時の機体への悪影響を懸念して、パイロット達はこのレーダーを歓迎しなかった。パイロット達が新型レーダーに対して消極的な姿勢だった主な理由は、皮肉な事に、「ヴュルツブルク・リーゼ」レーダーによる地上からの誘導が正確で、戦闘機を爆撃機が視認できる距離まで誘導してくれる場合が多かったからだった。

しかし、ルートヴィッヒ・ベッカー大尉と搭乗員のチームは、「リヒテンシュタイン」レーダーを使い続けた。彼らは初期故障は多かったものの、レーダーは正常に機能すれば非常に役に立つ、特に月のない暗い夜の迎撃では役に立つ事を実証した。ベッカー大尉の撃墜機数が増えると、他の搭乗員達もレーダーを使い始めた。

一九四二年三月には、ドイツの防空部隊は、夜間爆撃に来る英国の爆撃機を、平均して一〇〇機につき四機の割合

メッサーシュミットBf110夜間戦闘機。空気抵抗の大きい「リヒテンシュタイン」レーダーのアンテナが機首から突き出している。

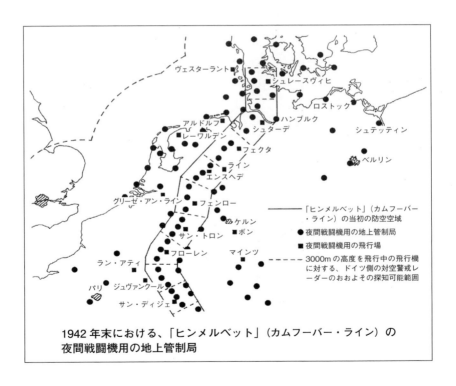

1942年末における、「ヒンメルベット」（カムフーバー・ライン）の夜間戦闘機用の地上管制局

で撃墜していた。この内、約三分の二が戦闘機によるもので、残りの大部分は高射砲によるものだった。この頃になると、夜間戦闘機部隊は四個航空団、二六五機に増強され、そのうちの一四〇機程度はいつでも出撃可能な状態に維持されていた。夜間戦闘機部隊の戦力増強は続けられた。四月には、Ｂｆ１１０型機が三三機、Ｊｕ88型機が二〇機、Ｄｏ２１７型機が三〇機、部隊に引き渡された。テレフンケン社は「リヒテンシュタイン」レーダーをそれまでに二七五台製造していたが、生産台数を月産約六〇台に増やした。

カムフーバー・ラインの地上設置レーダーについても、増強は着実に進められていた。カムフーバー司令官は、カムフーバー・ライン全体では、一八五台の「ヴュルツブルク・リーゼ」レーダーが必要だとして、早急に支給してもらう事を要望していた。一九四二年三月末までに、テレフンケン社はその内の約半数を納入し、残りの分については一ヵ月に三〇台程度のペースで納入を続けていた。

ドイツの防空部隊は、英国の夜間爆撃部隊に着実に損害を与え続けていたが、カムフーバー・ラインにおける戦闘機誘導方式には、弱点が有る事は明らかだった。カムフーバー・ラインによる防空を成功させるには、十分な数の「リヒテンシュタイン」レーダー、「フライヤ」レーダー、「マムート」レーダー、「ヴァッサーマン」レーダー、「ヴュルツブルク・リーゼ」レーダーに加え、夜間戦闘機のパイロットと地上の管制官との間の無線通信が確実に行える必要がある。こうしたレーダーや無線通信が、敵に妨害される事は避けられない。次の章では、英国の情報部門が、ドイツが秘密にしていた、カムフーバー・ラインの詳細な内容をどのようにして探り出したかについて述べる。

第3章　ドイツのレーダーを奪取せよ

「手ひどく痛めつけられたフランスは、かねてから同盟国の英国に、ドイツの占領軍を攻撃するよう要請していた。その要請に対して、英国はフランス北部の海岸に、空挺部隊による小規模な奇襲攻撃を行なった。空挺部隊は何の戦果も上げられないまま、海上への撤退を強いられた」

一九四二年二月二八日（ブルネヴァル襲撃の翌日）のドイツのラジオ放送のニュースより

一九四一年と一九四二年においては、英空軍のドイツ本土爆撃の際の機体の損失率は増え続けていた。しかし、ドイツ軍の防空システムの詳細が分からないので、適切な対抗方法を講じる事が出来なかった。英国本土における「電波ビームの戦い」で情報を得るのに非常に役に立った、撃墜したドイツ軍機の残骸、捕虜にした搭乗員、さらには電波ビームの電波からの情報などは、英国内で入手する事ができた。しかし、ドイツ本土爆撃では、英空軍の爆撃機が撃墜されるのは敵の領土内だったので、撃墜された状況の詳細は分からない。その上、ドイツ側は防空戦闘に関する情報の伝達は、陸上回線を用いた通信を主に使用していて、英国のブレッチリー・パークの政府暗号学校が解読して情報を入手できる無線通信はほとんど使っていなかった。そのため、カムフーバー少将が指揮する防空システムの詳細は、知りたいと思ってもなかなか解明できなかった。

はっきりした情報がなかったので、英国のレーダー関係者は開戦前には、ドイツもレーダーを開発しているとは信じていなかった。しかし、ドイツは周波数の高い電波の利用に関しては技術的に進んでいる事を知っていたので、レーダーの基本的な考え方を知れば、ドイツはレーダーを開発出来るだろうと思っていた。ドイツ空軍が飛行船グラーフ・ツェッペリン号で、英国の電波を探知し分析しようとした時には、ドイツ空軍は彼らのレーダーが使用している周波数帯の電波を重点的に捜索したので、成果を得られなかった。今回、英国の情報部門は敵のレーダーを捜索する際に、同じような間違いをして、同じように成果を上げられなかった。

ドイツのレーダー開発に関する最初の情報は、一九三九年一一月に、ノルウェーのオスロにある英国大使館に送られて来た、いわゆる「オスロ・レポート」の情報だった。おそらく、不満を抱いているドイツ人科学者が送ってきたと思われるが、このレポートには、ドイツで開発中の軍事用の技術的開発計画がいくつも記載されていた。[訳注1] 爆発物を積んだ遠隔操縦式のグライダー、追尾装置付きの魚雷、誘導可能な砲弾などの情報が含まれていた。「航空機から反射されたパルス波」を利用して、一二〇km先の飛行機を探知する対空警戒システムについても、短く書かれていた。更に、ヴィルヘルムスハーフェンを英国の爆撃機が爆撃しようとした際、ドイツの北西海岸地域を担当する監視所は、英国の爆撃機を一二〇kmの距離で探知したと書かれていた。この記述は少し疑問だと英国側は思った。この時の爆撃機に対するドイツ空軍の戦闘機の迎撃が、これほどの遠距離で探知していたにしては、非常に遅かったからだ(実際には、この迎撃の遅れは、戦闘機を誘導するシステムや部隊間の連絡システムが上手く機能しなかった事が原因だった)。英空軍の防空システムであれば、戦闘機部隊の迎撃はずっと素早く行われた事だろう。

＊＊＊

英国の海軍と空軍の間で、情報交換がもっと円滑に行われていれば、「オスロ・レポート」を入手した時点で、英海軍が入手していた情報を参考にして、ドイツ軍がレーダーを保有している事を英空軍が認識できた可能性が高い。
一九三九年一二月、ドイツ海軍のポケット戦艦、グラーフ・シュペー号はウルグアイのモンテビデオ港外で自沈した。その五日前、グラーフ・シュペー号は英海軍の巡洋艦との戦闘で被弾して損傷し、モンテビデオ港に逃げ込んでいた。艦長は友好国の港まで脱出するのは不可能だと判断し、乗組員の生命をこれ以上犠牲にしないため、艦の自沈を命じた。

英国が初めて入手した、ドイツがレーダーを実用化している事を示す写真。1939年12月に、ドイツのポケット戦艦グラーフ・シュペー号が、ウルグアイのモンテビデオ港沖で自沈した際に撮影された写真。艦橋の上に「ゼータクト」レーダーのアンテナ（○で囲む）が見える。

しかし、自沈しようとした位置は、ラプラタ川の河口部で浅かったので、自沈用の爆薬が爆発しても、艦は三mの深さの海底に着底しただけで、水面下には沈まなかった。翌日、夜明けと共に、モンテビデオ港からは、自沈したグラーフ・シュペー号を見ようと、多くの民間の小型船が集まってきた。自沈した状況を通信社が写真に撮影して、それが世界中に配信された。ほとんどの人は、着底して煙を上げているグラーフ・シュペー号を撮影した写真の中に、奇妙な物が写っているに気付かなかった。それは艦橋の上に取り付けられた、ベッドの枠の様な四角い骨組みだけの構造物だった。

英海軍の情報部は、レーダーに詳しいベインブリッジ・ベルを、グラーフ・シュペー号を観察させるためにモンテビデオに派遣した。ベルは着底した艦に乗り込み、「ベッドの枠」まで登った。艦は傾いていたので、身が軽くないとできない行動だった。観察を行なったベルは、その構造物は、艦の大砲が射撃を行う際の測距用のレーダーのアンテナである事はほぼ確実だと報告した。彼の推測は正しかった。それは「ゼータクト」レーダーのアンテナだった。

その情報を受け取ったロンドンの海軍情報部の調査官は、グラーフ・シュペー号の他の写真も詳しく調べて、その構造物は一九三八年に撮影された写真に写っていたが、キャンバスを被せて隠してあった事を発見した。これは英海軍に不安を感じさせる発見だった。なぜなら、一九四〇年になっても英海軍の艦艇は射撃時の測距用のレーダーをまだ搭載しておらず、一年以内に搭載する予定も無かったからだ。しかし、ベルの報告書は海軍情報部の文書保管庫に仕舞い込まれてしまったので、空軍情報部のジョーンズは、一九四一年になるまで、その報告書の存在を知らなかった。

＊＊＊

一九四〇年の中頃に、英空軍情報部の科学技術情報班は、ドイツ空軍のレーダーに関連しているかもしれない、漠然とした情報を入手した。現在ではレーダーは非常に有用な事が分かっていて、広い分野で使われているが、当時はまだあまり多くは使用されていなかった。戦争のこの段階では、ドイツは戦略的に攻撃を重視していたので、ドイツ空軍は爆撃用の無線航法システムなど、攻撃用の装備に力を入れていた。当時、レーダーは防衛用の装備を見なされていたので、優先度が低かった。英国は防衛する側だったので、ドイツとは逆に、防衛用の装備を重視せざるを得ない状況で、レーダの関する情報には興味があった。

一九四〇年五月になって、英空軍のドイツの対する夜間爆撃が始まった頃、ドイツ軍の捕虜が、ドイツ海軍は遠方の物体の距離と方位を測定するために、「電波の反響（こだま）」を用いる装置の試験を行なったと述べた。彼は、ドイツ空軍も同様な装置を研究しているが、まだあまり進展していないと言った。彼の説明を聞くと、その装置は英国沿岸の対空警戒レーダー網のレーダーに似ているようだった。捕虜が述べた装置と、オスロ・レポートに記載されていた対空警戒用の装置は、同じ装置を指していると考えても良さそうだった。

七月五日、英空軍の機体が「クニッケバイン」の電波を受信したすぐ後の時期だが、ヨーロッパ大陸内のジョーンズが情報源にしている組織の一つが、ドイツ空軍の秘密文書である、一週間前の日付の業務報告の要約版をジョーンズに送ってきた。その中には、ドイツ空軍の戦闘機が、「フライヤ警報装置」からの情報により英国の偵察機を迎撃した事が書かれていた。この情報で、ドイツ側が何らかの航空機探知装置を保有しているのは確実だと思われた。ジョーンズが強い関心を持っている事を知ると、その文書を送ってきた組織は、その「フライヤ警報装置」の場所はランニオンの近くで、対空機関銃で防衛されている、と知らせてきた。ランニオンはフランスのブルターニュ半島の北部海岸にある小さな町である。この情報は、「フライヤ警報装置」の重要性を示すものだと解釈された。ドイツ軍はその地域をまだ三週間前に占領したばかりなのに、対空機関銃を配置して防衛しているからだ。

この「フライヤ警報装置」の調査を進めるには二つの方法が考えられる。一つは、設置場所を偵察機で写真撮影する事で、もう一つは、その場所から送信されているとを思われる電波を見つける事だ。ジョーンズは「フライヤ警報装置」の正体を推測するのに、軍の情報部門と言う特殊な組織で良く用いられる、秘密にしたい機器の名称の付け方を参考にする事にした。彼は「フライヤ」と言う名前について、その北欧神話における意味を調べてみた。「フライヤ」は北欧神話の美と愛と豊穣を司る女神の名前である。女神の最も大事な持ち物は、「ブリーシンガメン」と呼ばれる素晴らしい首飾りである。その首飾りを手に入れるために、女神は彼女の名誉を犠牲にし、愛する夫を裏切らねばならなかった。見張りの神のヘイムダルがブリーシンガメンを守っている。ヘイムダルは昼でも夜でも、どの方向も何百㎞も先まで見る事ができる。ジョーンズは空軍参謀総長に、この調査結果を次のように慎重な言い回しで報告した。

この北欧神話の神の名前の意味を重視する事は賢明ではないかもしれませんが、これまで入手している情報と、この名前の表している意味は、矛盾しないように思われます。レーダー装置の暗号名としては、本来は「ヘイムダル」が一番ふさわしいと思われますが、それではあまりにも装置の性格が分かりやすくなります。……そのため、「フライヤ警報装置」は移動式のレーダーの一種であろうと推測いたします。

この推理は分かりやすかったが、戦時内閣に不安を感じさせる事になった。フランスに派遣されていた英国海外派遣軍が遺棄した無傷の英国のレーダーを、ドイツ軍が入手したのだろうか？　そうでなければ、ドイツ軍はどうしてこんなに早くレーダーを実用化できたのだろう？　七月七日、チャーチル首相は主席軍事補佐官のイスメイ将軍に、この件に関するメモを送った。

航空省に、フランスにあった英国のレーダーを、敵が完全な状態で入手していないかを問い合わせてもらいたい。フランスにレーダーが二台か三台配備されていたと記憶している。それらのレーダーが、英軍が撤退する前に、徹底的に破壊されたか確認してもらえるだろうか？

イスメイ将軍は問い合わせを行ない、その結果を「英空軍のレーダー送信機が一台、ブローニュに遺棄されたが、その送信機はその際に徹底的に破壊された。ドイツ軍がその破壊されたレーダー装置から、有益な情報を得る事が出来たとは思えない。英陸軍の射撃用レーダーが一台、破損した状態でドイツ軍に捕獲されたかもしれないが、それ以外の射撃レーダーは、遺棄する前に徹底的に破壊されている。ダンケルクからの脱出に用いられた『クレステッド・イーグル』号は、英陸軍の射撃用レーダーを積んだ状態で、ダンケルクの近くで座礁したが、海軍の兵士がそのレーダーを破壊するために派遣されている」と報告した。

戦後になって、ドイツ側の資料で、ドイツ軍がブローニュの近くで、英国の移動式対空警戒レーダーをほぼ無傷で捕獲した事が分かった。ドイツ軍はそのレーダーに感心するどころか、「フライヤ」レーダーに比べると、古めかしく、ずっと劣ると見なした。この評価は正しい。その当時の英国の移動式のレーダーは、固定式のレーダーに比べて性能が大幅に劣っていた。

七月一四日、ジョーンズは、二番目の「フライヤ」レーダー局がコタンタン半島の先端のアーグ岬で運用を始めた、との情報を受け取った。九日後、このレーダー局は、ドイツ軍の急降下爆撃機が、英海軍の駆逐艦「デライト」を撃沈したが、その際に重要な役割を果たした。この時、「デライト」はドーバー海峡に面したポートランド島のポートランドビル岬から、約三〇㎞離れた海上にいた。「デライト」は「フライヤ」レーダー局から一〇〇㎞以内には近付いた事は無かったし、上空にドイツ空軍の戦闘機や気球はいなかったが、ドイツ軍は「デライト」の位置を把握していて、急降下爆撃機に攻撃させたと英軍は推測した。そのため、ドイツ軍が沿岸監視に使用している「フライヤ」レーダーは、低高度や海面上の目標の探知能力については、最新の英国のレーダーに劣らない能力を持っているだろうと英国側は考えた。

八月の第二週、「バトル・オブ・ブリテン（英国の戦い）」が始まろうとしていた頃に、ジョーンズの所にドイツ空軍の暗号通信の解読結果が届いた。そこには、「フライヤ」レーダーは、防空戦闘では戦闘機と組み合わせて使用するように設計されている、と記されていた。

存在が報告されているアーグ岬とランニオンの「フライヤ」レーダー局について、偵察機でレーダー局があると思われる付近の写真を撮影して、その写真でレーダー局を見つけようとしたが、見つける事はできなかった。偵察型のスピットファイア機が高度九〇〇〇ｍから写真を撮影したが、その高度から撮影した写真の解像度は、「クニッケバイン」の送信アンテナを回転させるための、直径九〇ｍの円形の施設がぎりぎり識別できる程度だった。その写真で発見できなかった事から、「フライヤ」レーダーは「クニッケバイン」の設備よりずっと小さいだろうと推測する事しかできなかった。

同じ頃、スワネージにある無線通信研究所（ＴＲＥ）のレーダーの専門家のデレク・ガラードは、自発的に敵のレーダー局を探し始めた。彼は自分の車に研究所から借りた受信機を積んで、英国南部の海岸線に沿って移動しながら、ドイツのレーダーからと思われる電波を受信しようとした。彼が最初に受信したドイツ側のレーダーの電波は「フライヤ」レーダーの電波ではなかったが、それでも発見した価値はあった。ガラードがドーバーに近い場所で受信したのは、三七五MHzのレーダー波だった。そのレーダー波は、ドーバー海峡を通過する英国の輸送船団を砲撃するために、フランスのカレー付近に配置されたドイツ軍の砲兵部隊と関係があるのではないかと思われた。実際、そのレーダー波は「ゼータクト」レーダーからの電波で、「ゼータクト」レーダーは以前に調査したドイツのポケット戦艦、グラーフ・シュペー号にも搭載されていた。

　ガラードの発見は、英国のレーダーの専門家の間で議論になった。ドイツがレーダーを開発したかもしれないと思っている人達でも、ドイツのレーダーが英国のレーダーより優れていると思う人はほどんどいなかった。しかし、現実にこのドイツのレーダーは、英国ではまだ使用していない高い周波数の電波を使用していて、海岸付近からの砲兵部隊の射撃に使用されているらしい。ドイツ人がフランスで入手した英国製のレーダーから、レーダーの技術を学んだとするなら、彼らはその技術を驚異的な速さで進歩させて、自分達のレーダーに適用した事になるが、そんな事は可能とは思えない。

　一九四〇年の秋、英空軍の写真偵察機は改良型の偵察カメラを使用し始めた。撮影した写真の画質は大幅に向上し、すぐにドイツ軍のレーダー基地の捜索でも成果が得られた。一一月二二日、偵察型のスピットファイア機が高々度から写真を撮影した。撮影された写真はそれまでの写真より鮮明で解像度が高かった。その写真にはアギュ岬の近くのオーデルビル村が写っていた。村のすぐ西側に、正体不明の円形の物体が二つ並んで写っていた。直径は約七mで、丸い物が二つが並んでいるので、オペラグラスのような形に見えた。ジョーンズの科学技術情報班に最近加わった物理学者のチャールズ・フランク博士は、その写真をステレオスコープ（立体鏡）[訳注2]で調べていて、連続して撮影した二コマの写真の画像の内容が、予想に反して全く同じではない事に気付いた。片側の円形の部分を横切る影が、最初に

1940年11月、フランスのシェルブール近郊のオーデルビルで、英国の偵察機がこの奇妙な2個の円形の施設を撮影した（丸で囲った内部および写真内の拡大画像に表示）。1941年2月、偵察型スピットファイア機が、この円形の施設の写真を撮影するため、危険を冒して低高度で撮影を行なった。写真を分析した結果、円形の囲みの内部には「フライヤ」レーダーが設置されている事が判明した。

撮影された写真と、九秒後に撮影された写真では、僅かに違っていたのだ。その九秒間に、影を生じさせた、薄くて横に長い何かが九〇度回転していたのだ。二枚の写真では、問題の影の長さは約二㎜だが、その幅は一枚目の写真では一〇分の一㎜で、二枚目の写真では二㎜だった。これは写真の解像度の限界に近い小さな違いだったが、それでも、この場所をもっと詳しく調査する必要がある事は明らかだった。

次になすべき事ははっきりしていた。オーデルビル村の「オペラグラス」を、偵察機に低空から撮影させるのだ。しかし、英国本土に対するドイツの侵攻が懸念されていたので、数少ない偵察型スピットファイア機には、もっと優先度の高い任務が多かった。

その頃、ジョーンズの所に、ドイツ軍のエニグマ暗号機による暗号無線を解読したウルトラ情報が送られて来たが、その中にはドイツ軍の航空機探知用の「ヴュルツブルク」と呼ばれる装置が出て来る通信文が含まれていた。その通信文には、ルーマニアに一台の「フライヤ」と、一台か二台の「ヴュルツブルク」を送る予定と書かれていた。又、二台の「ヴュルツブルク」をブルガリアに送るとも書かれていて、これらは全て沿岸防衛部隊用だとされていた。ジョーンズは、この通信文の内容は、ルーマニアとブルガリアの黒海沿岸を切れ目なく監視するための、最小限必要なレーダーの台数を意味していると推測した。もしこの推測が正しいなら、黒海沿岸の海岸線の長さから計算すると、「フライヤ」レーダーの最大探知距離は九〇km以上で、「ヴュルツブルク」レーダーの最大探知距離は三七km以上となる。ジョーンズは、この二種類のレーダーは用途が少し異なり、両者が補い合う形で使用されている事はまだ知らなかった。ジョーンズの推測には正しくない点も有ったが、各レーダーの最大探知距離の推定値は非常に正確だった。ジョーンズは、ドイツ軍の二種類の航空機探知用レーダーの最初の手がかりはつかんだが、どちらもまだその写真や諸元などの情報は入手できていなかった。

やっと一九四一年二月六日に、オーデルビル村の「オペラグラス」を低高度から撮影するために、偵察型スピットファイア機を使用する事が許可された。しかし、一回目の飛行は失敗だった。スピットファイア機は撮影区域を高速で通過したが、正体不明の円形の物体は、斜め写真撮影カメラ[訳注3]で撮影したコマとコマの中間になってしまい、撮影できていなかった。六日後にマニフォールド中尉が行なった二回目の低高度偵察飛行は成功した。低高度から撮影した写真には、目標物が大きく、鮮明に写っていた。その写真では、二つの円形の囲いの中に回転式のアンテナがある事が識別できた。レーダー用のアンテナである事は明らかだった（実際、これは「フライヤ」レーダーのアンテナだった）。

マニフォールド中尉の写真が現像されている間にも、南イングランドにある電波監視所は、オーデルビル村の方向からの一二〇MHzの周波数の電波によるパルス信号を受信していた。この周波数の電波はそれまでにも受信されていたが、傍受担当者はその電波は英空軍の機体に搭載された、新型のVHF無線機からの電波だと思っていた。デレク・ガラードがその信号をブラウン管に表示してレーダーのパルス信号である事に気付くまでは、その真の意味が理解されなかったのだ。ガラードは電波を出している場所の方向を地図上に記入したが、その作業により、類似した電波がオーデルビル村からだけでなく、ディエップやカレーの方角からも出ている事を発見した。

ジョーンズは一年以上もドイツのレーダーを探していたが、このわずか四時間の間に、低高度からのレーダーの鮮明な写真と、レーダー波を受信した報告が、彼のところにもたらされたのだ。

＊＊＊

一二〇MHzの周波数の「フライヤ」レーダーの電波が発見されて一ヵ月もしない内に、五七〇MHzの周波数の電波によるパルス信号が初めて受信された。一九四一年の春から、英空軍の電波偵察専門の部隊である第一〇九飛行中隊が、ヨーロッパのドイツ占領地域上空で、ドイツ軍のレーダーが出している電波の捜索を始めた。五月八日の日没後、その飛行隊の電子偵察用ウェリントン爆撃機が、コタンタン半島とブルターニュ半島の沖合を、電波偵察のために飛行した。その飛行で、ウェリントン機の搭乗員は、受信した電波のやってきた方向から、九つのレーダー局の概略の位置を割り出した。

その後の数ヵ月間に、「フライヤ」レーダー局に関して、多くの情報が得られた。一九四一年一〇月末には、フランスのボルドーからノルウェーのボードまで沿岸地域の二七カ所で、「フライヤ」レーダーが使用されている事が判明した。それに加えて、第一〇九飛行中隊の機体は、五七〇MHzの周波数の電波を受信して、その方向を測定して送信されている場所をいくつも突き止めた。しかし、その電波を送信している機材は、偵察写真を撮影しても見つける事ができなかったので、「フライヤ」レーダーの施設よりずっと小さいだろうと思われた。

この頃に入手した情報で非常に注目を集めたのは、「フライヤ」レーダー局でドイツ人の操作員が、探知した航空機を追跡している状況を写したニュース映画の短いシーンだった。それほど注目を集めなかったが、情報活動の観点からずっと重要だったのは、「フライヤ」レーダー局が探知情報を無線で報告するのを、英国の国内で傍受できた事だった。「フライヤ」レーダー局は探知した機体を追跡する際、機体までの距離と方向を、防空司令部へ無線で報告していた。その報告で使用される「暗号」は比較的簡単で、すぐに解読できた。例えば、一〇月一〇日にイングランドにある通信傍受所は、次のモールス信号による報告を傍受した。

ＭＸＦ＝１１４０１１＝１４Ｅ＝Ｘ＝２５４＝３６＝＋

ここで、「ＭＸＦ」は報告をしているフライヤ・レーダー局の無線通信における呼び出し符号である。「１１４０１１」は位置を測定した時の時、分、秒を表わし、「１４Ｅ」は探知した機体の航跡のその日の番号である。「Ｘ」は位置を追跡中の機体の数を表す符号（Ｘは一機、Ｙは数機、Ｚは多数を意味する）である。「２５４」はレーダー局からの方位角、「３６」は距離（単位は㎞）である。

英空軍情報部は、この情報をレーダー局の位置を求めるために利用する事にした。偵察機にドイツの占領地域の上空を飛行させ、「フライヤ」レーダー局に追跡させる。偵察機は自分の飛行位置を正確に記録するために、飛行中は真下の地面の写真を撮影し続ける。英国の通信傍受所は、偵察機を探知した「フライヤ」レーダー局が、機体の探知情報を無線で報告するのを傍受して記録する。後で地図上に、撮影した写真を参考にして、偵察機の正確な航跡を記入する。「フライヤ」レーダー局が偵察機の位置を報告した時刻における、偵察機の航跡上の点で、レーダー局の報告した方位角の反対の方向に線を引き、その線上にレーダー局が報告した距離の所に点を記入する。偵察機の航跡にそって、この作業を何回か行うと、探知報告をしたレーダー局の位置が推定できる。この方法で幾つかの「フライヤ」レーダー局の位置が推定できた。また、ドイツのレーダー局の位置が判明すると、それらの局の探知情報の報告を利用して、英空軍の機体が英国側のレーダーの探知可能範囲外の、ドイツの勢力圏内を飛行している時でも、その位置を英国側がリアルタイムで把握できた場合があった。

こうして「フライヤ」レーダー局の調査を進めている間も、第一〇九飛行中隊は五七〇ＭHzの電波を送信している装置の捜索を続けていた。しかし、その装置の写真撮影には、なかなか成功しなかった。その装置が「フライヤ」レーダーよりずっと小型である事は明らかだった。諜報員からの情報では、この電波はＦＭＧと呼ばれる火器管制装置に使用されているとの事だった。一九四一年の終わり頃、四台のＦＭＧ装置が、ウィーン地区で使用されているとの情報が入ってきた。ウィーンは、非常に美しい都市だが、軍事的には重要度が低い都市なので、そこがレーダーの補給基地でもない限り、複数のＦＭＧ装置がそこで使用されているなら、ＦＭＧ装置はすでにかなりの台数が使用されていると考えも良いだろう。

もう一つの有力な手掛かりとなる写真が、当時はまだ中立国だった米国からもたらされた。ベルリンの米国大使館からはベルリン動物園が見渡せるが、その近くに巨大なコンクリート製の高射砲塔[訳注4]が二基、建設された。その高射砲塔の頂上部分の写真がジョーンズに届けられた。その写真には、それまで知られていない、反射面が網目になっている大きな円形のアンテナがはっきり写っていた。残念ながら、その大きさが分かっていて、それと比較すればアンテナの大きさを推定できる物体が、アンテナの近くには写っていなかった。数週間後、ある中国人科学者が、写真に写っていたアンテナを見たと話してくれた。彼の話では、そのアンテナは直径が六ｍ以上あるパラボラアンテナで、回転させたり、上下に傾ける事が可能だとの事だった。彼はそのアンテナは、高射砲の射撃に使用されるレーダーのアンテナではないかと思ったと話した。ジョーンズは、そのレーダーは、ドイツが占領した地域に多数配備されている事が判明している、五七〇ＭHzの電波を使用するレーダーとは違うと考えた。なぜなら、そのレーダーが今回のような大型のアンテナを使用しているなら、偵察機の写真でずっと前に発見出来ていたはずだからだ。実際には、ベルリン動物園の近くの高射砲塔の写真に写っていたのは、初めて実戦配備された、「ヴュルツブルク」レーダーを大型化した「ヴュルツブルク・リーゼ」レーダーだった。

ジョーンズは、もっと小型だろうと予想される「ヴュルツブルク」レーダーの写真をまだ入手できずにいたが、その捜索は最終段階に近付いていた。一九四一年十一月の下旬、空軍情報部の科学技術情報班のチャールズ・フランク博士は、フランス北部海岸のル・アーブル付近のブルネヴァル村に設置されている「フライヤ」レーダー局を、中高度から撮影した偵察写真を調べていた。その写真で、フランクは海岸の崖に沿って、細い道がある事に気付いた。その小道は「フライヤ」レーダーから海岸線に沿って進んだ後、司令部と思われる大きな住宅に向けて右に曲がっていた。住宅の手前に黒い小さな物体が写っていた。「フライヤ」レーダーへ行くだけでなく、「黒い小さな物体」にも行く必要があるらしい。その物体は、「フライヤ」レーダーに関係している物ではないだろうか?

一二月三日、偵察機部隊のパイロットのトニー・ヒル大尉は、バッキンガムシャーのメドメンハムにある偵察写真解読センターを訪問し、ドイツのレーダー局の写真撮影について話し合った。写真解読センターのクロード・ウェイヴェル少佐は、空軍情報部の科学技術情報班がブルネヴァル村のレーダーに強い関心を持っている事を知っていたので、ヒル大尉にブルネヴァル村に正体不明の黒い物体がある事を話した。翌日、ヒル大尉は独断で、偵察型スピットファイア機でブルネヴァル村の偵察を行なった。彼は海岸の崖の上を低高度で通過し、ドイツ軍の守備兵が驚いて見ている間に、対空陣地の前を通り過ぎて行った。

帰投後、ヒル大尉はカメラが故障していて、写真が撮れなかった事を知った。彼には大きなショックだったが、それでも、自分の目でその装置をはっきりと確認し、その装置は「反射式電気ストーブに似ていて、直径は約三mだった」と、口頭で報告する事ができた。ヒル大尉の観察結果によれば、その物体はこれまで発見できなかった五七〇MHzの電波用のアンテナである可能性が大きい。翌日、ヒル大尉は勇敢にも前日と同じ飛行を行なった。今回はカメラは正常に作動し、撮影された写真は偵察写真の模範とも言える出来だった。その写真には、ヒル大尉が口頭で報告した通りの、直径が約三mの、反射式電気ストーブの円い反射板のような物体が写っていた。レーダーのアンテナである可能性が大きくなったが、五七〇MHzの電波を出している装置と断定するには、まだ決定的な証拠が不足していた。これが問題のレーダーとはっきりわかるまでは、それに対してどのような行動を起こすべきかは決められない。

ブルネヴァル村の装置を奪取する事を、誰が最初に言い出したのかははっきりしない。問題の装置のある場所は、

ブルネヴァル村の「ヴュルツブルク」レーダーを偵察機から撮影した写真。奇襲攻撃の3ヵ月前に撮影された写真。

オランダのヴァルヘレン島に設置された、「ヴュルツブルク・リーゼ（ジャイアント・ヴュルツブルク）」レーダーを低高度から撮影した写真。1942年5月撮影。

海岸からは二〇〇mも離れていなくて、いかにも奪い取りやすく見えるので、何人かの人が同じ時期に考え付く事はあり得る。いずれにせよ、一九四二年一月初めには、この装置の奪取方法について、詳細な検討が始まっていた。海上から奇襲部隊が襲っても、失敗するのは明らかだ。装置は高い崖の上にあり、かなりの規模のドイツ軍守備隊が警備をしている。たとえ奇襲部隊が大きな損害を受ける事なく、崖の上まで進出できたとしても、奇襲部隊が装置を確保する前に、ドイツ軍の守備隊は装置を破壊してしまうだろう。

陸軍と海軍の合同奇襲部隊を指揮するマウントバッテン卿（准将）は、奇襲部隊を船から出撃させるのではなく、空挺降下させる事を提案した。一月二一日、参謀総長はこの案を承認し、第二空挺大隊のC中隊に作戦を実施させる事にした。一個飛行中隊のホイットレー爆撃機が空挺部隊を現地まで運び、海軍の小型舟艇が数隻、作戦実施後に近くの海岸で空挺部隊を収容して撤収する事になった。作戦準備のために猛訓練が始まり、訓練の参加者には、訓練の目的は戦時内閣の全閣僚が視察する、「特別展示演習」だとされた。この大胆な作戦の暗号名は「バイティング作戦」とされた。

装置を確保したら、輸送可能なように分解する作業は、ヴァーノン中尉が指揮する七名の英陸軍工兵隊員が行う事になった。八人目のメンバーとして、英空軍のコックス軍曹が参加する。彼はレーダーの整備兵で、彼の専門知識が必要になる場合に備えて、工兵隊員に同行する。工兵隊員は、ドイツのレーダーに似ているかもしれないとして、英国の射撃管制用レーダーを使って、分解作業の訓練を行なった。

分解訓練とは別に、ヴァーノン中尉とコックス軍曹に対しては、ドイツ軍のレーダーの予想される機器構成等について説明が行われた。奪取作戦の実施計画では、分解班には現場における作業に対して三〇分の時間が与えられた。その時間内に、分解班は機器の概略図を描き、写真を撮影する。その後、レーダーシステムの分解を、アンテナから始めて、受信機から表示器へと順次進める。使用している周波数は、パラボラアンテナの中心部の部品を外し、その寸度を測れば判明するはずだ。次に調べるのは、受信機と表示器だ。この二つを調べれば、電波妨害対策用の回路が組み込まれているかが分かる。送信機も持ち帰る事が必要だ。送信機を調べれば、英国の科学者は、高い周波数域で大出力のパルスを発生させるドイツ側の技術が分かる。ジョーンズは、ドイツ側の要員、それもできればレーダー操作員を捕虜にする事を要望した。こうした捕虜を尋問して情報を引き出せれば、レーダーの操作方法や、飛行機を探知した場合の報告方法が分かるかもしれない。

ドイツ軍の全ての電子機器には、注意書きのラベルや検査票が貼り付けられており、そこから機器の製造時期など、有益な情報を得る事ができる。もし機器を取り外して持ち帰る事ができなかった場合には、ラベルだけでも剥がして持ち帰るようにジョーンズは要望した。

二月の第四週までに、ジョーンズは別の情報源から、パラボラアンテナが付いた機器は「ヴュルツブルク」と言う名前のレーダーで、ブルネヴァル村の「フライヤ」レーダー局の近くにも設置されている事を知った。この頃には、奪取作戦の軍事的な準備は全て完了しており、後は実行可能な天候になるのを待つのみだった。二月二四日の夜は天候が良くなく、続く二日間もそうだった。奪取作戦の実行日の期限は迫っていた。作戦を実行する夜は満月に近い事が必要で、撤収予定時刻には、上陸用舟艇が砂浜から発進できるように、満潮で潮位が高い必要があった。二月二七日を逃せば、次の作戦の実施が可能な時期は一ヵ月以上先になる。二月二七日の天候は作戦の実施条件を満足するとの予報で、ポーツマス基地最高司令官のサー・ウィリアム・ジェームズ提督は、「バイティング作戦を本日二月二七日の夜に実行せよ」との命令を下した。

　空挺部隊を運ぶ第五一飛行中隊の一二機のホイットレー爆撃機は、二月二七日の深夜、アンドーバーに近いスラクストン基地から出発した。機内には英陸軍の空挺隊員一一九名と英空軍のコックス軍曹が、パラシュートの装具をつけ[訳注5]、身を寄せ合って座っていた。ある兵士は後に、「熱い紅茶（ラム酒がかなり混ぜてあった）を離陸前に飲んだが、飛行中に飛行機酔いでそれがのどにこみあげてきた。しかし、狭い機内では我慢するしかなかった」と書いている。

　日付が変わって二月二八日になった直後に、空挺隊員達はホイットレー機から降下を始めた。一〇秒後、隊員達はレーダー基地から約五四〇ｍ（六〇〇ヤード）離れた新雪の上に着地した。隊員達は急いでパラシュートと装具を外すと、武器の安全装置を解除して、戦闘に備えた。しかし、半ば覚悟していたドイツ軍守備隊による攻撃は無かった。彼らの空挺降下は気付かれなかったのだ。ホイットレー機のエンジン音は遠ざかって行き、降下した隊員達はひどく心細く、無力に感じた。

　隊員達はそれぞれの班ごとに集まったが、次にした事は戦闘準備ではなかった。まず口の中にこみあげていた紅茶を吐き出したのだ。指揮官のジョン・フロスト少佐は後に、「この紅茶を吐き出した時は空挺部隊が攻撃に最も弱い時だったので、適切な行為とは言えないかもしれない……しかし、少なくとも恐怖心に負けないとする我々の気持ちを表す事にはなっただろう」と書いている。

　奪取部隊は目標に向けて移動を開始した。二つに分かれた部隊の一つは、フロスト少佐自身が指揮し、装置分解班を含む五〇名で、レーダーと近くの家屋に向けて、ほふく前進をして行った。もう一つの部隊は、チモシー中尉が指揮を取り、陸上側からの攻撃に備えて、フロスト少佐の部隊を掩護する位置に移動した。残りの隊員は、海岸の監視と脱出路の確保のために移動した。

フロスト少佐の部隊は、静かに「ヴュルツブルク」レーダーと家屋を包囲した。レーダーと家屋は月の光で、はっきりと確認できた。もしその家屋が、レーダー基地の指揮所に使われているなら、そこからの反撃があるかもしれない。フロスト少佐は少数の部下と共に、家屋の正面の扉に忍び寄った。攻撃準備が整ったと判断すると、少佐は攻撃開始の合図に笛を長く吹いた。四人の部下を従えてフロスト少佐は家屋に突入し、内部を捜索した。結果はあっけなかった。家に居たドイツ兵は一人だけで、二階で英国兵を防ごうとして射殺された。

家の外では激しい戦闘が繰り広げられた。機銃の射撃がほとんど絶え間なく続き、時々、手りゅう弾が爆発した。数分間で「ヴュルツブルク」レーダーの所にいた守備隊は制圧された。しかし、守備隊との戦闘が終わっても、別の戦闘が開始された。ドイツ軍の兵士約一〇〇名が近くに駐屯していて、援護用のチモシー中尉の部隊が、激しい攻撃を受けた。

「ヴュルツブルク」レーダーを確保するための戦闘では、ドイツ軍の操作員六名中の五名が死亡した。生き残った六人目の操作員は暗闇の中を脱出したが、方向感覚を失い、海岸の崖から転落しかけた。幸い、彼は突き出ていた岩をつかみ、少し苦労したが崖の上に戻る事ができた。しかし、崖の上に引き上げてくれたのは、イギリス軍の兵士だった。抵抗する事はできず、ドイツ人操作員はそのまま降伏して捕虜になった。

「ヴュルツブルク」レーダーを確保したので、分解班のヴァーノン中尉は、レーダー操作室の屋上に登り、懐中電灯で照らしてアンテナの状況を観察した。それから、中尉はアンテナをいろいろな角度から写真に撮った。すぐに中尉は自分の行為の結果を思い知らされた。写真撮影時のフラッシュの光を目がけて、あちこちから敵の弾が飛んできたのだ。ヴァーノン中尉は分解班の兵士を呼んで、一人の兵士にアンテナを根本から切り取るように命じた。分解班の他の隊員には、操作室内の機器を持ち出すために取り外すように命じた。アンテナはすぐに切り取る事ができたが、機器の取り付けねじは、スクリュードライバーで外そうとしたがなかなか外せなかった。細かい事に気を配っている場合ではなかった。敵の弾が操作室の外壁に命中しているのだ。分解班はバール（かなてこ）を持ち出し、強引に機器を取り外した。操作室内の機器は次々と取り外されて行った。分解班は予定の三〇分のうちまだ一〇分しか作業をしていなかったが、フロスト少佐はヘッドライトを点灯したトラックが三台、近付いてくるのに気付いた。これはきっとドイツ軍の増援部隊に違いない。もし増援部隊が、ドイツ軍が現在使用している小銃や機関銃以上の重火器を持ち込んでくるのなら、奪取部隊は圧倒されてしまう。フロスト少佐は分解班がこれまでに外した機器だけで我慢する事にして、部隊に海岸への撤退を命じた。しかし、その時点で脱出に使用する海岸の砂浜は、予定に反してまだドイツ軍が支配していた。

何がうまく行かなかったのだろう？　脱出路の確保を命じられていた四〇名の隊員の内、半数は予定していた地点から三km以上離れた位置に着地していた。その中の先任士官のチャルテリス中尉は、ダンティフェール岬の灯台の位置を見て、すぐに自分の着地した場所が予定地点から離れた場所である事を知った。中尉は部下の兵士達を率いて、早足でレーダーの方向へ進み、フロスト少佐が、指揮下の部隊を海岸へ撤退させようとしているその時に、海岸の崖の上に到着した。チャルテリス中尉の兵士が合流した奪取部隊は、砂浜にいるドイツ軍に突進した。

英国の奪取部隊は、崖の下の砂浜を確保した。砂浜には負傷者、ドイツ軍の捕虜、「ヴュルツブルク」レーダーの機器などが並べられた。フロスト少佐は通信兵に、部隊を撤退させるために、海軍の船を呼び寄せるように命じた。もう撤退すべき時だった。砂浜の上の崖では、ドイツ兵の動きが盛んになりつつあった。

数分後、通信兵は船との連絡が取れないと報告した。フロスト少佐は赤色の救難信号弾を打ち上げたが、舟からの反応はなかった。後にフロスト少佐は、「私は部下の将校と共に、砂浜で防御態勢を整えようとした。我々は見捨てられたのかと思ったが、そう考えるのはつらい事だった」と述べている。

奪取部隊が砂浜で防御態勢を取り始めた時、通信兵がフロスト少佐に、「隊長、船がやってきます！」と叫んだ。

「ヴュルツブルク」レーダーのクローズアップ。高射砲部隊やサーチライト部隊用に開発されたが、夜間戦闘機の誘導用にも短期間使用された。

少佐が振り返ると、舳先が平らな上陸用舟艇が六隻、砂浜に乗り上げて来るのが見えた。少佐はほっとして部下に乗船を命じ、上陸用舟艇の乗組員は崖の上のドイツ軍に対して、反撃を加えた。エンジンをふかすと、上陸用舟艇は後退して砂浜を離れたが、沖合に離れるまで激しい銃火が交わされ続けた。

上陸用舟艇に無事乗船すると、フロスト少佐は上陸用舟艇の到着が遅れた理由を知らされた。少佐が救出に来るように連絡した時、ドイツ海軍の駆逐艦と二隻の哨戒艇が、英国の舟艇部隊から二kmも離れていない所を通過中だったが、幸い英国の舟艇に気付かずに、そのまま通り過ぎて行ったのだ。又、フロスト少佐は、要望されたレーダーの構成品をほぼ全て入手できたとの報告を受けた。無線通信研究所（ＴＲＥ）の技術者のＤ・Ｈ・プリーストは、この作戦のために臨時に空軍の中尉に任命されて上陸用舟艇に乗り組んでいた。彼は上陸用舟艇に積み込まれた、ドイツ軍のレーダーの機器をざっと調べた。もし海岸に敵がいなければ、彼は上陸してレーダー基地まで行って、「ヴュルツブルク」レーダーを詳しく調査する予定だったが、それはもはや不可能だった。夜が明けると、数機のスピットファイア戦闘機がやって来て、舟艇部隊が英国の港に帰還するのを護衛してくれた。

ブルネヴァル村のレーダー奪取作戦は、ほとんどあらゆる面で成功だった。奪取部隊はレーダーシステムの構成機器の大部分を入手した。三名の捕虜の内、一名はレーダーの操作員だった。空挺部隊は一五名の死傷者を出した。死者が二名、負傷者が七名、行方不明者が六名だった。分解班は与えられた時間内で、非常にうまく作業を行なった。奪取した機器には、受信機、受信信号増幅器、レーダーの作動タイミングを制御する変調器、送信機が含まれていた。さらに、切り取ってきたアンテナの部品もあった。ジョーンズが指示したのに入手出来なかったのはレーダー画像の表示器だけだった。

危うくそうなる所だったが、レーダーの機器を取り外せなかったら、ジョーンズは機器に貼ってあったラベルだけで我慢しなければならなかったろう。では、ラベルから何が分かるか考えてみよう。ラベルには、製造業者は工場がベルリンにあるテレフンケン社と表示されていた。製造番号は特に興味深かった。それまでのドイツ製品の製造番号に関する調査結果から、ジョーンズは機器の量産型の製造番号は、四〇〇〇〇から始まっているだろうと推測した。奪取した機器の中で、製造番号が最も小さいのは「四〇一四四」で、最も大きいのは「四一〇九三」だった。この番号からすると、製造番号が一番大きい機器については、その機器が製造された時点における生産台数は一〇九三台だったと推定できる。検査票に押された検査日で一番古いのは、送信機の部品の一九四〇年十一月初旬で、一番新しいのはアンテナの一九四一年八月一九日だった。しかし、この日までに「ヴュルツブルク」レーダーが一〇九三セット生産されたとは言えない。なぜなら、生産された機器のかなりの数は、予備品（補用品）に使用されていると思われるからだ。ドイツ軍では、機器に故障が起きると、原則的にまず予備品に交換し、故障した機器は中央補給処へ修理に送り返す事で、整備の期間を短くするようにしていた。

ジョーンズは、生産された機器の半数は予備品に回されたと仮定して、一九四一年八月にはこのレーダーは五〇〇セット程度が部隊で使用されており、一ヵ月に一〇〇セット程度が生産されていたと考えた。ジョーンズにとって、この奪取作戦により敵のレーダーを入手できた事は、それまでの推測が正しかった事を確認でき、新しい情報も得る事が出来たので、とてもうれしい事だった。それまでの推測内容について、大きく修正したり、再検討すべき部分は無かった。この奪取作戦の副次的な収穫として大きかったのは、英空軍情報部として、入手してきた情報の正確さを確認できて、自分達の能力に自信を持てた事である。

スワネージの無線通信研究所（ＴＲＥ）の科学者達は、「ヴュルツブルク」レーダーを徹底的に調査した。彼らの所見では、「単純明快な設計で、特に素晴らしい点はない……しかし、このレーダーは一九四〇年に製造されていて、設計は一九三九年かそれ以前である事を考慮する必要がある」とされていた。英国の一九四〇年の時点におけるレーダー技術の水準は、ドイツのように五七〇MHzの高い周波数の電波を使用し、探知距離が四〇kmのレーダーを作れる水準には達していなかった。ドイツのレーダーは電波妨害対策用の回路を内蔵していないが、妨害を受けた場合には、その使用している周波数をずらす事で、妨害を避ける事ができるだろう。

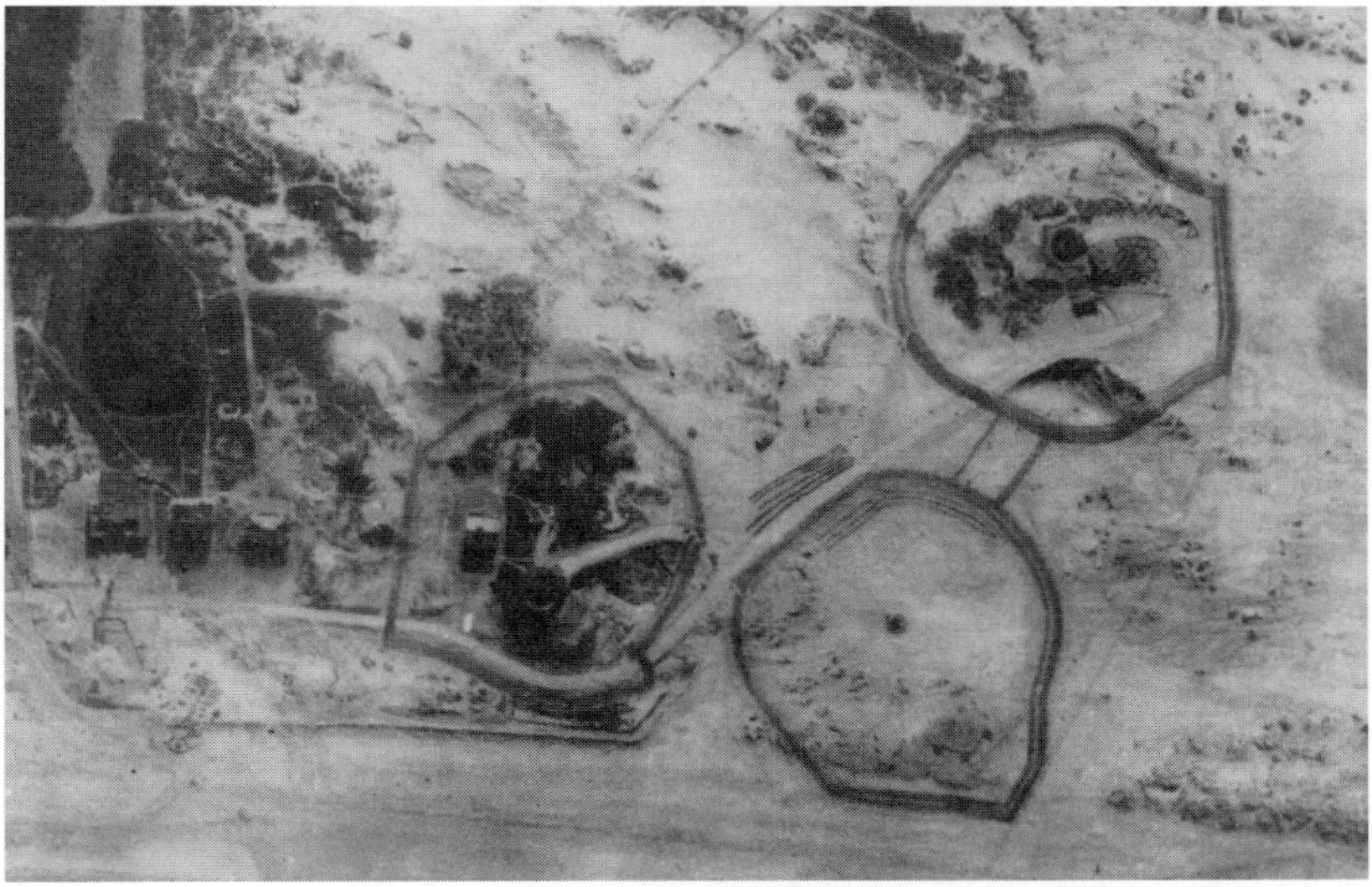

ブルネヴァルで英軍の奇襲を受けてからは、ドイツ軍のレーダー基地は、鉄条網で厳重に囲まれるようになった。それにより、偵察機の写真で発見するのが容易になった。

ブルネヴァル村で大事な「馬」が盗まれたので、ドイツ軍のフランス沿岸地域の防衛司令官は、「厩舎」の扉をしっかりと閉める事にした。奪取された「ヴュルツブルク」レーダー関連の残骸はきれいに撤去され、新しい「ヴュルツブルク」レーダーが「フライヤ」レーダーの近くに設置された。数週間後には、レーダーの周囲には鉄条網が厳重に張り巡らされた。他のレーダー局でも同じ措置がなされた。海岸の近くに設置されたドイツ軍のレーダー局は、その危険性を考慮して、レーダー局全体の周囲に鉄条網が張り巡らされた。鉄条網はジョーンズの科学技術情報班の行うレーダーの捜索には役に立った。それまで、「ヴュルツブルク」レーダーがあるのではと疑われる場所は幾つかあったが、偵察写真ではレーダーを確認する事は出来なかった。今や、レーダーが設置されている場所は、有難い事に鉄条網で囲まれている。偵察機の写真では鉄条網は確認しやすいので、それでレーダーの設置場所の識別が容易になった。

ブルネヴァルの奪取作戦に反応したのはドイツ軍だけではなかった。この奪取作戦が成功した事で、イングランド南岸のスワネージにある、英国のレーダー研究の中心施設である無線通信研究所（ＴＲＥ）に対して、ドイツ軍が報復攻撃を行う事が懸念された。一九四二年の春、ＴＲＥは海岸から離れた内陸の、グレート・マルヴァーンにあるマルヴァーン・カレッジ内に移転した。

＊＊＊

ブルネヴァル村での奪取作戦の二週間前だが、英国の電波妨害システムの開発に関して、もっと大きな影響を与えた出来事が起きていた。一九四二年二月一一日から一三日にかけて、戦艦シャルンホルストとグナイゼナウを中心とするドイツ海軍の小規模な艦隊が、一時的に基地にしていたフランスのブレスト軍港を出港し、英海軍の攻撃を受けながらドーバー海峡を突破して、ドイツ本国の港への帰還に成功した。この海峡突破作戦（ツェルベルス作戦）により、英海軍の名声は大きく損なわれた。

この海峡突破作戦は、強力な英軍の目の前で行われたが、その大胆さ、緻密な作戦計画、厳重な情報統制は見事だった。この作戦が成功した重要な要因に、地上からの大規模な電波妨害がある。ドイツ海軍の艦隊がドーバー海峡の東端にさしかかり、英国の沿岸監視レーダーの探知範囲内に入った時点で、ドイツ軍の地上に設置された電波妨害装置は一斉に電波妨害を開始した。

この頃、英軍の熟練したレーダー操作員の多くは、激戦が行われている地中海方面に配置されていた。そうした熟練操作員に代わって、イングランド南岸のレーダー局に配置された操作員は経験が浅く、ドイツ軍の電波妨害によりレーダー画面の表示が雑音で分かりにくくなった事を、「装置の故障」や「局地的な電磁干渉」だと報告した。その結果、防衛部隊の司令官達は、レーダーによる捜索が正常に出来ていない事の重大性を、手遅れになるまで気が付かなかった。この事実は、この事件の後に行われた、広範囲にわたる公式の調査で明らかになった。

このドイツ艦隊の海峡突破は、英国のレーダー開発に対して、大きな影響を及ぼしたと思われる。一九四二年の初め頃の英国では、沿岸監視、迎撃機の地上管制、機上での敵機捕捉、高射砲の射撃管制、サーチライトの照射管制などの重要な用途に用いられているレーダーには、二〇〇MHz帯の周波数の電波を使用しているレーダーがいくつもあった。もしドイツ空軍が英国への夜間爆撃を再開した場合、その周波数帯域に対して強力な電波妨害をすれば、そうしたレーダーは大きな影響を受けるだろう。英国のレーダーが電波妨害に対して、基本的に脆弱な点がある可能性が判明した事で、ドイツ艦隊の脱出作戦の成功は、以後の英国のレーダー開発の方向性に対して大きな影響を与えた。別の周波数帯域の電波を使用する、新しいレーダーの開発がすぐに開始された。こうした新しいレーダーが実用化されれば、ドイツ軍が特定の周波数帯の電波を妨害するだけで、英国のレーダーの多くを簡単に無力化できる事態は二度と起きないだろう。

＊＊＊

一九四二年の春には、英国の情報部門は、ドイツ空軍の夜間防空システムの内容について、かなりの情報を得ていた。ベルギーの内陸にあるシントトロイデンにはドイツ空軍の夜間戦闘機の重要な基地があるが、三月に、そのすぐ北のニーウェルケルケンに「フライヤ」レーダー局がある、との情報が入ってきた。沿岸地域には多くの「フライヤ」レーダー局が見つかっていたが、内陸ではほとんど見つかっていなかった。偵察型のスピットファイア機が高空から写真を撮影するために派遣された。撮影してきた写真には、対空警戒用の「フライヤ」レーダーと、何台ものサーチライトが写っていた。しかも、サーチライトは以前にベルリン動物園の近くの高射砲塔で撮影されたのと同様の、大きな網目状の反射面のパラボラアンテナを持つレーダーを取り囲んで配置されていた。シントトロイデンの飛行基地に近いので、このレーダー局は夜間戦闘機の管制所に関係している可能性が大きい。すぐにその推測が事実である事が確認された。

その頃、オランダ人の情報提供者が、オランダのワルヘレン島のドンブルクに夜間戦闘機の管制所がある、と報告してきた。高空からの偵察写真を分析した結果、「フライヤ」レーダーが一台と、「ベルリン動物園型」レーダーが二台設置されている事が分かった。ニーウェルケルケンの写真を詳しく調べてみると、そこにも「ベルリン動物園型」レーダーが二台写っていた。このため、この新しいレーダーをさらに詳しく調べる事になった。五月二日、一機の偵察型スピットファイア機が、低い高度を高速でオランダ領内へ侵入し、ドンブルクの上空を通過した。操縦していたのは今回もトニー・ヒル中尉で、低空から二台の「ベルリン動物園型」レーダーの鮮明な写真を撮影した。スピットファイア機が通過した時、二台のレーダーはそれぞれ違った方向を向いていた。そのため、違った角度から見たレーダーの写真が撮影できた。更に良い事には、一台のレーダーでは、操作員が操作室への梯子を上る途中だった。通り過ぎるスピットファイア機を見つめる彼の姿が写真に写っていて、写真の解析でアンテナの大きさを割り出すのに、彼の身長を物差し替わりに利用できた。

二週間後の夜、このレーダーの探知距離を知るために、もう一つの策略が用いられた。英空軍のボーファイター夜間戦闘機がドンブルクに向かって飛行し、その位置をイングランド南東端にあるノース・フォアランドの英空軍のレーダー局がレーダーで追跡した。ドイツ空軍の夜間戦闘機が一機、迎撃のために離陸した。互いに相手を捜索し、攻撃しようとしたが決着がつかなかった。その間、英空軍の通信傍受部隊は、ドイツ空軍の地上の管制センターから夜間戦闘機への指示を傍受し記録した。傍受部隊は、ドイツ空軍の夜間戦闘機がレーダー局から八〇km以上離れるのが許可されない事に注目した。それは最大探知距離を知る上で有力な手掛かりだった。そのすぐ後に、この「ベルリン動物園型」のレーダーの名称は「ヴュルツブルク・リーゼ（ジャイアント・ヴュルツブルク）」である事が判明した。

次の重要な情報は、ベルギー人の情報提供者からもたらされた。彼は、自分が住んでいる地区のドイツ軍の防空司令部から、サーチライト連隊の全てのサーチライトの配置場所が示された地図を盗む事に成功した。好都合な事に、その地図にはシントトロイデン周辺の地域が含まれていた。ニーウェルケルケンの夜間戦闘機の管制所の位置には記号がつけてあり、そこから左右に約三〇km離れた離れたゾンホーフェンとジョドワーニュにも同じ記号がつけてあるのを見て、英国の分析官はひらめいた。これらの記号は戦闘機の管制所を表しているのではないだろうか？　もしそうなら、戦闘機管制所の間の距離は、標準的には三〇㎞程度ではないだろうか？　偵察写真でその推測が確かめられた。ジョーンズの科学技術情報班は、更に五カ所の戦闘機管制所が、ニーウェルケルケンとその近くの管制所を結んだ直線の延長線上に、約三〇㎞ごとに設置されているのを発見した。

一九四二年の夏、ジョーンズの事務所の壁の地図には、最初に発見されたベルギー南部の管制所から左右に向かって、管制所がそこにある事を示す、旗のついたピンが幾つも立っていた。敵のレーダーが設置されている場所の捜索は続いていた。科学技術情報班のチャールズ・フランクは、その戦闘機管制所やレーダーが帯状に長く連なる区域を、ドイツ空軍の防空部隊司令官の名前から、「カムフーバー・ライン」と名付けた。この名称は英空軍で広く用いられるようになった。

レーダー局があると推定される場所に、その存在を確認するために、現地の諜報員が派遣された。彼らの捜索は成果を上げた。一軒の家ほどの大きさのパラボラアンテナは、近所の人達に何だろうと不思議に思われないはずは無かった。この頃は、一般の人達はレーダーなど聞いた事もないのを忘れてはいけない。そのため、オランダの人達の、レーダーアンテナを表現する言葉は様々だった。「逆さになった傘」とか「凹面鏡」が良く使われた表現だった。巨大な「ヴュルツブルク・リーゼ」のアンテナは特に有名で、「髭そり用の拡大鏡」（拡大用に使用される凹面鏡の事）と表現されていた。

英空軍の爆撃機で、ベルギー、オランダ、北フランス上空を飛ぶ機体では、伝書鳩を入れた籠をパラシュートで投下する機体もあった。伝書鳩の足に付けられた通信筒には、この鳩の籠を拾った人で、近くに大きな皿の形をした構造物が有る場合には、その場所等を書いた紙を通信筒に入れてから、伝書鳩を放してほしいとの、依頼文が入れてあった。この伝書鳩を使う方法だけでも、それまでジョーンズの科学技術情報班が知らなかったレーダー局を三つ見つける事ができた。

次の章では、こうして得た情報が、ドイツ空軍の夜間防空システムへ対抗する方法を作り出す上で、どのように利用されたかを述べる。

第4章　反撃の準備

「彼を知り己を知れば百戦殆《あや》うからず。
彼を知らずして己を知るは一勝一負す。
彼を知らず己を知らざれば戦う毎に殆《あや》うし。」

孫子　謀攻篇

一九四一年夏、ドイツ軍はソ連領深くまで進撃した。ドイツの戦力がソ連に向けられたのを見て、英国は一年間近く守勢を保ってきたが、いよいよドイツに対して積極的な行動をとるべき時が来たと考えた。大陸への反攻は、まだ当分の間は出来ない事は分かっていた。それまでの間は、ドイツ本国に対する攻撃の手段は、英空軍の爆撃機による爆撃しかなかった。英国のチャーチル首相は、ソ連のスターリン書記長に対して、一九四二年の春になって天候が良くなれば、英空軍はドイツに対して大規模な爆撃を開始すると約束し、「我々は貴国に対するドイツの圧力を減らすために、別の方法も検討中である」と伝えた。しかし、この「別の方法」は長い間、実行に移されなかった。

その頃、英空軍の爆撃機航空団は、自らの任務遂行能力をあらためて見つめ直していた。ドイツ空軍は、夜間の正確な航法と爆撃のために、新しい無線航法装置を開発して戦果を上げたが、それと比較すると、英国の爆撃機による夜間爆撃は、十分な戦果を上げていないのではないかとの疑問が生じたのだ。英空軍は高度な無線航法装置を保有していないので、夜間爆撃を行っているが効果が上がっていないのではないかと、英空軍内部で考える人が出て来た。そうした疑問を感じた一人に、ロバート・ソーンドビー少将がいる。彼は一九四〇年末に、爆撃機航空団の上級参謀将校に任命された。彼は部下の参謀将校達に向かって、爆撃機部隊がある目標に対して三〇〇トンの爆弾を投下したと報告したとしても、確実なのはその方面に「三〇〇トンの爆弾を運んだ事だけだ」、と断言した事がある。

チャーチル首相の科学顧問のリンデマン教授も、英空軍の爆撃後に偵察機が撮影した写真を利用して、爆撃の効果を検討した。検討の結果は、関係者に大きな不安を感じさせた。爆撃機の搭乗員が目標に爆弾を命中させたと思っている場合でも、実際には投下した爆弾の僅か三分の一しか目標の八km以内に着弾していなかった。ドイツのルール工業地帯の目標を爆撃した際には、目標から八km以内に着弾したのは十分の一程度だった。一九四一年九月にこの検討結果を受け取ったチャーチル首相は、空軍参謀総長に次のメモを送り、検討を命じた。

わが軍が投下した爆弾の四分の三が、目標地域より外に落ちているとは、考えるだけでも恐ろしい……投下した爆弾の、せめて半分が目標地域内に着弾するように出来れば、それだけで爆撃の効果は二倍になるではないか。

爆撃精度を高める方法を、多少の期間はかかっても開発する事になり、二種類の航法用の装置の開発が始められた。「オーボエ（Oboe）」航法装置と「H_2S」レーダーだ。これらの装置については、後ろの章で説明する。この二つの装置の他に、夜間飛行における航法精度を改善する事が直ちに必要だとして、開発期間が短く、開発が容易な無線航法装置も開発する事になった。

幸いにも、そのような航法装置はすでに無線通信研究所（ＴＲＥ）で開発がかなり進んでいた。それは「ジー（Gee）」と名付けられた装置で、実用化が近い段階まで来ていた。「ジー」（「グリッド」とも呼ばれる）の開発については、一九三八年にその構想が空軍に認められ、一九四〇年春には、本格的な開発作業が始まった。「ジー」は三つの地上送信局を用いる。各局の間は約一六〇km離れている。三つの局のうち一つは主局で、基準となるパルス信号を送信する。他の二局は従局で、主局からのパルス信号を受信すると、それぞれがパルス信号を送信する。「ジー」専用の受信機を搭載した機体では、航法士が各局からのパルス信号を受信し、受信時刻の差を測定する。航法士は「ジー」用の特別な地図上に表示された、主局と従局の組合せごとの、信号を受信した時間差に対応した曲線を探す。主局と従局の組合せは二つあるので、それぞれの組合せに応じた二本の曲線を選ぶ。その二本の曲線の交点が機体の位置である。[訳注1]この「ジー」航法装置では、一番遠い送信局から六四〇kmまでの距離であれば、機体の位置を一〇km以内の精度で求める事ができる。地上局までの距離が近ければ、精度は高くなる。ドイツ側が同じような目的に使用している「クニッケバイン」と比べて、「ジー」の作動原理はずっと優れている。「クニッケバイン」では、ローレンツ・システムによる二本の電波ビームの交点でしか正確な位置が分からないが、「ジー」では、三つの地上局の電波の受信範囲内であれば、どこでも機体の位置を知る事ができる。

一九四二年三月初めまでに、爆撃機航空団の約三分の一の機体に装備できるだけの「ジー」の受信機が完成していた。この装置はすぐに搭乗員達に好まれるようになり、搭乗員達は「ジー」の受信機を、その形にちなんで「ワイン用の紙ボックス」と愛情をこめて呼んでいた。

ドイツ空軍は一九四二年三月二九日に、初めて「ジー」の受信機を入手した。それは、ウィルヘルムスハーフェン港内に墜落したウェリントン爆撃機の残骸から回収したものだった。装置は海水で少し傷んでいたが、海に落ちたために完全に壊れていなかった。ウェリントン爆撃機の搭乗員が機体から脱出する時、搭乗員は「ジー」の自爆装置を作動させた。しかし、自爆装置は搭乗員が脱出するまでの時間を確保するため、作動開始後しばらくしてから爆発するようになっていたので、爆発する前に装置が水に浸かり、そのため爆発しなかったのだ。

装置を入手したドイツ軍情報部が取った行動は、英空軍情報部の科学技術情報班の行動と同じだった。ドイツ空軍の情報部と無線機器の専門家が、この新しい英国製の機器を、細部に至るまで詳しく調査した。機器の調査を行なったディートリッヒ・シュヴェンケ大佐は、五月二六日にベルリンで開かれた上級将校による会議で、この回収された機器について説明した。彼は、今回と同じ機器はこれまでに撃墜された英国の機体で何回か見つかっているが、ウィルヘルムスハーフェンで回収した機器と、海中に墜落したもう一機からの機器以外は、全て自爆装置により修理不能なまでに破壊されていたと報告した。シュヴェンケ大佐はそれに続けて言った。

英国は、飛行中の飛行機が、自分の位置をいつでも知る事ができる、新しい航法システムを開発した。今回撃墜した機体が搭載していた機器は、そのシステム用の機器だ。この機器をテレフンケン社が試験したが、残念ながら機器の状態は良くなかった。この機器の内容の技術的詳細については、専門家の間でもまだ意見が一致していない。

シュヴェンケ大佐は更に続けた。

この受信機は英空軍の主力爆撃機であるウェリントン、ランカスター、スターリング、ハリファックスの各爆撃機に、標準装備として搭載されている。この装置は特定の目標地点を正確に見つけるよりも、無線航法の精度を高める事を目的にしている装置だと思われる。使用可能な受信機を入手できたら、それをドイツ空軍の機体に搭載して試験しようと考えている。ドイツ上空で、その機器で英国からの電波を受信して搭載している機体の位置を求めて、実際の位置と比較すれば、このシステムの航法精度がわかる。この航法システム用の電波を送信する地上局は、イングランド東南部にある事が分かっている。その位置ならルール工業地帯が受信可能範囲に入るだろう。この装置に対する妨害方法を研究中だが、まずこの装置の詳しい作動原理と周波数を知る必要がある。英国の地上局の出力はかなり大きいが、同じ周波数でより出力が大きな妨害電波の送信機を用いれば、装置の正常な作動を妨害できると考えている。

最後にシュヴェンケ大佐は会議の出席者に対して、ドイツ空軍通信部隊の司令官であるマルティニ中将は、この装置の妨害方法について、近日中に検討会議を開催する予定だと伝えた。

ドイツ空軍の無線通信の専門家のプッシュ大佐が、その航法システムに対する電子的な対抗方法の開発責任者に任命された。一九四二年七月末に、プッシュ大佐は問題の航法システムの妨害を専門とする、航空無線電波監視連隊（西部方面）の第二大隊を新設した。ドイツ郵便局の上級技術者のメーゲル博士が、ラジオ放送用送信機を、電子妨害用送信機に改造した。改造された送信機は、ドイツ国内の爆撃目標になると予想される重要地点の近くに設置された。こうして見ると、ドイツ空軍の「ジー」に対する対応は、二年前の英国側の、「クニッケバイン」などのドイツ軍の電波誘導システムに対する対応と、ほとんど同じである。

一九四二年八月四日、ドイツ空軍は「ジー」に対する電波妨害を開始した。当日の夜、英空軍の三八機の爆撃機がエッセンに対して爆撃を行なった。「ジー」を搭載していた機体は、目標地域では敵の妨害電波により、「ジー」の信号を正常に利用できなかった。

ドイツ空軍情報部のディートリッヒ・シュヴェンケ大佐は、連合国側の技術開発状況の調査と情報収集を担当していた。

一九四〇年における英国の場合と同じく、ドイツ空軍は既存機器を急いで改造した当初の妨害電波送信機を、すぐに新しく開発した、より大出力の送信機に交換した。「ハインリッヒ」と呼ばれるこの新しい強力な送信機は、ドイツ軍の占領地域の全域に配置された。パリのエッフェル塔の先端に設置されたものまである。多数の電波妨害用送信機が使用されるようになったので、「ジー」はドイツとその西側の地域の大部分では、三か月のうちにほとんど使用できなくなった。英空軍の航法士は、敵の支配地域の外でのみ、「ジー」を自分の位置を知るのに使用できた。一九四〇年の秋以降の、「クニッケバイン」

と同じような状況だった。

＊＊＊

一九四二年二月に、ドイツ海軍の戦艦シャルンホルスト、グナイゼナウなどがドーバー海峡を突破するのに成功した事で、英軍はドイツ軍のレーダーを妨害する事の重要性を痛感した。「電波ビームの戦い」の終了後、コックバーン博士とそのチームは、ドイツ軍のレーダーを妨害する装置の開発を、英軍の上層部に強く要望していた。しかし、相手を妨害すれば、相手もそれに対応して反撃してくるので、かえって悪い結果になるかもしれないとの懸念から、英国は公式の方針としては、ドイツ軍のレーダーに電波妨害を行わない事にした。しかし、ドイツ軍の方から英軍のレーダーに対して激しい妨害を始めた。更に、ドイツ軍には、レーダー妨害を専門とする有能な部隊が存在する事が、実戦の際に確認された。そのため、コックバーン博士は以前から要望していた、「ヴュルツブルク」レーダーや「フライヤ」レーダーを妨害するための妨害装置の試作を許可をされた。

最初に二種類の機体搭載用の妨害装置が作られたが、どちらも「フライヤ」対空警戒レーダー用の装置だった。一つは「マンドレル」と名付けられた装置[訳注2]で、「フライヤ」レーダーの使用する周波数の電波に対して、雑音妨害（ノイズジャミング）を行う装置だった。点火回路にノイズ対策をしていない自動車が、近くのテレビに影響を与えるのと同じように、「フライヤ」レーダーが、自分が出したレーダー波の反射波を受信する際に、雑音電波を送り込む事で探知を妨害する。もう一つの装置は「ムーンシャイン」と名付けられた装置で、レーダーを妨害するのではなく、欺瞞するための装置だった。この装置は「フライヤ」レーダーが送信したレーダー波を受信すると、それを増幅して送り返す。こうすると、相手のレーダーには、こちらが一機の場合でも、多数の機体が密集編隊で飛行している様に表示される。英空軍は、「ムーンシャイン」は昼間爆撃の際の密集した大編隊に見せかける事しかできないのが欠点だと、コックバーン博士に指摘した。実際の夜間爆撃では、もっと距離をあけた緩やかな編隊で飛行するが、そうした編隊に見せかける事ができない。そして、その当時の英空軍の爆撃の大部分は、夜間に行われていた。しかし、この欺瞞妨害を使える機会はあまりないかもしれないが、小規模になら使用してみる価値があると判断された。そこで、一九四二年四月に、「ムーンシャイン」を使用する専門の部隊として、英空軍に第五一五飛行中隊が作られた。この飛行中隊には、戦闘機としては時代遅れになっていたデファイアント複座戦闘機が九機、配備された。この機体は、この用途に使用できる程度の性能を持ち、すぐに利用できる唯一の機体だった。「ムーンシャイン」欺瞞妨害装置の機体への装備作業は直ちに始められた。この飛行中隊と、「マンドレル」雑音妨害装置については、後の章で触れる。

＊＊＊

ドイツ空軍が、夜間戦闘機を地上から管制する「カムフーバー・ライン」方式の防空を始めた頃は、英空軍はドイツのレーダーに対する妨害は行っていなかった。ドイツへの爆撃が開始されてからの二年間は、英空軍の爆撃機部隊は、各機がばらばらに目標へ向かって飛んでいて、一つに編隊にまとまって爆撃する事は行っていなかった。実際、爆撃機の搭乗員の多くは、生還できたのは、他の機体とは離れて飛行したためだとしていた。英空軍の夜間爆撃で、爆撃に参加する機体が多い場合は、ドイツの防衛線を横切る際の各機の間隔が距離的にも時間的にも大きかったので、全機が防衛線を越えるのに何時間もかかっていた。ドイツ空軍の防空司令官のカムフーバー大佐（当時。後に大将）は、英空軍のそうした飛行方式に対応した迎撃方式を採用しようと考えた。

しかし、英国側は「カムフーバー・ライン」の防空方式の内容を知ると、その方式の大きな弱点にすぐに気付いた。「カムフーバー・ライン」は、個別の防空区画を多数連ねて、長い帯状の防空地帯を作っている。一つの防空区画は、地上のレーダーで誘導される夜間戦闘機が一機で受け持つ。一つの防空区画には、夜間戦闘機が一機いるだけなので、一度に一機の爆撃機しか攻撃できず、その攻撃に要する平均して約一〇分間の間は、その区画に他の爆撃機が入って来ても、夜間戦闘機には攻撃されない。従って、爆撃部隊が往路でも復路でも、自分達が選んだ場所で編隊を組んだまま「カムフーバー・ライン」を通過すれば、防空側を数的に圧倒できる。夜間戦闘機の管制官が選んだ不運な少数の機体以外は、「カムフーバー・ライン」を攻撃を受けずに通過できるだろう。以前は、爆撃機の航法精度は、大きな編隊がまとまって同じ地点の上空を通過できるほど高くなかった。敵地では電波妨害を受ける可能性はあるが、妨害を受けなければ「ジー」を使用する事で、大編隊でまとまって通過する事が可能になる。大編隊で、時間的にも空間的にも集中して爆撃を行う戦術は、それ以外にも有利な点がある。この戦術では、高射砲部隊を数的に圧倒する事ができるので、高射砲で損害を受ける機体が少なくなる。

英空軍の爆撃機航空団司令部のオペレーションズ・リサーチ部長のディキンス博士は、一九四二年の初めに、次のように書いている：

目標までの侵入コースの途中でも、また目標地域の上空においても、爆撃を行う各機の高度は分散させるが、各地点を通過する時間と飛行コースはできるだけ集中して飛行させる事で、昼間でも夜間でも爆撃部隊全体としての損害を最小限に抑える事ができる。一つの防空区画において、サーチライトや高射砲が対応できる機体の数には限度がある。従って、同じ飛行コースで、多くの爆撃機をまとまって飛行させる事により、敵の迎撃能力は飽和してしまい、目標とする機体を絞り切れなくなり、戦力を集中できなくなるので、わが方の機体の損害は少なくなる。一つの防空区画を、多数の爆撃機が、異なる高度で、短時間のうちに集中して通過すれば、敵は爆撃機編隊の各機について、正確な進路や飛行高度を把握できなくなる。敵が高射砲の弾幕射撃で攻撃しようとしても、わが方の飛行高度が分散しているので、その効果は小さくなる。

この新しい戦術は、一九四二年五月三〇日の夜、ケルンに対する有名な「一千機爆撃」の際に初めて用いられた。爆撃に参加した千機近い爆撃機は、全機が同じ飛行コースを飛行し、爆弾を投下した時間は、それまでの七時間程度から二時間半に短縮された。平均して一分間に七機が爆弾を投下していた事になる。爆撃に参加した機体の三・八パーセントに当たる四一機が帰還できなかった。これは、それまでに比べると、著しく低い損失率である。「ボマーストリーム（爆撃機の連続する流れ）」戦術[訳注3]がこうして生まれた。

こうした成功はあったが、夜間に多数の爆撃機を集合させ、列を作って飛行させる方式の利害得失については、爆撃機航空団で議論が続いた。最初はこの戦術は歓迎されなかった。上を飛ぶ味方の爆撃機が投下した焼夷弾で、主翼に穴が開いた状態で帰還してきた爆撃機が何機も出たのだ。また、空中衝突の件数も増加したように思われた。ディキンス博士は、空中衝突の発生確率の増加分を推定し、その推定結果に基づいて、この戦術の効果を数学的に検討して結論を出した。博士は筆者に次のように話してくれた。

我々、オペレーションズ・リサーチ部門は、空中衝突による機体が失われる可能性は〇・五パーセント程度だが、ドイツ軍の高射砲や戦闘機により撃墜される確率は、それまでの実績から三～四パーセントであると考えた。そのため、全体としての損失率が減少するのであれば、空中衝突による機体の損失は、ある程度までは許容できると判断した。

英空軍の新戦術に対して、カムフーバー司令官が採用した対抗策は、「カムフーバー・ライン」の帯状の防空地帯について、その前後方向に防空区画を増設して、防空地帯の奥行きを厚くする事だった。一九四二年の秋には、英空軍の損失は再び増加に転じた。

＊＊＊

一九四二年一〇月下旬、北アフリカ戦線の連合国軍は、エジプトのエル・アラメインで枢軸国軍との第二次会戦を開始した。一一日間におよぶ激戦の末、連合国軍に撃破された枢軸国軍は、北アフリカの海岸線に沿って、西に向けて退却した。連合国軍は枢軸国軍が退却した際に、素晴らしい戦利品を手に入れた。ドイツ軍にはレーダーが多数配備されていたが、退却に際してその多くを遺棄せざるを得なかったのだ。

ＴＲＥのデレック・ガラードはエジプトへ飛び、遺棄されたドイツ軍のレーダーで、調査可能な状態のものがないか調査した。英国へ帰ると、彼はファーンボロー基地にあるＲＡＥ（王立航空研究所：Royal Aircraft Establishment）のＪ・Ｂ・サパーに面会した。サパーは五名の調査チームを準備すると共に、エジプトから送られてくるレーダー関係の機器を受け取り、調査する事に合意した。しかし、サパーはそれがどんなに大変な作業になるか、全く予想もしていなかった。

間もなく、ドイツ軍のレーダー関連の機器が、トラックでファーンボロー基地に運ばれて来た。サパーの調査チームは、一つ目の木箱を開けると驚きのあまり絶句した。機器は破損していて、汚れて悪臭を放っていた。その大きさ、重量を考えると、これらの機器を詳しく調査する事はほとんど不可能だと思えた。これは大規模な技術調査になる。サパーは調査のために、広い建物、重量物を取り扱うための機材、人員を五倍に増やす事をＲＡＥの上層部に要望した。ＲＡＥの所長は、ＲＡＥでは貴重な航空機用格納庫を一棟、サパーに使わせる事にした。サパーのチームには、クレーンやフォークリフトとその運転手が与えられた。

ガラードはサパーの調査チームに、三つの要望事項を伝えた。一つ目は装備品に貼り付けてあるラベルをはがして集める事で、そこから有益な情報を得る事ができる。二つ目は、ドイツ軍のレーダー技術全般について調査し評価する事。三番目は、電子妨害対策がしてあるかどうかを調査する事だ。サパーはドイツのレーダーの内容についての理解が深まると、一台を作動可能状態に修復する事にした。一台の「ヴュルツブルク」レーダーがほとんど完全な状態で回収されていた。不足していたり壊れている部品は、他の「ヴュルツブルク」レーダーの良好な状態の部品と交換すれば良い。作動させる前に、レーダーの現物で、その電気回路がどうなっているかを調べたが、それには長時間の面倒な作業が必要だった。設計図から製品を作るより、ずっと難しい作業だった。サパーが一番心配したのは、修理が完全に出来ていない状態で機器を作動させて、交換部品がない大事な部品を、過負荷で焼損させてしまう事だった。例えば、「ヴュルツブルク」レーダーの送信機の真空管は、その送信機についている真空管しか無かった。貴重な部品の破損を防ぐために、各構成機器は、まずそれぞれを作動可能な状態に修理してから試験を行ない、正常に作動し、他の機器と接続しても問題が無さそうな事を確かめてから、組み合わせて作動させて問題なく機能する事を確認した。「ヴュルツブルク」レーダーの修復作業がやっと終わり、全体を作動させれる状態になった。サパーはスイッチを入れた時の事を記憶している。レーダーは作動したが、すぐに停止してしまった。各機器には癖があり、うまく作動させるには、その癖に対応する必要があった。調査チームは機器の癖と、対応方法を徐々に理解して行った。間もなく、レーダーは安定して作動するようになり、表示器に飛行中の飛行機を表示させる事ができた。サパーはその事をガラードにすぐ電話で報せた。

ガラードは数時間後に、ジョーンズ、フランクと共にファーンボローにやってきた。三人とも、初めて科学博物館に来た小学生のようだった。彼等はレーダーを載せた木製の台の上に登ったり降りたり、ハンドルを回したり、各構成機器をうれしそうに撫でまわした。

サパーは三人がなぜそんなに喜ぶのか理解できなかった。情報部の人間は、サパーの難しい修復作業が成功した事を喜ぶとは思っていたが、なぜこんなに子供のように大喜びするのだろう？　しかし、サパーには彼らの喜びが徐々に分かってきた。彼らはこれまで二年間以上、このレーダーを撮影した写真を見つめたり、諜報員からの報告書を読んだりして、苦労しながら時間を掛けて、「ヴュルツブルク」レーダーの機能や性能のイメージを作り上げてきた。今この瞬間に、操作方法を理解している英国の技術者と、彼等が苦労しながら調査してきた「ヴュルツブルク」レーダーの現物が、実際に機能する状態で目の前にあるのだ。そして、このレーダーは、彼等の予想して来た通りの物だったのだ。

サパーのチームは当初の五名から、三五名にまで増員された。戦場から回収された残骸から、「フライヤ」レーダーや「ゼータクト」レーダーが作動可能状態に復元された。サパーは不足している部品がある場合、現地で「廃品回収」をする場合には、何を探してほしいかガラードに詳しく説明する事ができた。ガラードが「廃品回収」でサパーを失望させた事はほとんどなかった。

＊　＊　＊

一九四二年末には、英空軍の爆撃機航空団は、ある重要な一点を除いて、ドイツ空軍の夜間防空戦の戦闘方法をほぼ正確に把握していた。分からなかったのは、ドイツ空軍の夜間戦闘機が搭載している索敵装置の内容だった。一九四一年の春頃から、英国の通信傍受所はドイツ戦闘機の搭乗員が、「エミール・エミール」と言い始めた事に気付いた。傍受した会話の内容から考えると、「エミール・エミール」は、機体に搭載されている索敵装置を指している事は明らかだった。

第一回目の「一千機爆撃」から二か月後の七月二三日、ドイツの夜間戦闘機の搭乗員が、「敵機を『エミール・エミール』で捕捉した。もう少し詳しい方位を連絡してほしい」と無線で連絡するのが傍受された。九月六日には、ドイツ空軍の地上管制官が夜間戦闘機に、「敵機から二km以内に貴機を誘導したが、『エミール・エミール』で捕捉できたか?」と質問したのを傍受した。同じ日の夜、あるドイツ空軍の夜間戦闘機のパイロットが地上の管制官に、なぜ無線連絡を中断したかを説明していた。「敵機を『エミール・エミール』で捕捉したので、貴官との無線連絡を続けられなかった」と説明していた。地上管制官はパイロットに、無線連絡は常に維持するようにと注意していた。

一九四二年一〇月頃には、「エミール・エミール」が無線通話に出てくる頻度があまりにも高くなったので、ジョーンズはドイツ空軍の夜間戦闘機は、その装置を全機が装備しているか、もしくは間もなく全機が装備を完了するだろうと判断した。その装置の重要性は明らかだが、どんな装置だろう? それはレーダーか、又は爆撃機のエンジンの出す高温の排気を感知する赤外線探知機である事はほぼ確実だ。このどちらの方式の装置かを知る事は、非常に重要だ。もしそれがレーダーなら、その使用している周波数を知る必要がある。

その答えを得るために、ＴＲＥ（無線通信研究所）は、イングランドのノーフォーク州の沿岸部に、専用の電波監視所を設置した。その監視所では、レーダー波の受信アンテナは窪地の中に設置された。これは受信アンテナの設置位置としては異例だが、地上から送信された電波は受信せず、飛行機から送信された電波だけを受信するためだった。数日後、受信監視員は探していた電波を見つけた。受信機のブラウン管の前に設置された映画撮影用カメラで、四九〇MHzの周波数の電波を搬送波とするパルス信号を受信している画像が撮影された。英空軍はこの周波数帯の電波は使用していない。そして、電波が来る方角の変化が速いので、飛行機が電波を出している事はほぼ確実だった。

しかし、この電波の調査は、これで終わりではない。送信しているのが夜間戦闘機かどうかはまだ不明なのだ。例えば、沿岸哨戒用の飛行機が、艦船の捜索用にこれまでとは違ったレーダーを使用しているのかもしれない。確かめる唯一の方法は、ドイツの夜間戦闘機の近くまで電波偵察機を「おとり」として接近させ、夜間戦闘機の反応を調べる事だ。もし、ドイツの夜間戦闘機が、四九〇MHzの周波数のレーダー波を送信しながら攻撃してきたら、その電波は夜間戦闘機が搭載している索敵レーダーからの電波である事が確認できる。ジョーンズには、そのような作戦を仕掛けて、英空軍の飛行機と搭乗員を危険にさらす権限は無かったので、内閣に許可を求めた。すぐに内閣は許可し、首相自らが、「エミール・エミール」の謎を解くために、積極的な調査をするよう命じた。

電波偵察のために「おとり」になる危険な任務は、第一四七三飛行小隊（無線通信調査担当）が担当する事になった。飛行小隊は「おとり」役のウェリントン爆撃機を、フランス、ベルギー、オランダ方面へ、それぞれ一機を飛行させた。英国のレーダー局はそれらの機体を注意深く監視し、ドイツ空軍の夜間戦闘機が接近するのを認めたら、直ちに警告する事になっていた。機体に搭乗している電波偵察担当の搭乗員は、四九〇MHz付近のレーダー波らしい電波に、特に注意するよう命じられた。それに加えて、その電波が夜間戦闘機のレーダーから送信されているのを確認するために、ドイツ軍機が至近距離まで接近するのを許す事になっていた。敵機の機種が識別でき次第、退避する事が許されていて、無線士が暗号通信で基地に確認した機種を報告する事になっていた。

この電波偵察は、最初に搭乗員達が心配したほど危険ではなかった。ドイツ空軍は一機だけで飛んでいる機体は無視したのだ。「おとり」役のウェリントン機は四九〇MHz帯でそれらしい電波を受信し記録したが、送信している機種は確認できなかった。ドイツ空軍が沿岸地域を一機だけで飛行している機体には迎撃してこないので、「おとり」の機体を実際に爆撃に行く部隊に同伴させる事になった。電波偵察を行う機体にとって、爆撃部隊に同行すればそれまでより危険度が高くなるが、それでも、その危険度は爆撃部隊の他の機体と同じである。

一九四二年一二月三日の夜半過ぎ、「おとり」役のウェリントン機は、フランクフルトを爆撃する爆撃部隊と一緒に飛行していた。マインツの西側で、電波の監視を担当するハロルド・ジョーダン少尉は、四九〇MHz付近の周波数で弱い電波を受信した。捜索するよう指示されていたレーダーからの電波だと思われた。それからの一〇分間、彼は電波の特性を観察していたが、受信強度が次第に強くなってきた。ジョーダン少尉はその状況を他の搭乗員にも報せた。彼は、「四九〇MHzの電波を受信した。この電波が夜間戦闘機のレーダーから送信されているのはほぼ確実である」との報告を暗号文で作成した。ジョーダン少尉はその暗号文を無線士のビル・ビゴレイ軍曹に渡し、英国へ向けて送信させた。

四九〇MHzの電波の受信強度が、受信機の限界近くまで強くなったので、接近してくる夜間戦闘機から送信されている事は間違いなかった。ジョーダン少尉が他の搭乗員に、敵機に攻撃されるぞと叫んだ直後に、ウェリントン機に敵機の機関砲弾が命中し、その衝撃で機体が震えた。パイロットのテッド・ポールトン軍曹は、敵機を振り切るために機体を急激な降下旋回に入れた。尾部銃座の射撃手は敵機を射撃しながら、敵機の機種はJu88型機である事を確認した。ジョーダン少尉は腕を負傷したが、「先ほど報告した周波数の電波は、夜間戦闘機のレーダーからの電波である事は確実である」との二通目の報告を暗号文で作成した。尾部銃座の射手は敵機に再び発砲したが、銃座は敵機の攻撃で動かなくなり、彼も肩に負傷した。夜間戦闘機は再び襲ってきて、ジョーダン少尉は顎と目に負傷した。

その後、敵の夜間戦闘機は飛び去ったが、ウェリントン機は悲惨な状況だった。左エンジンのスロットル操作系統は被弾して失われ、右エンジンのスロットル操作系統は固着して操作不能だった。どちらのエンジンも回転が安定せず、前後の二つの銃座は作動不能で、油圧系統は損傷して機能しなくなっていた。右エルロンは動かないし、速度計は操縦士用も副操縦士用も指示しなくなった。六名の搭乗員の内、四名が負傷していた。

無線士のビゴレイ軍曹は足に負傷していたが、ジョーダン少尉の二通目の暗号文による報告を打電した。受信確認の連絡が無かったので、誰かが受信してくれる事を期待して、ビゴレイ軍曹は何度もその暗号文を送信した。実際には、英国側の地上局は報告を受信していて、受信した事を送信したが、ウェリントン機の受信機が破損していたため、それが分からなかったのだ。ウェリントン機が味方の方向に苦しみながら飛び続けている間、ビゴレイ軍曹はめげずにモールス信号を打電し続けた。夜が明ける頃、満身創痍のウェリントン機はついにイングランド南東部の海岸にたどり着いた。

ここで別の問題が出て来た。ウェリントン機は損傷がひどく、陸上に不時着するのは危険なので、パイロットのポールトン軍曹は海岸の近くに不時着水しようと決断した。しかし、無線士のビゴレイ軍曹は、負傷した足を動かせないので、着水した際に、機体が沈む前に機体から脱出できないかもしれない。唯一の解決策は、ビゴレイ軍曹をパラシュート降下させる事だった。ビゴレイ軍曹はポケットに二通目の報告の原稿を入れた状態で、ラムズゲートの近くにパラシュートで無事に着地した。ポールトン軍曹は、ビゴレイ軍曹を脱出させた後、ディールの沖合約二〇〇ｍに機体を着水させた。搭乗員はゴム製の救命ボートを膨らまそうとしたが、被弾して穴が開いていたので、使い物にならなかった。搭乗員達は波に揺れるウェリントン機の上に登って救出を待ったが、数分後に小型船が来て救出してくれた。

爆撃機航空団は、搭乗員達の献身的な任務遂行に対して、爆撃機航空団として出来る限りの感謝の意を表す事にした。数週間後、ジョーダン少尉は殊功勲章（ＤＳＯ：Distinguished Service Order）、ポールトン軍曹は殊勲飛行十字章（ＤＦＣ：Distinguished Flying Cross）、ビゴレイ軍曹は殊勲飛行メダル（ＤＦＭ：Distinguished Flying Medal）を授与された。

戦争では、個人の極めて勇敢な行動も、戦争の結果には実質的に何の影響も与えない事がよくある。しかし、今回の行動は影響を与えた。この勇敢な行動により、ドイツ空軍の夜間防空システムで、最後まで残っていた謎が明らかになった。大胆な行動力、想像力、忍耐、幸運により、英国の情報部門はドイツ軍の夜間防空システムの全体像を明らかに出来た。それ以後は、多少の例外はあるにしても、ドイツ軍の防空システムに変更が有った都度、その変更点を見つける事ができた。ドイツ軍の夜間防空システムが細部まで判明したので、それ以後は、ドイツ側の無線通信やレーダーの弱点を突く事が可能になった。

ドイツ空軍の夜間防空システムへの連合国側の対応を詳しく見る前に、次の章では、遠く離れた米国の国内の状況や、太平洋戦域における状況を見てみる。

第5章　米国の参戦と日本のレーダー

「我々は他から全く隔離された状態で、たどるべき航路も知らず、未経験の乗組員ばかりで、未知の大海へ船出した」

フレデリック・ターマン博士（米国のレーダー工学研究者）

一九四一年一二月七日、日本帝国海軍の艦上機が、オアフ島パールハーバー（真珠湾）に停泊している米海軍の艦艇に、激しい奇襲攻撃を加えた。この攻撃により、米海軍の艦艇は大きな被害を受け、多数の死傷者が出た。この真珠湾攻撃により、米国は日本との戦争に突入した。その直後の一二月一一日に、ドイツも米国に宣戦布告を行なった。中期的に見れば、米国の巨大な工業力は、電子戦の分野においても圧倒的に大きな役割を果たすと思われていた。しかし、米国の工業力の威力が発揮されるまでには、まだ少し時間が必要だった。

カリフォルニア州にあるスタンフォード大学電気工学部の学部長であり、米国の電気工学分野の中心的人物の一人であるフレデリック・ターマン博士は、米軍が敵の無線通信とレーダーに対する電子対抗手段（ＥＣＭ）を開発する組織を作るのに際して、米軍から依頼されてその責任者になった。一九四二年二月一二日は、ドイツの艦隊が電子妨害により英国のレーダー探知をすり抜け、衝撃的なドーバー海峡突破に成功した日だが、その日にターマン博士は新しい組織の編成に着手した。

ターマン博士は彼の電子対抗手段開発のための組織の場所に、マサチューセッツ州ケンブリッジのマサチューセッツ工科大学（ＭＩＴ）を選んだ。その真の目的を隠すために、その組織の名前は、無線研究試験所（ＲＲＬ：Radio Research Laboratory）とされた。当初は、この組織は、レーダーを開発するために、ケンブリッジ市内に新しく設立されていた放射研究所（Radlab: Radiation Laboratory）の一部となる予定だった。しかし、最初からこの二つの研究開発組織は、それぞれ独立して作業を行なった。電子対抗手段を研究するＲＲＬの要員の多くは、レーダーの最新の開発状況を知るために、放射研究所を訪問する事を許されていたが、放射研究所の所員でＲＲＬに行く事を許された人間は僅かだった。この担当者の交流が一方向だけに限定されていた理由は、電子対抗手段を研究している人間は、当然ながら敵の電子システムについて知る必要が有るが、レーダーの開発要員にはその必要が無いからだ。ターマン博士はしばらくすると、自分も自分の部下達も、この新しく担当する電子対抗手段の技術について、順調に理解を深めていると感じるようになった。後に彼は、「我々は他から全く隔離された状態で、たどるべき航路も知らず、未経験の乗組員ばかりで、未知の大海へ船出した」と言っている。彼は英国の無線通信研究所（ＴＲＥ）を訪問し、英国における電子対抗手段（ＥＣＭ）の開発状況について学ぶ事にした。一九四二年四月に彼がＴＲＥに到着すると、ＴＲＥのコックバーン博士が迎えてくれて、ターマン博士にＴＲＥを詳しく案内してくれた。ターマン博士は、ドイツの「フライヤ」レーダーに対抗するために、急いで開発された「マンドレル」妨害装置と、「ムーンシャイン」欺瞞装置を見せてもらった。また、ドイツのレーダーについて、最新の情報を教えてもらった。

ターマン博士とコックバーン博士は、電子妨害装置を開発する上で、米国と英国の組織の間の作業分担をどうしたら良いのかを協議した。その結果、ＴＲＥは戦場に近い場所にあり、すでにいくつかの電子妨害装置の開発作業を全力で進めているので、差し迫って必要な問題に集中するべきだと言う事に意見が一致した。米国のＲＲＬは、組織をまだこれから充実させる段階なので、長期的に必要となる研究開発活動に集中する事になった。

ターマン博士が米国に帰ってすぐの一九四二年七月に、ＲＲＬはＭＩＴの構内から、近くにあるハーバード大学の構内に移転した。ＲＲＬの要員が新しい場所に落ち着くと、組織の見直しが行われた。ターマン博士は、ＲＲＬを次の四つの部に分けた。一番目の部は、「フライヤ」レーダー妨害用の英国の「マンドレル」の米国版を設計し製作する。二番目の部は「ヴュルツブルク」レーダー妨害用の「カーペット」妨害装置を開発する。三番目の部は、ＳＣＲ-５８７と名付けられた、レーダ波の監視受信機を開発する。四番目の部は、現在および近い将来の米国製のレーダーについて、電子妨害に対する脆弱性の評価、対策案の検討を行う。

＊＊＊

ＴＲＥのコックバーン博士のチームのレーダー妨害装置で、最初に実用化されたのは「ムーンシャイン」欺瞞装置だった。この装置は、夜間爆撃における、爆撃機の散開した編隊の模擬はできないが、昼間爆撃における密集編隊はうまく模擬できる。そして、昼間爆撃は、英国を基地にして攻撃態勢を整えつつある、米国第八空軍が予定している爆撃方式である。

一九四二年八月には、「ムーンシャイン」を搭載した第五一五飛行中隊のデファイアント複座戦闘機が、実戦に出動する準備が完了した。八月六日、「ムーンシャイン」は試験的ではあるが、初めて実戦で使用された。八機のデファイアント機が、イングランド南部のポートランド島の南で緩やかな旋回を続けながら、ドーバー海峡の大陸側にある八基の「フライヤ」対空警戒レーダーに対して「ムーンシャイン」を作動させて、偽の爆撃機編隊を出現させた。ドイツ空軍は、シェルブール地域の防空戦闘機の全数である三〇機を、「フライヤ」レーダーが探知した「敵編隊」を迎撃するために離陸させた。

その一一日後、敵のレーダーを欺瞞して、防衛側の注意を実際の爆撃部隊からそらす作戦が実施された。「ムーンシャイン」を搭載したデファイアント戦闘機と、それに協力する約一〇〇機の機体が、これから爆撃に行くかのようにテムズ川の河口部の上空に集結してドイツ軍を牽制した。一方、米軍のB - 17フライングフォートレス爆撃機は、これが初めての実戦参加だったが、戦闘機の強力な護衛を受けながら、フランスのルーアンの鉄道操車場の爆撃を行なった。ドイツ空軍の防空戦闘機の管制官は、デファイアント戦闘機などの偽装攻撃部隊に対して一四四機の防空戦闘機を緊急出動させたが、ルーアンを攻撃した実際の爆撃部隊には、その半分の機数の防空戦闘機しか出動させなかった。

その後の数か月間に、「ムーンシャイン」を搭載したデファイアント戦闘機は、昼間爆撃の支援のために二八回の飛行を行なった。ドイツ空軍の判断を間違わせた時もあったし、間違わせられなかった時もあった。実際に使用してみると、レーダーを欺瞞する際には、二つの問題がある事が分かった。まず、「フライヤ」レーダーはそれぞれが少し異なる周波数の電波を使用するので、一台の「フライヤ」レーダーに対して「ムーンシャイン」搭載機が一機必要である。しかし、ドイツ空軍の対空警戒レーダー局の増設が続いているので、その増設に対応するには、非常に多くの「ムーンシャイン」搭載機が必要になる。又、デファイアント戦闘機がドイツ占領地域地上空を日中に飛行しているのが目撃された場合、レーダーに表示された偽の爆撃機編隊との関連が推測されてしまうかもしれない。そのため、「ムーンシャイン」を使用できるのは、爆撃部隊が敵地深くまで侵入しない場合に限定されるが、そうした爆撃作戦の回数は減ってきていた。「ムーンシャイン」を搭載したデファイアント戦闘機の実戦での使用は、一九四二年秋に終わった。

＊＊＊

この頃になると、ドイツ軍の「フライヤ」、「ゼータクト」、「ヴュルツブルク」、「ヴュルツブルク・リーゼ」の各レーダーについて、英国の情報部はかなり詳しい情報を入手していた。英国側はその情報を米国の情報部門経由で、ターマン博士のRRLに伝えていた。しかし、連合国側は日本のレーダー開発については、何の情報も持っていなかった。

一九四二年八月七日、米国の海兵隊は、ソロモン諸島のガダルカナル島で日本軍が建設中の飛行場を占領するために、ガダルカナル島に上陸作戦を行なった。海兵隊は建設中の飛行場の端に、屋根の上に網目状の構造物を載せた小屋を見つけた。それは日本海軍の対空警戒レーダーである一号一型電波探信儀だった。そのレーダーは米国メリーランド州のアナコスティアにある米海軍調査研究所（NRL）に送られ、作動可能状態に修復された。米海軍航空局のラルフ・クラーク中尉は、そのレーダーを調査して、次の様に述べている：

私は日本のレーダーを調べた。米国の最初の世代のレーダーのSCR-268、SCR-270、SCR-271はとても原始的だったが、それに比べても、日本のレーダーはもっと原始的だった事に驚いたのを記憶している。日本の機器に使用されているほとんど全ての真空管は、GE（ゼネラル・エレクトリック社）の真空管を模倣した物のように見えた。

＊＊＊

話しを進める前に、一九四二年中頃における、日本のレーダー開発状況を見てみよう。品質、生産台数、用途の範囲など、すべての面において、日本のレーダーは連合国やドイツのレーダーから大きく遅れていた。しかも、その差はどんどん大きくなるばかりだった。日本の海軍と陸軍の間の競争意識は激しく、それぞれが全く別々にレーダーの研究開発を行なったが、それにより当然ながら、当時の日本のまだ規模の小さかった電子機器産業の持つ開発能力は、分散されてしまい、開発作業は遅れた。

日本海軍は、地上設置型で一〇〇MHz付近の周波数の電波を使用する、対空警戒用の一号一型電波探信儀（ガダルカナル島で捕獲されたもの）を少数、実戦配備していたし、二〇〇MHz付近の周波数の電波を使用する、水上艦船捜索と射撃管制用の二号一型電波探信儀を、戦艦「伊勢」に搭載して試験を行なっていた。興味深い事に、日本海軍は独自に高出力のマグネトロンを開発し、それを用いた三〇〇〇MHz（三GHz）の周波数の電波を使用するマイクロ波レーダーを開発し、その最初の製品である二号二型電波探信儀を戦艦「日向」で試験中だった。また、海軍は航空機に搭載する海上捜索用のレーダーも開発中だったが、まだ生産段階には達していなかった。

日本陸軍は、独自に要地防空用のレーダー、タチ六号超短波警戒機乙を開発した。このレーダーは、六八～八〇MHz帯に設定された四つの周波数から一つの周波数を選んで使用する。この当時、日本陸軍はサーチライトの照射管制や高射砲の射撃管制用のレーダーをまだ使用していなかった。しかし、日本陸軍は米国のSCR・268型射撃管制レーダーを、フィリピンで少なくとも一台は入手しているし、英国の「エルシー」サーチライト照射管制レーダーの資料もシンガポールで入手している。こうした英米のレーダーを参考に、新しいレーダーを開発中だったが、まだ部隊に配備する段階には達していなかった。

日本陸軍が多数使用した超短波警戒機甲についても触れておきたい。厳密に言えば、この装置はレーダーではなく、電波の干渉を利用した探知システムである。送信機は四〇MHzから八〇MHzの間で選んだ一つの周波数の電波を、連続波で最大四〇〇Wの出力で送信する。受信機は送信機から数十キロ以上離れた位置に置かれ、飛行機が送信機と受信機の間を飛行すると、その反射波で受信機の画面に受信波の干渉パターンが表示される。この装置では、送信機と受信機の間を飛行機が飛んでいる事は分かるが、それ以上は分からない。機体の存在を検出しても、その距離、高度、飛行方向、機数は分からない。この超短波警戒機甲の送信機と受信機の間の最大距離は六〇〇km以上で、台湾と上海の間の距離に相当する。

＊＊＊

ガダルカナル島で思いがけず日本軍の対空警戒レーダーを入手したが、日本がレーダーを持っていた事はRRLにとって大きな驚きだった。それにより、太平洋戦線における電子情報の収集、分析活動（エリント：ＥＬＩＮＴ）をすぐに開始する必要があると考えられた。日本本土から遠く離れた南太平洋の占領地域にまでレーダーが配備されていたので、日本軍はすでにかなりの台数のレーダーを、配備していると思われた。ヨーロッパ戦線と同じく、日本軍のレーダーへどう対応するかは、日本軍のレーダーについて、どのような性能のレーダーが、どのような用途で、どこに何台が配備されているかがある程度把握できないと、決められない。

しかし、そうした情報を入手する事は簡単ではなかった。米軍は電子情報の収集、分析用の装備を保有していないし、しかも、太平洋戦線における米軍の基地と日本軍の施設との間の距離は、ヨーロッパ戦線で英国がドイツのレーダーを捜索した時に比べると、はるかに大きかった。

電子情報を収集、分析するため、アナコスティアの米海軍調査研究所（ＮＲＬ）の技術者は、航空機や艦船に搭載可能な監視受信機を製作した。ＸＡＲＤと名付けられたこの受信機は、五〇から一〇〇〇MHzの間の周波数の電波を受信できる。米海軍の六名の下士官の無線士が、この受信機の使用方法について短期間の訓練を受け、日本軍のレーダーを捜索するため、ハワイに派遣された。米陸軍のＳＣＲ‐５８７監視受信機も何台か太平洋戦線へ送られた。

一九四二年一〇月、米海軍の潜水艦「ドラム」は、日本列島の東側の沿岸海域で哨戒、監視を行い、貨物船を三隻撃沈した。この潜水艦の任務は日本の船舶を見つけて撃沈する事で、日本軍のレーダー波の捜索はその任務に含まれていなかった。しかし、潜水艦の無線士は、日本本土からのレーダーの電波を何回か受信したので、その時の位置、時刻などを記録した。

それと同じころ、ＸＡＲＤ受信機を搭載したＢ‐17爆撃機が、南太平洋バヌアツのエスピリトゥサント島を基地に、電子情報収集のための飛行を何回か行なった。それらの飛行では、ガダルカナル島やブーゲンビル島の日本軍占領地域上空を飛行して、日本軍のレーダー波を捜索した。Ｂ‐17爆撃機はレーダー波を捕捉できなかったが、それはこの受信機をまだ使いこなせていないからなのか、日本軍のレーダーがその地域に無いからなのかは分からなかった。

＊＊＊

米陸軍航空隊は、電子情報の収集、分析活動（エリント）を担当する搭乗員を養成するため、一九四二年秋に、将校用の搭乗員電子戦教育課程をフロリダ州ボカラトンに開設した。その課程の受講者は、全員が航空機搭載レーダの操作員の資格を持っていた。この新設された教育課程では、受講者に対して、エリント関連の理論教育と、テストスタンドでのＳＣＲ‐５８７受信機の操作実習教育が行われた。

まもなく、Ｂ‐24リベレーター爆撃機を、短期間で電子情報収集用に改造する作業が開始された。作業はオハイオ州のライト基地で行われた。陸軍の機体だが、その作業を支援するために海軍調査研究所（ＮＲＬ）からラルフ・クラーク中尉が派遣された。彼は後に次の様に述べている：

一九四二年のクリスマスの頃、アリューシャン列島で日本軍のレーダーを捜索するために必要な受信機を、Ｂ‐24爆撃機に取り付ける作業がライト基地で大急ぎで行われた。搭載する機器の大部分を海軍とＮＲＬが提供したので、私はライト基地で一週間、作業に参加した。低周波側の受信範囲を三〇MHzまで拡げたＳＣＲ‐５８７受信機に加え、ハリクラフター社製の民生用受信機（Ｓ・27型）、方位測定アンテナ、ＮＲＬが試験的に製作したパルス分析器も取り付けた。

機体の改造作業が行われている間にも、太平洋戦線では日本軍のレーダーの捜索に関して、新たな事態が生じた。北太平洋のアリューシャン列島で、日本が占領しているキスカ島を偵察した機体が、日本軍のいる地域で、見慣れない一対の構造物の写真を撮影してきた。その構造物はレーダーのアンテナかもしれない。電子偵察用のＢ‐24型機で調査する事が必要だ。

ボカラトンの搭乗員電子戦教育課程の最初の卒業生から、エド・ティエッツ中尉とビル・プラウン中尉の二人が、この電子偵察任務の搭乗員に選ばれた。一九四三年一月上旬、Ｂ‐24型機の改造作業が終わり、電子偵察担当のこの二人の搭乗員は、改造作業で取り付けられた機材を試験するために、米国の西海岸に沿って飛行して、米国のレーダーの電波を正常に受信できる事を確認した。二月初旬、電子偵察用のB‐24型機は、作戦基地に予定されているアリューシャン列島のアダック島へ進出した。しかし、悪天候が続いたため、二月中はほとんど電子偵察飛行はできなかった。

一九四三年三月六日の朝、電子偵察用のB‐24型機はアダック島を飛び立ち、キスカ島へ向かった。監視受信機で、ティエッツ中尉とプラウン中尉は、探し求めていた電波を見つけた。ティエッツ中尉は次のように言っている：

イアフォンに、一〇〇MHzの周波数の電波を使用しているレーダーが、一定の速さで電波ビームの走査を繰り返している音が聞こえた。[訳注1] その音は、我々が米国で訓練飛行していた時の米国のレーダーの音とよく似ていた。全く同じと言って良かった。

その飛行で、搭乗員は使用周波数が近い二台の日本軍のレーダーの電波を受信し、受信時刻を記録した。それらの電波は、ガダルカナル島で入手したのと同じ、日本海軍の一号一型電波探信儀からの電波だった。レーダー波の周波数を測定した後、ティエッツ中尉とプラウン中尉は、搭載している試作型のパルス分析器を用いて、レーダー波のパルスの幅とパルスの繰り返し周波数を求めた。その後、機体は島の周囲を高度を変えては、何度も飛行して、日本軍のレーダー波のビームの三次元的な送信範囲を調査した。監視受信機の操作員は、日本軍のレーダー波が受信できなくなった位置と、再び受信できるようになった位置を記録して、それを航法士に伝え、航法士はその結果を地図上に記入して、レーダー波のビームの走査範囲、つまり探知範囲が分かる様にした。とても手際の良い、専門家らしい作業ぶりだった。この初めての電子偵察任務は約五時間続けられたが、その半分近くはキスカ島の電子偵察のためだった。

続く三月七日と一五日の電子偵察飛行により、キスカ島の日本軍のレーダーの探知範囲が、より正確に把握できた。それらの飛行の内の一回は、キスカ島より西の、日本軍が占領しているアッツ島とアガッツ島で、日本軍のレーダーの電波の捜索を行なった。どちらの島でもレーダー波を受信しなかった。日本軍との接触が有ったのは三月七日の飛行だけで、その時は日本軍の水上機がかなりの距離を置いてB‐24型機を数分間追跡した後、離れて行った。

調査の結果に基づき、キスカ島のレーダーに対して爆撃が行われ、レーダーはしばらく作動を停止したが、日本側は修理を行い、まもなく作動を再開した。

アリューシャン列島に対する第一回目の電子偵察任務を終え、電子偵察型のB‐24型機はライト基地に帰還した。ティエッツ中尉とプラウン中尉は偵察結果を国防省に報告し、その後、放射研究所と無線研究試験所（ＲＲＬ）に行き、詳しい状況報告を行なった。

＊＊＊

こうした電子偵察飛行により情報を収集したが、一九四三年春の時点では、米軍が持っている日本軍のレーダー関連の情報はまだわずかだった。一号一型電波探信儀をガダルカナル島で一台入手し、キスカ島で二台、ウェーク島で一台が使用されているのを確認しただけだった。その他には、日本本土では、詳細不明だが、レーダーが使用されているとの情報も有った。エリント活動は始まったが、日本軍のレーダーについて、詳細な状況が判明するのは、まだずっと先の事だった。

日本軍のレーダーを調査している間にも、ヨーロッパ戦線に於ける状況は急激に変化していた。次章ではその状況を説明する。

第6章　電波妨害の実行と新型レーダーの投入

「敵は高い周波数の電波の分野で技術開発を進めると共に、その成果を実戦に投入して我々を圧倒しようと、全力で努力をしている事を深く認識しなければならない。敵に圧倒されないためには、我々の技術能力、生産能力の全てを投入して努力する必要がある。」

ドイツ郵政局　メーゲル博士　一九四三年二月のドイツ空軍の通信関係者に対する講演にて

前述の様に、ドイツ空軍の対空警戒レーダー網に対して、英空軍は最初の頃は、主として「ムーンシャイン」を使用して対抗しようとした。しかし、この装置はそのレーダーを欺瞞する方式の性質上、昼間爆撃の支援にしか使用できない。そのため、コックバーン博士とそのチームは、夜間爆撃の支援用に、ドイツのレーダーを欺瞞する装置に加えて、レーダーを妨害する装置の「マンドレル」を開発した。「マンドレル」は、一二〇～一三〇MHzの周波数の電波を使用している「フライヤ」レーダーに対して、その使用中の周波数で妨害電波を送信する装置である。一九四二年夏に「マンドレル」の生産が急いで開始され、一一月末には実戦部隊は必要な台数を受け取っていた。

最初から「マンドレル」は、「フライヤ」レーダーだけでなく、同じ周波数帯の電波を使用している「マムート」

レーダーや「ヴァッサーマン」レーダーも妨害の対象に考えていた。第五一五飛行中隊の九機のデファイアント機は、「ムーンシャイン」を機体から外して、その代わりに「マンドレル」を搭載した。敵の海岸線から約八〇km離れた位置で周回飛行を続けながら、沿岸部の敵のレーダーを妨害する計画だった。「マンドレル」を作動させれば、ドイツ軍の対空警戒網を、三〇〇kmの幅で無力化できると予想されていた。対空警戒用の「フライヤ」レーダーは、「ヴュルツブルク・リーゼ」レーダーに敵の爆撃機が来る方向を知らせて、その幅の狭いレーダービームでも敵の爆撃機を確実に探知できるようにするために使用される。内陸部に設置された「フライヤ」レーダーについては、爆撃部隊の各飛行中隊ごとに、二機の爆撃機が「マンドレル」を搭載した。「マンドレル」を搭載した機体を、「ボマーストリーム」戦術で長い列を作って侵入していく爆撃機の編隊のところどころに入れて「フライヤ」レーダーを妨害する事で、カムフーバー・ラインの防空戦闘機の管制官を混乱させ、敵の迎撃を受けずに防衛線を突破する爆撃機の数を増やす事が狙いだった。

更に、ドイツの夜間防空システムを混乱させて対応を遅らせるために、ドイツ空軍の夜間防空で非常に重要な、地上と夜間戦闘機の間の無線通信の妨害を、英空軍の爆撃部隊は行う事にした。爆撃機が搭載している短波通信用の送信機に、「ティンセル」改修がほどこされた。この改修は応急的な内容だが、ドイツ空軍の通信を妨害する事はできた。各爆撃機の無線士は、受信機の受信周波数を変更しながら、ドイツ空軍の無線通信を聞こうとする。ドイツ空軍の無線通信が聞こえると、送信機をその周波数に合わせてから、爆撃機のエンジン付近に取り付けられたマイクロフォンのスイッチを入れ、うるさいエンジン音をそのまま送信して、敵の通信を妨害する。

英空軍の爆撃機航空団は、カムフーバー・ラインに対するレーダー妨害と通信妨害を、一九四二年一二月六日のマンハイムに対する二七二機による爆撃作戦から始めた。この夜の妨害はドイツ軍はとって初めての経験だったので、妨害は大きな効果があった。ドイツ空軍の夜間戦闘機部隊の戦闘報告では、「『フライヤ』レーダーは激しい電波妨害を受けた。夜間戦闘機を敵編隊へ誘導する事はほとんど不可能だった」と書かれている。期待した通り、「フライヤ」

レーダーへの妨害と通信妨害の双方を行う事により、ドイツ空軍の防空システムは混乱して夜間戦闘機の迎撃は遅れ、夜間戦闘機がその搭載レーダーにより爆撃機を捕捉する前に、多くの爆撃機が「ヴュルツブルク・リーゼ」レーダーの探知範囲を通り過ぎてしまった。その夜の爆撃作戦では、爆撃機航空団は九機を失ったが、これは攻撃に参加した機数の三・三パーセントである。この損失率は、その当時としてはかなり低かった。

しかし、ドイツ空軍のレーダー員は、「マンドレル」による妨害に最初は驚いたが、しばらくすると「マンドレル」の妨害に対応できるようになった。専門的な知識と技能を持つドイツ空軍のレーダー員は、妨害の影響を克服するために、様々な方法を考え出した。一番簡単な方法は、レーダー妨害電波の周波数から、自分のレーダーの電波の周波数を少しずらす事だった。この方法は、妨害する側も、妨害電波の周波数をそれに合わせて変更してくるので、短時間しか有効でないが、それでもレーダー員は、妨害を受けてもある程度は敵を探知する事ができた。

「マンドレル」による妨害への対策として、「フライヤ」、「マムート」、「ヴァッサーマン」の各レーダーの使用する電波の周波数の範囲が拡げられた。当初、これらのレーダーは、一二〇～一三〇ＭHzの範囲内の周波数の電波を使用していた。妨害対策として、この周波数の範囲は一〇七～一五八ＭHzまで拡張された。一台の「マンドレル」が妨害電波を出せる周波数の幅は一〇ＭHzしかないので、妨害する周波数の範囲が大きくなると、「マンドレル」を搭載する機体を増やさないと、十分な妨害を行なえなくなる。

その頃、英空軍の爆撃機の搭乗員の間では、ドイツの夜間戦闘機が「マンドレル」が出している妨害電波を受信して追跡してくるのではないか、との不安感が広まり始めた。そのため、追跡されないように、「マンドレル」は二分ごとに作動と停止を繰り返すよう改修された。この改修により、ドイツ機が「マンドレル」を搭載した爆撃機を追跡する事は困難になったが、同じ時間内に送信する「マンドレル」の台数が半減したので、レーダー妨害の効果は半減した。

一九四三年四月には、ドイツ空軍は「マンドレル」による最悪の状況から立ち直り、英空軍の損失は増え始めた。

レーダーが使用する電波の周波数の範囲を拡げる妨害対策をしたので、ドイツ空軍のレーダー部隊は、「マンドレル」の妨害を受けても、レーダー画面上で敵機を確認しやすくなった。デファイアント機は小型の機体なので、「マンドレル」の台数を追加するスペースは無かった。そのため、ドイツ空軍のレーダーの使用周波数範囲の拡大に対応して、デファイアント機の「マンドレル」による妨害電波の周波数範囲を拡大する事が出来ないので、「マンドレル」による妨害はしばらくの間、中止する事になった。

夜間戦闘機の無線通信に対して、雑音を送信して通信を妨害する「ティンセル」の効果は、もっと長く続いた。この装置による通信妨害で、ドイツ空軍の通信は混乱し、ドイツ語が分かる英空軍の爆撃機の無線士は、ドイツ空軍の管制官が夜間戦闘機への指令を何度も繰り返しても、うまく伝わらないのでいらいらしていた、と報告している。「ティンセル」による通信妨害への対策として、すぐに採用されたのは地上の無線送信機の出力を上げる事で、それにより夜間戦闘機の搭乗員は、妨害による雑音があっても、地上からの指示を聞き取れるようになった。英空軍の通信傍受所は、ドイツ空軍の夜間戦闘機に対する指示は、それまでは昼間戦闘機にだけ使用されていた、三八〜四二MHzの超短波帯の周波数も使用しているのを発見した。無線通信に対する雑音妨害への対策として、ドイツ空軍の夜間戦闘機は超短波無線機を追加して搭載し始めたのだ。しかし、以前からの短波無線機も使用を続けたので、終戦まで英空軍の爆撃機は、ドイツ軍の短波無線機に対する妨害を続けた。

電波妨害の効果についての重要な教訓を、この「マンドレル」と「ティンセル」の件から学ぶ事ができる。電子戦では勝利は限定的であり、絶対的かつ永続的ではない。敵の電子システムは、防御用であれ攻撃用であれ、妨害によりしばらくの間はその使用に支障を来すかもしれないが、完全に無力化される事は決してない。時間を掛ければ、有能な相手は妨害の効果を大幅に減少させる新しい機器や、従来の機器の改造型を導入するだろう。この単純な妨害システムである「マンドレル」と「ティンセル」は、数か月間はある程度の効果を上げた。英国は少ない費用で、ドイツ空軍に対して、ほとんどの対空警戒レーダーについて使用する電波の周波数範囲を拡げる改修と、夜間戦闘機に超短波無線機の追加をさせる事に成功した。コックバーン博士の、「電子対抗手段（ＥＣＭ）に投じた僅かな費用で、相手の高価な電子システムを使用不能にできる」との言葉の正しさが証明された。ドイツ空軍が、電子妨害により混乱し悩まされたのは数か月の間だけだが、その効果により英空軍は一〇〇機の爆撃機とその搭乗員を失わないで済んだ。

＊＊＊

こうした状況の中で、ＴＲＥではレーダーに関係する二つの装置の開発が急ピッチで進んでいた。この二つの装置は、雲や夜間で地面が見えない状況でも、爆撃の精度を大幅に向上させるための装置だった。

　その一つが「オーボエ」と名付けられた装置で、レーダーは対象物までの距離を高い精度で測定でき、その距離の測定精度は、距離が大きくなっても、距離に比例して悪くならない事を利用した装置だった。[訳注1]「オーボエ」は、地上局を二局使用するが、局の一つはケント州ドーバーに、もう一つはノーフォーク州クローマーに設置された。二つの地上局は、飛行中の機体に、それぞれ異なる周波数の電波でパルス信号を送信する。機体側は、パルス信号を受信すると、トランスポンダー（応答機）と呼ばれる特別な送信機を作動させて、応答信号を送信する。それにより、各地上局は通常のレーダーの場合と同じく、パルス信号を送信してから応答信号を受信するまでの時間で、機体までの距離を正確に測定できる。例えば、ドーバー局（「キャット（猫：ＣＡＴ）」局と呼ばれた）を主局にした場合、ドーバー局は「オーボエ」を利用する機体に対して、中心がドーバー局で、爆撃目標地点までの距離を半径とする円の、円周上を正確に飛行する様に誘導する。クローマー局（「マウス（ねずみ：ＭＯＵＳＥ）」局と呼ばれた）は従局となり、前もって求めてあるクローマー局から爆弾投下地点までの距離に対して、クローマー局から見た機体の距離がだんだん近づいて行くのを観測している。機体の距離が投下地点の距離に一致すると「爆弾投下」信号を機体へ送る。

「オーボエ」には二つの大きな制約が有った。まず、その最大使用距離は、地表面の曲率で決まる電波の受信限界

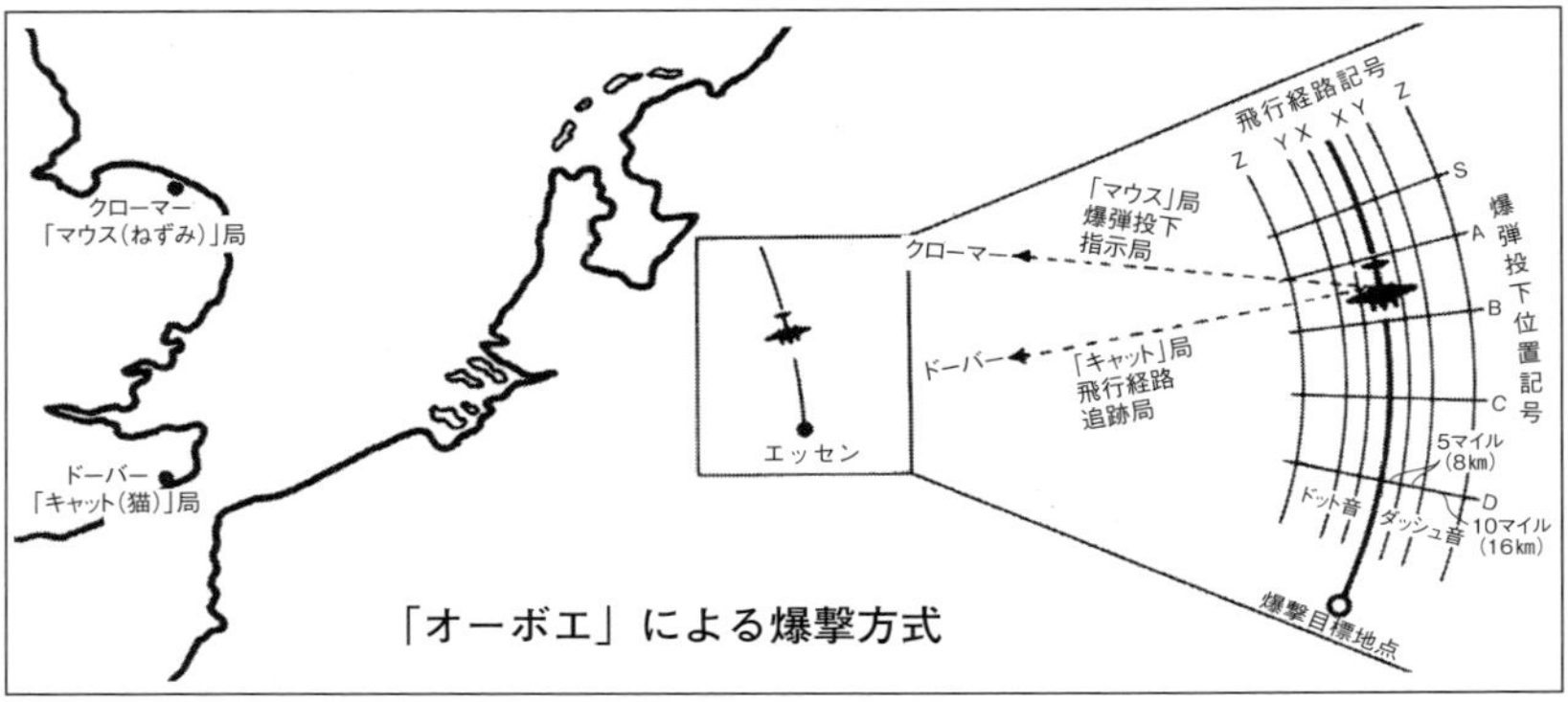

「オーボエ」による爆撃方式

距離までとなる。例えば、八四〇〇mの高度を飛行する機体は、地上局から四三〇km以内でないと信号を受信できない。次に、「オーボエ」は二つの地上局を必要とするが、同時に誘導できるのは一機だけである。しかし、そうした制約はあるが、「オーボエ」にはそれを補うだけの大きな長所があった。当時としては、爆撃目標地点へ極めて正確に誘導できたのだ。

使用できる距離が四三〇kmまでなので、「オーボエ」はドイツ本土の大部分には使用できないが、それでも、重要な目標が多いルール工業地帯の全域が利用可能範囲に入る。「オーボエ」を同時に利用できるのは一機だけなので、爆撃機航空団に新設された爆撃先導機部隊に「オーボエ」を利用させるのが最も効果的である。この爆撃先導機部隊は、一九四二年八月のロンドン大空襲（ザ・ブリッツとも言う）の際に、ドイツ空軍の第一〇〇爆撃飛行大隊（KGr100）が用いた方法を参考にして、爆撃機の本隊より先に目標地点に到着して、後続の爆撃機の本隊に目的地を指示するために、標識弾などを投下するために創設された部隊である。

TREが開発したもう一つの装置は、夜間爆撃精度を高める事を目的とする、H^2S[訳注2]と名付けられたレーダーだった。このレーダーは地上マッピングレーダーで、技術面で多くの革新的な特徴を持っていた。このレーダーの心臓部は高出力の空洞マグネトロンで、当時としては極めて高い周波数である三〇〇〇MHz（三GHz）前後のマイクロ波で、一〇kWの強さのパルス波を発生させる事ができた。この周波数の電波の波長は一〇cm程度で、そのため、

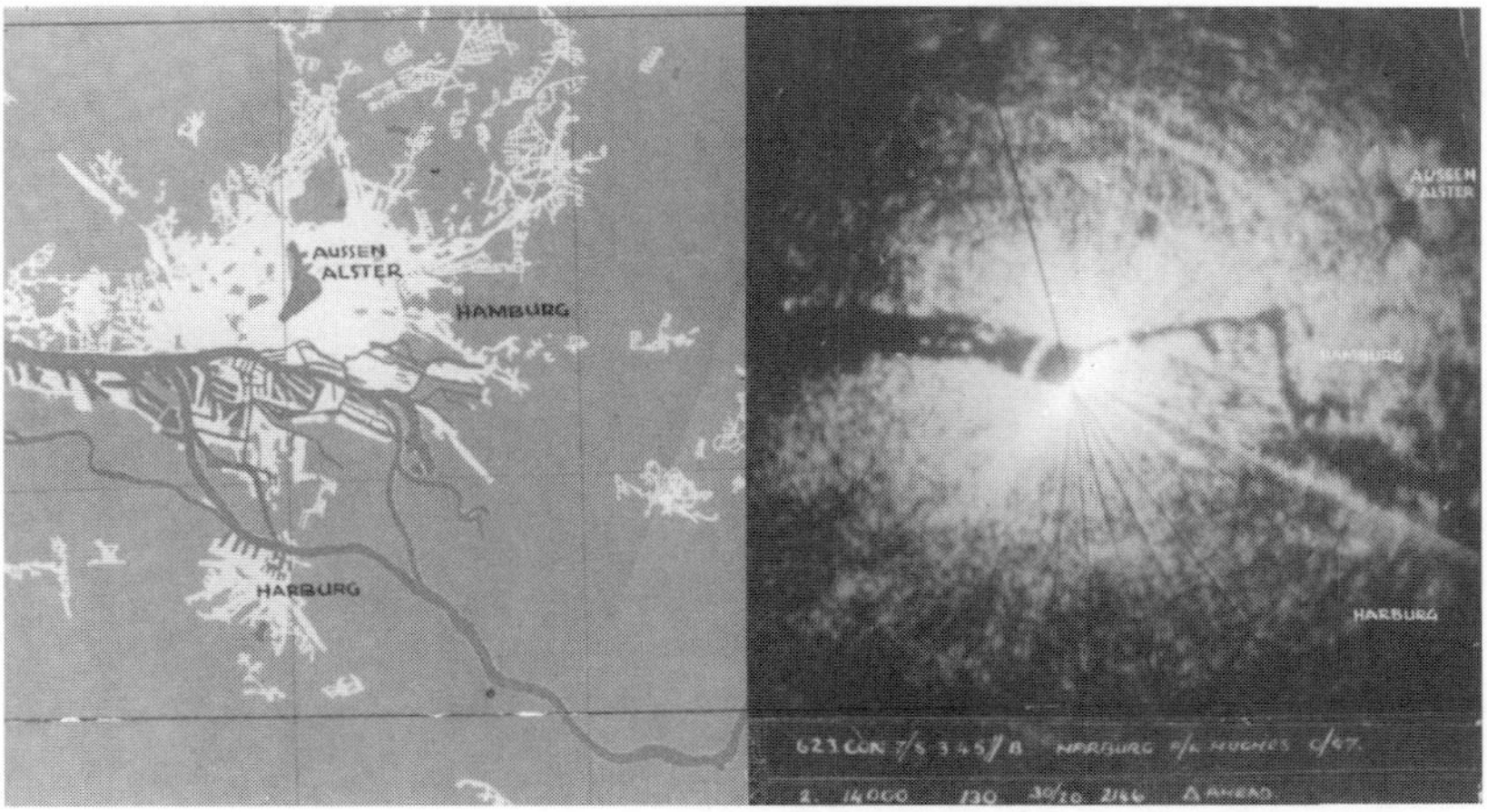

ドイツのハンブルク周辺の H_2S レーダー表示画像（右側）と、同じ地域の地図の比較。ハンブルクはエルベ川の河口部にあり、レーダー画像では見分けやすい特徴的な地形である。

ランカスター爆撃機の航法士席の H_2S レーダーの表示器

この周波数帯の電波を使用するレーダーは、センチメートル波レーダーとも呼ばれる。センチメートル波レーダーの飛行試験では、レーダー波の反射は、市街地が強く、建造物がない地面はそれより弱く、穏やかな海面はもっと弱い事が分かった。爆撃機航空団の目標のほとんどは市街地である。ブラウン管に映し出されるレーダー画像には、機体の周囲の地形が地図のように表示され、地表面の状況や、海や川を見分ける事ができた。

H_2Sレーダーに地表面を表示させるには、外部の誘導電波、無線標識局、地上の無線送信機などは全く必要としない。そのため、このレーダーを搭載していれば、飛行中に地表面を表示させて、自分が飛行している位置を知るのに利用できる。そのため、H_2Sレーダーを使えば、「オーボエ」が使用できる範囲外でも、目標地点を自力で発見する事ができる。そのため、爆撃部隊の本隊が目標地点を発見するのを支援する任務の爆撃先導機に装備すれば、爆撃機航空団の最大の課題である、ドイツ本土奥深くの目標を正確に爆撃出来る事が期待できる。

しかし、H_2Sレーダーの最重要部分である、高い周波数で強力な電波を発生する空洞マグネトロンは、英国で発明された極秘の存在なので、それを爆撃機に搭載して敵地上空を飛行させる事に、英空軍はためらいを感じた。つまり、もしドイツ軍が撃墜した機体からこのレーダーを入手したら困ると考えたのだ。ドイツ軍が空洞マグネトロンの設計を模倣してセンチメートル波のレーダーを開発し、それを彼らの夜間戦闘機に搭載したら、英空軍の夜間爆撃部隊に対する攻撃能力は著しく向上するだろう。[訳注3] 空洞マグネトロンがドイツ軍に無傷で渡るのを防ぐ一つの方法は、「ジー」でうまく行った様に、マグネトロンに自爆装置を付ける事だ。しかし、空洞マグネトロンは、銅のかたまりを加工して、複雑な空洞部分を作ってある頑丈な部品である。それまでの低出力のマグネトロンと、今回の大出力の空洞マグネトロンとの違いは、空洞部分の連結方法であり、実物を調べればその違いはすぐに分かってしまう。

ファーンボロー基地の爆発物の専門家は、マグネトロンの銅のブロックを破壊して、空洞部分の連結方法を分からなくするために、自爆用の爆薬の装備方法をいろいろ考えた。彼らは計算を行なった結果、マグネトロンの銅のブロックに、六〇グラム程度の爆薬を取り付ければ、ブロックを破壊できると判断した。そして、捕獲したドイツ空軍の

Ｊｕ88型機の胴体内に自爆装置付きの空洞マグネトロンを取り付け、自爆用の爆薬を爆発させる実験を行なった。自爆装置を作動させると、胴体には三ｍの長さの穴が開いた。しかし、そんな強力な爆薬を用いても、マグネトロンの破片から空洞の連結方法を知る事はまだ可能だった。次に考えたのは、まず爆薬でマグネトロンを機体の外へ射出し、次に空中で別の爆薬でマグネトロンをばらばらにする事だった。この方法は危険すぎて、それ以上の検討は行われなかった。マグネトロンを射出する時の反動があまりにも大きく、機体が空中分解する可能性がある程だったのだ。強力な酸を使用する事も検討されたが、非現実的だとして採用されなかった。結局、マグネトロンに自爆装置を取り付ける案は、全て放棄された。

最終的には、爆撃を成功させる事が優先すると判断された。ドイツ軍に秘密が漏れる可能性はあるが、爆撃機航空団の爆撃先導機にはH_2Sレーダーを装備する事になった。一九四二年の後半、H_2Sレーダーは最優先で生産され始めた。敵地への爆撃に使用されれば、いずれこの貴重なマグネトロンは、無傷な状態でドイツ軍の手に渡るだろう。

＊＊＊

一九四三年になると、英空軍は敵機の接近を警告するために、爆撃機に「モニカ」と「ブーザー」と名付けられた二種類の警報装置の搭載を始めた。「モニカ」は後方警戒用レーダーで、爆撃機の尾部を頂点にして、後方に半頂角四五度で開いた円錐形の空間の内部で、九〇〇ｍ以内に接近してきた飛行機を検出して警報を出す。「モニカ」が機体を検出すると、搭乗員のイアフォンに「ビー」と言う警報音を断続的に出して警告する。後方の機体が近付くにつれて、警報音の断続する間隔が短くなる。しかし、「モニカ」は誤警報を出す事が多いので、爆撃機の搭乗員にはすぐに嫌われた。「モニカ」は味方の爆撃機と敵の夜間戦闘機を区別できない。爆撃機の編隊が密集編隊で飛んでいて、後ろの味方機との間隔が狭くなると「モニカ」は警報を出すので、誤警報が多くなる。その結果、多くの爆撃機では「モニカ」をオフにして飛ぶようになった。

もう一つの警報装置は「ブーザー」で、この装置はパッシブ・タイプ（受動型）で、高射砲の射撃管制用の「ヴュルツブルク」レーダーや、夜間戦闘機が搭載している「リヒテンシュタイン」レーダーの電波に反応する。「ブーザー」は誤警報を出すことが無かった。機体が「ヴュルツブルク」レーダーの電波を受けると、パイロットの計器板のオレンジ色の表示灯が点灯する。また、「リヒテンシュタイン」レーダーの電波を受けると、赤色の警報灯が点灯する。しかし、この装置にも欠点は有った。爆撃機が高射砲部隊が配置されている地域に入ると、「ヴュルツブルク」レーダーの電波を受け続ける事が多いので、警報としては役に立たなくなる。また、レーダーを搭載していなかったり、搭載していてもレーダーを使用せずに接近してくる夜間戦闘機については、警報を出す事ができない。赤色の警報灯が点灯した後に消灯したとしても、それは敵の夜間戦闘機が目視距離に入って爆撃機を視認できたので、攻撃を開始する前にレーダーを切っただけなのかもしれない。

＊＊＊

一九四二年一一月、ゲーリング空軍総司令官は、非常に高い周波数の電波の利用に関する研究開発を促進するために、ハンス・プレンドル博士を彼の全権代理人に任命した。プレンドル博士は無線工学の専門家で、英国を爆撃する際に使用された、二種類の爆撃誘導用の無線航法システムを考案している。全権代理人に任命された事で、プレンドル博士は、レーダー開発計画全体の責任者となった。しかし、プレンドル博士が新しい地位に就いた時に彼を待っていたのは、暗い絶望的な状況だった。ドイツはレーダーの研究開発については、連合国側の十分の一程度の人的資源や研究資金しかなかったが、その研究開発能力も国内の数百の研究所や研究機関に分散していた。しかも、それぞれがばらばらに、時には競争しながら研究開発を進めていた。プレンドル博士が最初に行なったのは、軍に徴用されている一五〇〇名の科学者や技術者を民間に戻すように、ヒトラー総統に命令を出してもらう事だった。その上で、博士は確保した人材を、レーダーの研究開発を行う少数の研究所に集中させて作業をさせる事にした。

プレンドル博士の対策の方向性は正しかったが、その実行に投じた人的資源や資金の投入はあまりにも小規模で、あまりにも遅かった。連合国側のレーダー開発に追いつくには、技術的な遅れが大きすぎたし、連合国側もそれまでの成果に安んじて、立ち止まろうとはしていなかった。次の章では、それまで考案された中では最も効果的なレーダーを妨害する方法とその実戦での使用について述べる。

第7章　「ウィンドウ」の使用開始までの経緯

「欺瞞は他の分野では非難されるべき行為だが、戦争においては、それは賞賛されるべき行為である。敵を欺瞞する事で勝利を収めた者は、敵と戦って勝利した者と同じくらい賞賛されるべきである」

ニッコロ・マキアヴェリ

前の章では、ドイツ空軍の高射砲の射撃や夜間戦闘機の迎撃において、「ヴュルツブルク」レーダーや「ヴュルツブルク・リーゼ」レーダーは、妨害を受けない場合は非常に有効だった事を述べた。連合国側はそれらのレーダーに対抗する手段を知っていたが、その使用の是非については、激しい議論が交わされた。レーダーに対する妨害手段として、細長くて薄い金属板を空中で大量に投下して、相手のレーダー表示画面をその反射像で埋め尽くす事は、第二次大戦前から英国では理論的に検討されていた。それ以後も、その方法により敵のレーダーを妨害する事は、何度も検討されてきた。

一九四〇年、ドイツ空軍の「クニッケバイン」爆撃誘導システムが脅威となっていた頃、リンデマン教授は「クニッケバイン」の誘導電波の片側に細長い金属板を大量に投下すれば、誘導電波の方向を目標からずらす事が可能ではないかと言った事がある。コックバーン博士は、その場で大まかな計算をしてみたが、そのアイデアはうまく行かない事が分かった。金属板の投下で誘導電波に影響を与えるには、金属板を誘導電波のビームの中心線上に投下する必要があるが、その場合、誘導電波の方向には何の影響も与えない事になってしまう。

一九四一年夏、英空軍は北アフリカ戦線で敵のレーダーに対して、実際にこの妨害方法を試してみた。九月に第一四八飛行中隊のウェリントン爆撃機が、ドイツ軍の勢力圏内で電波偵察飛行を行なった。この機体は、英海軍の電波捜索用の受信機を搭載し、その受信機用に特別なアンテナを取り付けていた。ウェリントン機にとっては意外な事に、他の機体が近くを飛行しているのに、ドイツ軍の高射砲部隊はこのウェリントン機だけを攻撃してきた。ウェリントン機の搭乗員は、追加した特別なアンテナのために、ドイツ軍のレーダーにウェリントン機が大きく映るからではないかと疑った。ある夜、ウェリントン機は、追加されたアンテナの大きさに合わせた、長さ四五㎝、幅二・五㎝のアルミの薄板を多数搭載して、それを飛行中に投下してみた。しかし、アルミの薄板を投下しても、敵の高射砲の攻撃には何の効果も無かったので、このアイデアはそれで終わってしまった。ドイツ軍の高射砲部隊は、敵機の位置を知るのに聴音機を使用していた可能性があり、その場合、追加されたアンテナにより、機体が発生する気流音が大きくなっていて、それで探知されたのかもしれない。

一九四一年後半に、無線通信研究所（ＴＲＥ）の科学者達は、細長い金属板を空中に散布する事で、レーダーによる探知を妨害できないかを調べる試験を始めた。その際、この妨害方式に名前を付ける事になった。ＴＲＥの所長のアルバート・ローによると、ある日、コックバーン博士がロー所長に電話で、「この金属板を使用する妨害方式に名前を付けたいが、所長の意見をお聞きたい」と連絡してきた。ロー所長は、「妨害方式の内容を連想させない名前にする事が必要だね」と答えた。そして「僕は部屋の中を見回した。『ウィンドウ（窓）と呼んだらどうだろう？』と提案した」との事だ。それで名前は「ウィンドウ」（現在では「チャフ」が一般的）に決まった。

コックバーン博士のチームにいたジョーン・カランは、この妨害方法の初期の試験を担当した。彼女は、重量は小さいが、レーダー波を強く反射する金属板の形状を検討する事にした。最初、彼女は銅の箔をいろいろな形に切って試してみた。しかし、すぐにそんな手間を掛ける必要がない事が分かった。単純な細長い長方形で、長辺を妨害したいレーダー波の波長の半分程度の長さにしたものが一番効果的だった。カランはまた、最適の材料は、ラジオのコンデンサーに使用されているスズ箔である事も見つけ出した。

一九四二年三月には、カランの初期段階の検討作業は完了した。飛行機を使用した一七回の試験で、彼女は二〇〇MHzかそれより高い周波数の電波を使用する英国のレーダーについて、「ウィンドウ」の効果を調べた。彼女の報告書では次のように書かれている。

二〇〇MHz程度かそれ以上の周波数のレーダー波に対して、飛行機から電波の反射材を投下すると、レーダーに反射像が表示される事が実証された。飛行機と同程度の強さの反射像を表示させるのに必要な電波反射材の量は、特に多すぎるとは言えない程度の量だった。

カランは、長さ二一cm、幅一四cmの金属箔を四〇枚散布すれば、英国の最新のレーダーであるタイプ11レーダーでは、ブレニム爆撃機と同程度の大きさでレーダー画面に表示される事を確認した。重要な事は、タイプ11レーダーは五〇〇MHz付近の周波数の電波を使用するので、この周波数に近い周波数の電波を使用するドイツの「ヴュルツブルク」レーダーでも、同じような効果が期待できる事だ。金属箔の効果は、高度三〇〇〇mから散布した場合には、約一五分間持続する。こうした金属箔による「ウィンドウ」の雲が一〇個、長さ一・六kmに渡って拡がれば、レーダー表示器の画面はその「ウィンドウ」の雲の反射像で埋め尽くされるので、、その範囲内にいる飛行機の反射像を見つける事は、実質的に不可能になるだろう。

TREが試験を始めた頃、地面に落ちた「ウィンドウ」の金属箔をドイツ軍が入手した場合、その真の目的を分からなくする方法を考えるよう、TREに英空軍からの要望があった。アイデアの一つは、金属箔を二枚の紙で挟んで、宣伝用のビラに見せかける事だった。しかし、このアイデアはすぐにボツになった。もし「ウィンドウ」がジョーン・カランの試験の時のように大きな効果があったら、ドイツ軍はレーダーがおかしくなった原因はその宣伝用のビラだとすぐに気づくから、ごまかしきれないだろう。

一九四二年四月、英空軍参謀総長のサー・チャールス・ポータル元帥は、爆撃機航空団の司令官に対して、作戦遂行上で必要と判断した場合は、「ウィンドウ」を使用する事を許可した。ヴァネスタ社が、大量の「ウィンドウ」の製作を受注した。スズ箔は十分な量を入手できないので、アルミ箔で代用する事にしたが、アルミ箔でも同程度の効果があった。それと並行して、爆撃機航空団のオペレーションズ・リサーチ班は、「ウィンドウ」を使用する際の適切な投下方法を検討した結果、各機体に搭載できる金属箔の量は限られるので、使用するのは目標地域に入ってからにすべきだとした。

ヴァネスタ社は「ウィンドウ」の初回発注分を、一九四二年五月初めに爆撃機航空団に納入したので、五月末に計画されていたケルン市に対する「一千機爆撃」では「ウィンドウ」は使用可能だった。しかし、「ウィンドウ」を使用する直前に、思いがけない使用禁止命令が下された。ポータル参謀総長は、「ウィンドウ」についてはもっと試験が必要だとして、爆撃機航空団への使用許可を撤回した。チャーウエル卿（リンデマン教授が貴族の叙せられた際の称号）が使用を許可しないように働きかけたのだ。彼は英国のレーダーに対する「ウィンドウ」の効果の確認がまだ不十分で、ドイツ側が同じ方法でレーダー妨害をしてきた場合には、英国の防空に深刻な影響を与えるのではないかと心配したのだ。そこでチャーウエル卿は、英国が使用している各種のレーダーについて、もっと徹底的に効果を確認するまで、「ウィンドウ」の使用開始を遅らせるようにポータル空軍参謀総長を説得したのだ。

チャーウエル卿の主張に従い、彼の弟子のデレク・ジャクソン博士の指導により、「ウィンドウ」の二度目の評価試験が行われた。ジャクソン博士は、戦前にはオックスフォード大学でリンデマン教授（現チャーウエル卿）の下で学び、分光学の専門家として高く評価されていた。彼の父親は「ニュース・オブ・ザ・ワールド」新聞社を保有していて、彼は恵まれた人生を過ごしていた。一九三五年にはグランド・ナショナル競馬に自分の馬に騎乗して出場した。

デレク・ジャクソン大尉（後に中佐）は、ドイツ軍のレーダーを妨害するための、細い金属箔を使用する「ウィンドウ（チャフ）」の開発で大きな役割を果たした。

戦争が始まると、彼は英空軍に入隊し、夜間戦闘機のレーダー手として高く評価されるようになり、この試験の時には大尉になっていた。ジャクソン博士の大きな長所は、科学者と実際に戦闘を行っている航空機搭乗員との間に生じやすい溝を、彼の知識と経験で橋渡しできる事だ。

ジャクソン大尉は「ウィンドウ」の試験を、ノリッジに近いコルティシャル基地で行なった。秘密を守るために、「ウィンドウ」の投下は海上で行なった。数日間で初期段階の試験は完了したが、その結果に英空軍は不安を感じた。英空軍の最新の夜間戦闘機用センチメートル波レーダーであるＡＩ　ＭａｒｋⅦレーダーは、「ウィンドウ」の雲に大きく影響されたのだ。二〇〇MHzの電波を使用する、それまでの夜間戦闘機用ＡＩ　ＭａｒｋⅣレーダーは、影響は受けたが、その程度はより少なかった。実際に試験をした結果、より低い周波数の（したがって波長が長い）電波を使用する古い型のレーダーは、より高い周波数の電波を使用する新型のレーダーに比べて、「ウィンドウ」の影響が弱い事が分かった。

チャーウエル卿は、戦闘機航空団司令官のショルト・ダグラス中将と、通信関連技術アドバイザーのワトソン・ワット[訳注4]にも賛成してもらって、英空軍が有効な対抗策を取れるようになるまでは、「ウィンドウ」の使用禁止を続けるよう、各方面に強く働きかけた。ワトソン・ワットは、「ウィンドウ」の使用には反対したが、ドイツ空軍が先に「ウィンドウ」を使用し始めた場合に備えて、「ウィンドウ」対策についても、早急に研究して、準備しておく事も勧告した。

一九四二年六月一八日、チャーウエル卿は「ウィンドウ」の使用について、英空軍通信部隊司令官のライウッド准将と話し合った。チャーウエル卿は、使用後に自然に消滅する「ウィンドウ」が出来たら、反対意見を撤回すると言った。しかし、そのような「ウィンドウ」を作る事は非常に難しいだろう、とも言った。さらに、未使用の「ウィンドウ」を搭載した爆撃機が、敵の領域内で撃墜された場合には、秘密にしている「ウィンドウ」の存在が明らかになるので、秘密を守るためには、「ウィンドウ」は使用しない方が良いとも言った。

皮肉な事に、チャーウエル卿とライウッド准将が話し合いをしていたその日に、英国内の新聞販売店では、「ウィンドウ」の作動原理について、ほぼ正確な説明が記載された新聞が販売されていた。その朝の「デイリー・ミラー」紙の連載漫画では、探偵のバック・ライアンが、英国の敗北を防ぐためにまたしても活躍していた。その漫画では、ナチスの工作員が、工作目標に選んだ英国の高射砲基地を金網で作った凧で取り囲んで、「位置測定用無線装置」を使えないようにしようとしていた。装置が使えなくて困惑している高射砲部隊が、状況を把握できなくて混乱している間に、敵の輸送機が忍び込み、兵士を送り込んで高射砲基地を破壊する計画なのだ。バック・ライアンがこのナチスの悪だくみを陸軍に報せると、陸軍の情報将校がライアンに言った。「そうだね、一年前ならそれはうまく行ったかもしれないが、今はだめだね」しかしその発言は間違っていた。漫画が掲載された新聞が発行された翌日、ライウッド准将はその漫画の切り抜きを、「私はドイツ人がデイリー・ミラー紙を購読しているか知りません。しかし、ドイツ人がこの漫画を見れば、連中には良いヒントになるでしょう」とのメモを付けてチャーウエル卿に送付した。

保安局（ＭＩ５）はこの漫画の作成経緯を秘かに調査した。ずっと後になって、筆者がこの漫画の作者のジャック・モンクに尋ねた所、モンクはその頃、ちょっと変わった事が一つだけあったと話してくれた。その漫画が掲載された直後、デイリー・ミラー紙に対して、今後は全ての漫画の校正刷りを検閲するので、校正刷りを情報省に提出するようにとの指示があった。誰もその理由が分からなかった。モンクが科学分野の専門教育を受けていない事を考えると、「ウィンドウ」の作動原理の単純さが分かる。彼は自分で独自に漫画のアイデアを考えたが、それがもっと広い用途で使用できる事には、全く気付いていなかった。

BUCK RYAN

軍の情報部の将校が、バック・ライアンとゾラを、故ブロンプトン卿の狩猟場から、高射砲部隊の司令部に連れてくると、ライアンは彼が発見した事を報告する。

……そこはナチスの連中が基地にしている場所です。彼等の計画は単純で、不意打ちを狙っています。連中の企みは……

敵がわが国土に侵入しようとする時に、我が方の位置測定用無線装置を混乱させる事です。その作戦は夜に行われ、ナチスの工作員は金網でできた凧を用います。その凧を、高射砲陣地の周りで、高度約1500mに揚げるのです。凧はレンタカーか盗難車を使って、引っ張って揚げると思われます！

彼等の計画は……高射砲の照準係は、位置測定用無線装置の表示器の画面上に何かの物体を発見します。その物体は、測定の結果、時速30〜60km/hで動いている事が分かります。飛行機にしては遅すぎます！何だろう？気球が風で流されているのではない。照準係はそう報告します。隣の高射砲の照準係も同じ様に報告します。全員がどうなっているのかわかりません！命令が出ます：探照灯で正体が判明するまで射撃は待て！待機だ。

予定通りに行けば、我々の高射砲部隊が混乱している間に、ドイツ空軍のユンカース輸送機が兵士を載せて、ここにやって来て、着陸して兵士を下ろすでしょう。ご理解いただけましたか？

うん、分かったよ。1年前ならその手はうまく行ったかもしれない。でもライアン、今では、そうは行かないんだ。

頼りになる高射砲部隊なのね！

終わり

英国では、「ウィンドウ」によるレーダー妨害を開始する時期について、激しい議論が続いていた。ポータル空軍参謀総長とチャーウェル卿は、相手が使用した場合の対抗策が見つからぬか、ドイツ軍が先に使用するまでは、使用しない事を主張した。それに対して、爆撃機航空団は、「ウィンドウ」の使用開始を、関係先に熱心に働きかけた。空軍副参謀長のノーマン・ボトムリー少将は爆撃機航空団の意見を代表して、十分な量の「ウィンドウ」が確保出来しだい、使用を始めるべきだと発言した。彼は、英空軍は使える手段はできるだ

け使用すべきだ、と主張した。彼はドイツ空軍の英本土への反撃開始が一九四二年の冬以前になる事はあり得ず、その頃には敵の「ウィンドウ」使用に対する対抗策は見つかっているだろうと考えたのだ。TREの電波妨害部門を率いるコックバーン博士も、「ウィンドウ」は早く使用すべきとの意見だった。コックバーン博士は、「ヴュルツブルク」レーダーこそが、ドイツの防空システムで中心的な役割を果していると信じていた。その頃、彼が書いて回覧した文書で、第一〇九飛行中隊のウェリントン爆撃機が行った電子偵察飛行の結果について次のように述べている。

第一〇九飛行中隊の電子偵察機が敵の地域、又はその近くを飛行した時、どの機体も常に波長が五三cmの電波（「ヴュルツブルク」レーダーの使用している五七〇MHzの周波数の電波の波長）のビームの二本か三本に捕捉されていた。その事から推測すると、敵の地域上空を飛行するすべての機体が、波長が五三cmの電波で追跡されていると考えるべきだ。

捕獲した機器の製造一貫番号やその他の情報から、この装置がすでに数百台使用中である事はほぼ確実である。この波長五三cmの電波を使用する装置は、これまでに判明している機能、性能等からすると、サーチライトの照射管制、高射砲の射撃管制、迎撃機の地上からの誘導に使用する事が可能である。

そして、第一〇九飛行中隊の電子偵察の結果、この装置がサーチライトの照射管制や高射砲の射撃管制に使用されている事は確実である。この電子偵察飛行で五機のウェリントン機が失われたが、それにはこの装置が関係していると考えられる。

そして、コックバーン博士は、「ヴュルツブルク」レーダーは、ドイツの夜間防空システムの中核的存在である事は確実なので、それを妨害して無力化できれば、爆撃機航空団の損失は大きく減少すると結論している。

一九四二年七月、戦闘機航空団司令官のショルト・ダグラス中将は、英空軍が防空に使用している主な航空機搭載レーダー、地上設置レーダーについて、「ウィンドウ」を使用した時の影響を調査した試験の報告書を受け取った。その報告では、適正な長さ、つまりレーダーの使用する電波の波長の約半分の長さの細長い形状の金属箔は、どのレーダーについても妨害効果があった、と書かれていた。さらに、ジャクソン大尉などのベテランのレーダー手は、その技量のレベルに関係なく、どのレーダー操作員もレーダーによる探知に行おうとする場合、「ウィンドウ」による妨害の影響を受ける、と報告している。

ポータル空軍参謀総長は、戦闘機航空団司令官のダグラス中将への手紙に、この試験結果により決断を下すのが難しくなったと書いている。つまり、「ウィンドウ」についてドイツ軍はまだ知らないと考える事もできるし、「ウィンドウ」をすでに考え付いているが、英空軍の爆撃機による攻撃が西部戦線でもっと激しくなるまでは、その使用を控えていると考える事もできる。また、戦闘機航空団が、「ウィンドウ」による妨害に対する訓練を実施すると、それで「ウィンドウ」の存在がドイツ軍に分かってしまう可能性があるなど、いろいろ考慮すべき事が多いので判断が難しいと感じたのだ。

七月二一日、ポータル参謀総長は、この問題の検討会を開いた。参加者には、サー・ワトソン・ワット、イングリス少将（空軍副参謀総長、情報担当）チャーウエル卿、ジョーンズ博士（英空軍情報部）、ダグラス中将が含まれていた。ジョーンズは「ウィンドウ」をすぐに使用すべきだと主張した。これは非常に単純な方法なので、ドイツ側がまだ思いついていない事はあり得ないと考えたからだ。ジョーンズには、ドイツ空軍はすでにチャフを実戦用に大量に備蓄していて、英国に対する大規模爆撃を再開する際に使用しようと考えている事さえあり得る、と発言した。チャーウエル卿は、ドイツ側はチャフをまだ思いついていないとして、使用に反対だった。彼は、戦闘機航空団が、「ウィンドウ」の試験を行っている事を秘密にしておく事は重要だ、とも発言した。また、噂が拡がるのを完全には防げないので、英空軍は金属箔でレーダーを妨害する事を試したが効果は無かった、とする偽情報を流す事も良いと提案した。イングリス少将はそのために必要な措置をするように指示された。

ポータル空軍参謀総長は、会議の結果をまとめた議事録を、七月三〇日に配布した。議事録では、ポータル参謀総長は、試験の結果から考えると、ドイツ空軍が先にチャフを使用しない限り、英国側がチャフによるレーダー妨害に対して、ある程度の効果がある対策を見つけるまでは、「ウィンドウ」を使用しない事が望ましいと結論していた。参謀総長はまた、戦闘機航空団の司令官のダグラス中将に対して、レーダーに頼らない夜間防空の方法を開発する事を指示していた。それに加えて、レーダーによる対空警戒網を補完するために、より高性能の聴音機を研究する事も指示した。そして、当面の間「ウィンドウ」を敵地域上空で使用してはならないと命令した。この命令については、三か月後の一一月に再検討するとされた。

一一月の検討会議の少し前、ジョーンズのところに、ドイツが「ウィンドウ」らしき物を持っているかもしれない、との情報がもたらされた。オランダ人の協力者が旅行で列車に乗っていた際に、二人のドイツ空軍補助部隊の女性兵士が話しているのが聞こえた。一人の女性兵士が、「夜間戦闘機の管制所で働いているが、そこには暗闇の中でも飛行機の金属部分を『見る』事のできる探知装置（つまりレーダー）がある。ある時、ドイツ西部のラインラント地方の上空で、英空軍の爆撃機が『アルミニウムの粉』を落とす事で、ドイツ軍のその『探知装置』をだました事があった」と話したのが聞こえた、とジョーンズに報告してきた。ジョーンズは、この話はオランダ人協力者の作り話ではないと考えた。各地の協力者はこれまでも、捏造した情報をわざわざ報告してきた事はない。また、ドイツ軍の情報部門も、英国側に「ウィンドウ」の原理を教える事で、何かを得ようとしているとも思えない。ジョーンズは、ドイツ空軍がチャフに類似したレーダーの妨害方法を試験した事を、ドイツ軍の女性兵士は自分なりに表現したのだろうと考えた。

ジョーンズは「ウィンドウ」に関するトップレベルの会議の前日の一一月三日の夕方に、この情報について相談するためにチャーウエル卿を訪問した。チャーウエル卿が、爆撃機航空団の「ウィンドウ」使用に反対するのは、ドイツ空軍がまだこの妨害方法を考え付いていない事が一番の理由だった。この情報によれば、ドイツはこの妨害手段をすでに知っているように思える。ジョーンズは、彼の恩師であるチャーウエル卿を、翌日の会議で苦しい立場に立たそうとは思っていないと話した。チャーウエル卿は意見を変えるだろうか？　チャーウエル卿は変えるつもりはなかった。彼は、ドイツの列車内で誰かが何かを話したのが聞こえたので、空軍参謀本部がその方針を変更するのは馬鹿げていると言った。ジョーンズはそれ以上は言えなかった。ジョーンズが帰ろうとすると、チャーウエル卿は彼に、「もし君が会議に出て、『ウィンドウ』の使用を主張するなら、僕とティザードは一緒になって反対するよ」と宣言した。ジョーンズはチャーウエル卿とサー・ヘンリー・チザードは不仲であり、互いに不信感を持っている事は分かっていたので、「そうですね、お二人がそろって反対されるのでしたら、きっと私の意見には何か特別な意味があるのでしょうね」と皮肉交じりに反論せずにはいられなかった。二人は大笑いして別れた。

翌日のポータル空軍参謀総長が招集した会議で、中佐に昇任していたデレク・ジャクソンは、ドイツ軍のレーダーを妨害するための「ウィンドウ」の使用方法を詳しく説明した。彼は英国側のレーダーについて、「ウィンドウ」の影響を減らす方法についても説明した。また、ジャクソン中佐は英国の新型のレーダーに関しても以下のように報告した。「英国の夜間戦闘機用の最新型のレーダー、AI MarkⅨは目標自動追尾機能があるので、それを利用すれば飛行機と「ウィンドウの雲」を見分けるのが容易になると思われる。このレーダーの試作品は間もなく飛行試験が始まり、一九四三年の夏頃には実戦配備される予定である。また、米国製の夜間戦闘機用の新型レーダー、SCR-720型もある。このレーダーは「ウィンドウ」による妨害に強いレーダービーム操作方式と表示方式を採用している。そのレーダーが一台、間もなく英国に送られてくる予定である。また、地上から戦闘機を誘導するためのレーダー（GCIレーダー）の最新型で、五〇〇MHzの周波数の電波を使用するタイプ11レーダーもある。このレーダーには特別な妨害対策用の回路は組み込まれていないが、当面は予備として実戦に使用しないので、その存在をドイツ軍は知らない。そのため、必要な場合には短期的なら「ウィンドウ」対策に利用できるだろう。タイプ11レーダーはすでに六台が納入済みで、更にその改良型が四〇台製造中である。しかし、聴音機による航空機の探知能力の向上については、全く成果が上がっていない。」

ジョーンズは会議が始まるまで、ドイツに対する爆撃で「ウィンドウ」の使用が許可されると考えていた。しかし、会議で爆撃機航空団は、「ウィンドウ」使用に対する態度を突然変更した。予想外な事に、爆撃機航空団代表として会議に出席していたソーンドビー少将は、「ウィンドウ」の使用を主張しなかった。後に彼は、敵のレーダーに対抗する方法には、あまり多くの種類がないだろうと思っていたと話している。利用可能な対抗方法を全て使ってしまったら、その後は新しい対抗方法は無くなってしまう。どんな対抗方法であろうと、一種類の対抗方法だけでは、ドイツ軍に対して効果を上げ続ける事はできない。ソーンドビー少将は、まず一つの対抗方法を使用して、それをいろいろ試してから次の方法に移るべきだ、と主張した。「マンドレル」と「ティンセル」は間もなく使用が始まる事になっており、彼はドイツ軍がそれらに対する対応策を見つけるまで「ウィンドウ」の使用を待つべきだと考えたのだ。

会議の結論としては、今回も当分の間は「ウィンドウ」を使用しない事になった。戦闘機航空団は、ドイツ軍がチャフを使用した場合の対応方法の試験を進め、新型の夜間戦闘機用レーダーの「ウィンドウ」への対応力を評価する事になった。爆撃機航空団は、「ウィンドウ」の使用準備を進め、命令が下り次第、すぐに使用できるようにする事となった。ポータル空軍参謀総長は、今後の数ヵ月間の状況を確認してから、「ウィンドウ」の使用を再検討すると決定した。

一九四二年一二月、米国のＳＣＲ‐７２０型夜間戦闘機用レーダーが一台、英国に到着した。そのレーダーは、「ウィンドウ」妨害を受けている状態での探知能力を試験するため、ウェリントン爆撃機の機首に搭載された。その試験では、この新型のレーダーは、「ウィンドウ」妨害を受けている状態でも、優れた探知能力を持つ事が実証された。このレーダーの電波ビームの走査方式と目標表示方式がそれまでのレーダーとは異なっているため、レーダー員はチャフの雲と、それを散布した機体を見分ける事ができた。初期の「ウィンドウ」では、「ウィンドウ」の金属箔の束を機体から放出すると、それが空中に拡がって、機体と同程度の反射像を作り出すまでには約一〇秒間が必要だった。その間に、放出した機体は一㎞程度は進んでしまう。その「ウィンドウ」が拡がるまでの時間を利用して、飛行機と「ウィンドウ」の反射像を見分けるために、ＳＣＲ‐７２０型レーダーには二つの表示器が装備されていた。

左側の表示器（Bスコープ）では、敵機の距離と方位が平面図の形で表示され、「ウィンドウ」の雲の先端に敵機がいるのが分かる。Bスコープに複数の機体が表示されている場合でも、Bスコープ上の横の帯（マーカーライン）を目標にしたい機体に合わせると、隣の表示器（Cスコープ）に、その機体の、左右方法の角度と、上下方向の角度が表示される。Bスコープの距離ダイヤルを操作して、マーカー・ラインを目標の機体に重ね続ければ、レーダー手は「ウィンドウ」の雲に惑わされずに、目標の機体を追跡する事ができる。

米国のウェスタン・エレクトリック社製のこのレーダーを、英国はAI MarkXと名付けて、英空軍の夜間戦闘機用に大量に発注した。英国への納入は、一九四三年七月から始まる予定だった。

＊＊＊

この頃、ハーバード大学の構内に研究室があったRRLは、「ウィンドウ」の使用方法について大きな研究成果を上げた。それまで英国では、「ウィンドウ」の効果については実験的な研究しか行われていなかった。ターマン博士の要請により、アンテナ工学の専門家であるL・J・チュー博士は、ダイポール形アンテナに相当する物体が落下していく際の電気的な挙動について、理論的な検討を行なった。その頃、RRLに入ったばかりの、著名な天文学者のフレッド・ホイップルは、チュー博士の報告書を読んで、非常に重要な内容が書かれている事に気付いた。そこには、投下する金属箔の重量が同じなら、細い形状にして数を多くした方が、幅を広くして数を少なくした場合より、ずっと効果が大きい事が示されていたのだ。

その当時、米国では細長く切った金属箔を空中に散布した時の、レーダーに対する影響を調べる試験の実施が、秘密保持を理由に禁止されていた。そのためターマン博士は、チャフを飛行機から散布した時の、レーダーへの影響を調査する試験を行なえなかった。そこでターマン博士は、米国側の検討結果を英国のコックバーン博士に送った。コックバーン博士は直ちに、ダイポールアンテナの役割をする、薄い金属箔を細長く切った物体の効果を、英国内で飛行試験を行って調査するよう手配した。その試験で、ホイップルの気付いた内容が正しい事が確認されたので、英空軍は「ヴュルツブルク」レーダーの使用電波の波長の半分の長さの、細い金属箔を大量に発注した。その細長い金属箔は、以前からの在庫分と合わせて、必要になれば直ちに使用できるよう保管された

＊＊＊

英国と米国で「ウィンドウ」の使用開始について延々と議論されていたのとは対照的に、ドイツではその議論は無かった。レーダーに探知される事への対策の研究は、初期の頃は英、米、独の三国で同じように行われていたが、その対策の実行についての決定は全く異なっていた。一九四二年に、ドイツ空軍はバルト海上空で細長い金属箔を多数投下して、各種のレーダーに与える効果を調査した。その試験では、投下された細長い金属箔は「デュッペル(Düppel：ダイポール)」と呼ばれ、ドイツ側の関係者は英国側と同じく、この妨害方法は対空警戒レーダーによる飛行機の探知、追尾を妨害できる可能性が高いと思った。

ドイツ空軍の通信部隊司令官のウォルフガング・マルティィニ中将は、この試験結果をゲーリング空軍総司令官に報告した際に、英空軍の機体がドイツを爆撃に来た時に、この細長い金属箔を大量に投下すると、ドイツ空軍の防空部隊は大きな影響を受ける可能性を強調した。ゲーリング国家元帥はその報告に驚くと共に、恐怖を感じた。彼はマルティィニ中将に、試験の報告書のコピーを全て廃棄するよう命令すると共に、この試験について一切の情報が外部に漏れないように、万全の対策を取るように命じた。チャフに関する試験は、それに対するレーダー側の対策の試験も含めて、直ちに全面的に中止する事になった。ゲーリング国家元帥は決断し、命令を下した。彼に関する限り、それでチャフの件は終わった。後に、マルティィニ中将は次のように言っている。

試験をした事が露見するといけないので、試験を行なう事ができなかった。チャフへの対策の研究を行う事は非常に難しい状況だった。もし我々が投下した金属箔が風に流されて陸地に落ちると、誰かがそれを拾って、ドイ

ツ軍機が落とした事を知り、その話が周囲に広まると、「デュッペル」の存在だけでなく、我々が試験をした事も分ってしまうだろう。

ドイツは何としても英国側にこのチャフと言う単純な妨害方法を知られてはならないと考えた。

こうして、チャフの使用について、英国は使用する準備をしておくが、ドイツは全く無視し続けるという正反対の姿勢で一九四三年を迎えた。以後の章では、この英独それぞれの決定が、どのような結果をもたらしたかを見る事にする。

第8章　激しさを増す電子戦

「私は英米が進歩を遂げているとは思っていたが、率直に言って、これほどとは予測していなかった。我々は遅れを取っているが、まだ追随できる段階である事を望むばかりだ！」

ゲーリング国家元帥の一九四三年五月の演説より

一九四二年一二月から「フライヤ」対空警戒レーダーに対する電波妨害が始まったが、ドイツ空軍の専門家達は、レーダーに対する電波妨害はもっと激しくなる事を予期しておくべきだった。英空軍が「フライヤ」レーダーの妨害を始めた頃は、ドイツ側は「ヴュルツブルク」レーダーが妨害されない事にほっとしていた。しかし、その状態がいつまでも続くとドイツ空軍が信じたのは、理解に苦しむ。ドイツ空軍は、「ヴュルツブルク」レーダーが奇襲作戦により英国に奪い取られた事の重大性は、もちろん認識していた。また、ドイツ空軍自身も、薄くて細長い金属箔を、レーダーの捜索ビームに対して散布すると言う単純な方法で、「ヴュルツブルク」レーダーを無力化する方法を考案し、試験も行なっていた。

しかし、ゲーリング国家元帥の、チャフについて更なる検討や研究を行う事を禁止する命令が出た事で、この時期

ドイツ空軍のエアハルト・ミルヒ元帥。元帥は、連合国軍がチャフなどの電子妨害手段を投入してきた際には、対抗策の検討会議を頻繁に行っていた。

の高級幹部の会合では、この件について現実から目をそむける姿勢が支配的だった。ドイツ空軍の夜間戦闘機の地上管制官の会議で、「ヴュルツブルク」レーダーに対する電波妨害の可能性が提起された時には、中将に昇任していたヨーゼフ・カムフーバーは、出席者に向かって、「自分がヴェールノイヘンの研究施設から受け取った報告書では、そのような電波妨害は不可能だとなっていた」と発言した。カムフーバーは戦後、この発言内容は真実ではなかったと、個人的には認めた。しかし、彼はチャフによるレーダーへの電波妨害に関するゲーリングの命令に従わねばならなかったのだ。

一九四三年一月五日にベルリンで開かれた会議で、航空機総監のミルヒ元帥は、英空軍はドイツのレーダーに対して電波妨害をしているが、ドイツ空軍も英国のレーダーを妨害する方法を開発しないのか、と質問した。ドイツ空軍の西部地域情報活動司令官のディートリッヒ・シュヴェンケ大佐は、ミルヒ元帥に「それは基本的には可能です」と答えた。しかし、その発言に対して、ミルヒ元帥の部下で、夜間戦闘機担当のフォン・ロスベルク大佐は、ゲーリング国家元帥の厳格な命令を引用して、シュヴェンケ大佐の発言を遮った。

皆さまに申し上げますが、この件についてはゲーリング国家元帥がマルティニ中将と協議されました。その結果、元帥は現時点では敵のレーダーに対する電波妨害の試みは、全て中止するよう命じられました。その理由は、我々のレーダー・システム全体に対して、非常に単純な電波妨害の方法が存在し、それに対する対応策が我々にはないからであります。

ドイツ空軍戦闘機総監のアドルフ・ガーランド少将（一九四四年一一月に中将）は、もし英空軍の機体が全て電波妨害装置を搭載するなら、自分としては、ドイツ軍の戦闘機にその妨害電波の来る方向を表示する受信機を搭載させて、妨害電波を出している機体に向かって突撃させるだけだと発言した。彼はそれに続けて、電波妨害装置を搭載した機体が問題なのは、一機だけでも防空レーダーの探知を邪魔できるので、その機体を撃墜するまでの間に、他の機体が防空ラインを突破してしまう事だ、と述べた。

英国も米国もまだ「ヴュルツブルク」レーダーへの妨害を始めていないが、シュヴェンケ大佐はそれを不思議に思っていて、会議では「『ヴュルツブルク』レーダーに比べると、『フライヤ』レーダーの数がずっと少ない事を考えると、これには意味がありそうだ。英国側は『フライヤ』レーダーと『ヴュルツブルク』レーダーの関係を知っているに違いないのに」と指摘した。会議のまとめとして、ミルヒ元帥は、レーダー妨害をドイツ空軍を実行する事の可否と、英空軍のレーダー妨害への対応方法について結論を出す必要があるとして、「ドイツ空軍の中でも意見が一致しないなら、我々は防空システムを来年以降、うまく運用できるわけがない」とのきびしい言葉で締めくくった。

会議の二日後、ドイツ空軍が英空軍の爆撃に対応できなくなりつつある事を示す事態が発生した。一月七日、爆撃で悩まされているルール工業地帯で、ドイツ軍の防空部隊と、エッセン市にある軍需産業のクルップ社の幹部との会議が開かれた。会議の二週間前から何度も、単機で侵入してきた英空軍のモスキート爆撃機が、エッセン市上空を真北から真南に突っ切って行ったが、その際に、気象条件が悪くても高い精度で爆弾を投下した。英空軍は何らかの種類の赤外線探知装置を使用しているのだろうか？　それとも、英国の工作員が無線標識を現地に設置し、それを利用して爆弾を投下したのだろうか？　爆撃の照準方法がどうであれ、クルップ社の作業員達は、このような不意打ちの爆撃（工場の操業の停止と従業員の避難を必要以上に行わないように、空襲警報は単機の侵入に対しては出さない事になっていた）に対して「神経質」になっていた。それまでの調査の結果、英空軍が新しい方式の電波航法装置を使用している可能性が高い事が分かった。こうした精密爆撃は、英国の海岸線から四〇〇km以内の範囲でしか行われていない事が注目された。ドイツの電子技術の専門家は、高度九〇〇〇mを飛行するモスキート爆撃機は、英国に設置された送信機から四〇〇km以内であれば、その電波を受信可能であると、ドイツ軍に説明した。

事実、英空軍は「オーボエ」航法装置を用いた爆撃を、一九四二年一二月二〇日の夜の、オランダの発電所に対する六機のモスキート爆撃機による爆撃から始めていた。その翌週から、「オーボエ」を装備したモスキート爆撃機は、「オーボエ」を用いた爆撃の精度を確認するために、毎晩、一機または二機で、指定された目標地点に対する爆撃を繰り返した。

＊＊＊

一九四三年初めの時点において、英空軍は爆撃機を爆撃目標へ誘導する方法を、これまでより優れた新しい方法に変更したのではないか、とドイツ空軍総司令部が感じた理由は「オーボエ」だけではない。一月半ばには、第三五飛行中隊のハリファックス爆撃機が一〇機、第七飛行中隊のスターリング爆撃機が七機、H_2S地上マッピングレーダーの搭載作業を完了していた。どちらの飛行中隊も英空軍の爆撃先導機部隊に所属していた。この新型のレーダーは、ハンブルクに対する一月三〇日から三一日にかけての大規模な夜間爆撃で、大部隊による爆撃としては初めて使用された。

この直後、ドイツ空軍の上層部は、英空軍が新しい装置を導入した事により、状況が不利になった事を認識するに至った。二月二日から三日にかけてのケルンに対する、H_2Sレーダーを用いた二度目の爆撃で、ドイツ空軍の夜間戦闘機は、オランダのロッテルダム付近で第七飛行中隊のスターリング機を撃墜した。翌日、ドイツ軍の技術者がいつもの様に爆撃機の残骸の調査を始めると、見たこともない新しい装置を発見した。秘密になっていたH_2Sレーダーの存在を、ドイツ軍は知ったのだ。九日後のベルリンにおける上級士官による会議で、シュヴェンケ大佐は、英空軍の新しいレーダーの機器を発見し調査した結果、英国はドイツ側が可能とは考えていなかった極めて高い周波数の電波を使用するレーダーを開発し実戦に使用している事が判明したと、次のように報告をした。

ロッテルダム付近で撃墜したスターリング機で、新しいレーダーを発見いたしました。そのレーダーはセンチメートル波帯の電波を用いており、後部胴体下面に装備されていました。まだその使用目的などの詳細は判明しておりませんが、非常に高価な装置と思われます。これはデシメートル（つまり一〇センチメートル）波の電波を使用する初めてのレーダーであります。これまで英国がこの周波数帯域で大きな技術的進歩を達成したとの情報はありませんでした……このレーダーは六個か八個の機器で構成されていると思われますが、その内の二個は発見できておりません。

ミルヒ元帥は、その二個の機器は墜落により失われたのかと質問した。シュヴェンケ大佐は答えた。

爆撃機の機器の残骸の八〇％は調査可能でした。発見できなかった二個の機器（一つはレーダー表示器）は、他の機器と同じ場所には無く、恐らく前方の操縦室に取り付けられていたと思われます。今の所、ローレンツ社などの専門家は、これは夜間戦闘機の接近を報せる装置と推測していますが、それにしては複雑で大規模過ぎるように思われます。従って、この装置は夜間戦闘機を捜索する、あるいはその接近を警告する装置であり、航法と爆撃目標発見用にも使用される装置と思われます。

爆撃機を撃墜した夜間戦闘機の搭乗員は、その爆撃機に通常の機体と違った点は感じなかった。スターリング機の搭乗員の内、二名は捕虜になったが、「……二人とも頑として何も話そうとしない。この事から、この機体には何か特別な点が有る疑いが強い」との捕虜尋問官からの報告があった。また、調査の結果では、この装置は量産に入っているらしい事も分かった。

回収されたレーダーを、ドイツ空軍は「ロッテルダム装置」と呼ぶ事にして、詳細な調査のためベルリンのテレフンケン社に送った。二月二二日、マルティニ中将は対抗手段を検討する事を目的として、「ロッテルダム委員会」を設置した。設置されたその日に第一回の会合が、ハンス・プレンドル博士などの産業側の専門家と、軍の関係者が参加して、テレフンケン社の工場で開かれた。英国がセンチメートル波レーダーの技術で大きな進歩を遂げた事が分かったので、会議の雰囲気は重苦しかった。会議でプレンドル博士は、ドイツではセンチメートル波レーダーについて、基本的な研究さえまだ初期段階に過ぎないと報告した。それに続いて、自分の立場を弁護するために、「……ドイツの研究者達は、これまで何度も繰り返し、この種の研究の重要性は指摘してきました」と付け加えた。

そうした状況だったので、入手した新型レーダーを詳しく調べるのに、数週間の期間を要した事は不思議ではない。テレフンケン社は、入手したレーダーを基にした新型レーダーの開発と、その試作型を六セットを製造する事を提案した。それと並んで、H_2Sレーダーの電波を探知する二種類の装置の製作についても話し合われた。その装置の一つは「ナクソスZ」と名付けられた、センチメートル波の電波の受信器で、もう一つは、「コルフ」と名付けられた、受信に加えて電波がやってくる方向も指示する装置だった。

一九四三年三月一日、ロッテルダムで撃墜した機体から回収した貴重なH_2Sレーダーの構成品は、ベルリンが激しい爆撃を受け、テレフンケン社の工場が大きな被害を受けた際に、破壊されてしまった。しかし、同じ日の夜、第三五飛行中隊のハリファックス機をオランダ上空で撃墜し、搭載していたH_2Sレーダーの機器をドイツ軍は入手した。しかし、今回もレーダー画像の表示器は回収できなかった。三週間後に開かれた「ロッテルダム委員会」の会合には、関係者約三〇名が参加したが、ドイツ空軍の担当者から、英空軍の捕虜が尋問に対して、H_2Sは爆撃先導機が、目標指示用の照明弾を正確に投下するための航法機器である、と答えた事が報告された。

三月二二日、シュヴェンケ大佐はミルヒ元帥に報告した。

当方が入手した機器には、ブラウン管を使用しているレーダー画像表示器が含まれておりません。しかし、捕虜の尋問の結果、この装置は飛行中に地表面をブラウン管に表示する事で、爆撃目標地点を見つけるのに使用されている事が判明いたしました。地表面の状況によりレーダー波の反射の強さが違うので、機体の下方の地表面の様子は画面上に表示される明るさの違いにより知る事が可能であります。建築物や森林は明るく、水面、畑などの起伏のない部分は暗く表示されます。

レーダーの画面にこのように表示される事は、重要な工業施設の外表面を偽装したり、関係ない場所で火災を起こして目標を偽装するような通常の偽装方法では、このレーダーをごまかせない事を意味している。シュヴェンケ大佐は例えば、地表面に金網を張るなどして、「ロッテルダム装置用」の偽のレーダー目標を作る事で、レーダーをだませないか、検討する事を提案した。

その間、テレフンケン社の技術者はベルリン市内の巨大な高射砲塔の中で、回収したH_2Sレーダーの機器の修理を行なっていた。爆撃を受けても安全な高射砲塔の中で、H_2Sレーダーの調査が進められた。回収できなかった表示器は、ドイツ製の部品を使用して、応急的な表示器が製作された。英国が奪い取った「ヴュルツブルク」レーダーをファーンボローの研究所で初めて作動させるのに成功した時には英国の技術者達は大喜びしたが、H_2Sレーダーが作動可能になり、高射砲塔の周辺の地形をレーダーの表示画像で見分ける事が出来た時には、ドイツ人技術者達も同じように大喜びした。

H_2Sレーダーの技術的内容は、ドイツの電子技術者達に衝撃を与えた。マグネトロンはそれまでは不可能と思われてきた、高い周波で強力な電波を発生する事ができるし、PPI表示方式の表示器[訳注1]や、極めて幅の狭いパルスを発生させる特殊な回路などに、ドイツの技術者は強い印象を受けた。今回はゲーリング国家元帥さえ圧倒された。「ロッテルダム装置」についての最初の報告書を読んだ後に、彼は次にように述べている。

この分野において、英国と米国は我々よりずっと進歩している事を率直に認めざるを得ない。英米が進歩を遂げているとは思っていたが、率直に言って、これほどとは予測していなかった。我々は遅れを取っているが、まだ追随できる段階である事を望むばかりだ！

＊＊＊

モスキート機がルール工業地帯の目標地点をなぜ高い精度で爆撃できたのか、その理由はドイツ空軍にとって謎だった。H^2Sレーダーは大型すぎてモスキート機には搭載できないので、英空軍は別の爆撃地点誘導用のシステムを使用している考えられるが、それはどのようなシステムなのか分かっていなかった。英空軍は一九四三年三月五日から六日にかけて、爆撃先導機が「オーボエ」航法装置を使用して目標地点を正確に指示する方式を用いた大規模爆撃を初めて行った。この時の目標はエッセンにあるクルップ社の工場だった。それまでの爆撃では、クルップ社の工場は見つけるのが特に難しかった。工場のある地域はほとんどの場合、工業地帯特有の濃いスモッグで覆われていたからだ。その日の夜もやはりスモッグに覆われていた。しかし、「オーボエ」を装備したモスキート機は、目標地点指示用の赤色標識弾を目標地点へ向けて正確に投下した。それに続いて、三分後に二機目、七分後には三機目と、「オーボエ」を装備したモスキート機が次々と、三三分間にわたり爆撃目標地点指示用の赤色標識弾を投下した。それに続いて、二二機の重爆撃機による爆撃先導隊が、「オーボエ」を使用したモスキート機の部隊が指示した爆撃目標地点を目がけて緑色標識弾を投下した。爆撃部隊の本隊の搭乗員は、赤色標識弾は、「新しい非常に精度の高い」方法を用いて目標の位置に投下されると説明されていた。本隊は可能ならば赤色標識弾の位置を爆撃し、それが出来ない場合は、緑色標識弾の位置を爆撃する事になっていた。本隊の爆撃では、クルップ工場を視認できない場合は、標識弾を目標にして爆弾を投下する事になっていた。この爆撃は大成功で、クルップ社の兵器製造工場は大きな被害を受けた。

　この英空軍の爆撃先導機方式は、一九四〇年から一九四一年の英国本土爆撃における、ドイツ空軍の第一〇〇爆撃飛行大隊の用いた爆撃先導機方法より大幅に優れていた。英空軍の爆撃先導機は、目標地点の標識用として、特別な爆弾を搭載していた。この爆弾の爆発時の色は、爆撃先導機の航法装置によって、目標指示弾を投下する際の精度が異なるので、それぞれの精度により違った色にしてある。更に、英空軍は爆撃を続けている間も、目標を正確に指示し続けるために、ドイツ空軍の第一〇〇爆撃飛行大隊の三倍の機数の爆撃先導機で、目標位置の表示を続けた。

エッセンに対して「オーボエ」を用いた二度目の爆撃が行われた数日後、マルティニ中将はヒトラーの司令部に呼びだされた。司令部では、英空軍の新しい爆撃方式に関する検討会が行われた。ヒトラー総統は、「クルップ社の工場は、夜間で上空が雲で覆われていたのに、正確な爆撃を受けた。英国が新しい無線航法援助施設を用いているからだとする意見もあるが、その可能性はあるだろうか？」とマルティニ中将に質問した。マルティニ中将は、その可能性はあると答えた。ゲーリング国家元帥は厄介な事になりそうだと感じて、「そうです総統。しかし、我々も同様なシステムを持っております」、と横から口を出した。ヒトラー総統はもっと詳しい説明を求め、マルティニ中将はγ装置の概要を説明した。それを聞いてヒトラー総統は、「それでは、君たちはそのシステムを使用して、ライプツィヒから出撃して、ミュンヘン中央駅に爆弾を命中させる事ができるかね？」と質問した。マルティニ中将はすぐに、「ミュンヘンはライプツィヒから約四〇〇㎞の距離だと考えます。その距離で、駅の区域の大きさが長さ一〇〇〇ｍ、幅三〇〇ｍといたしますと、爆弾の何発かはその区域内に命中すると確信いたしております」と答えた。ヒトラー総統は「うまく命中する事を願うよ」と言って、ドイツ国内で、実戦を模した条件で、γ装置がマルティニ中将が答えたように機能するかを確認する試験を行なうよう命じた。

まもなくγ装置の実証試験が行われた。爆撃目標地点には、プレンドル博士の表現としては「実戦を想定して」として、バイロイト市の近郊の、人が住んでいない区域が選ばれた。目標地点までの距離は誘導電波の送信局から三六〇㎞だったが、投下した爆弾の内、約半数が目標地点から八一〇ｍ（九〇〇ヤード）以内に着弾した。送信局からの距離を考えると、これは非常に高い精度だが、「オーボエ」を使用した英空軍の爆撃精度より低い。マルティニ中将は、試験条件が厳しくなり過ぎないように配慮した。英国を爆撃した際に、英国側の電波妨害により、予定していた精度で爆撃が行えなかったので、試験では電波妨害を行なわなかったのだ。この試験の結果、英空軍はルール地方への爆撃で、新しい未知の無線航法装置を使用している可能性が高いと考えられた。しかし、そのような機器は、撃墜した機体からまだ発見されていなかった。これは不思議な事ではなかった。モスキート機は高性能な機体なので、夜間戦闘で撃墜される事はほとんどなかった。さらに、「オーボエ」は「ジー」と同じく、強力な自爆装置を組み込んでいた。

フランスの北部海岸にあるドイツの電波監視所は、その用途は不明だが、一九四二年秋には「オーボエ」の特徴的な電波信号を受信していた。監視所は、その電波信号は夜間に送信されていて、ドーバー海峡におけるドイツの哨戒艇の活動に関連しているように感じていた。しかし、ドイツ海軍の電波監視所も同じ信号を受信していて、ドイツ海軍の活動とは関連が無い事を知っていた。海軍側のその情報はドイツ空軍に伝えられなかったが、それはどこの国でもありがちな事だろう。

この章の後半でもっと詳しく記述するが、五月二九日から三〇日にかけての、ルール工業地帯のヴッパータール市バルメン地区への爆撃の際、ドイツ軍の防空部隊は、英空軍の爆撃部隊の本隊が来襲する三分前に、一機のモスキート機が目標地点上空を高い高度で通過するのを追尾していた。モスキート機は目標地点の上空の高い高度から、目標に向けて正確に標識弾を投下したが、そのような精密な航法を可能にしている英空軍の航法用の電波信号の存在に、ドイツ軍は全く気付いていなかった。ドイツ郵便の無線の専門家のショルツ博士が、ドイツ海軍の電波監視所が受信していた信号と、ケルンへの大規模爆撃の際のモスキート機の目標表示弾の投下との関係に気付いたのは、二ヵ月後だった。その二か月の間にも、「オーボエ」を利用した爆撃は、ルール地方に大きな被害をもたらした。一九四三年前半の六か月間で、「オーボエ」を搭載したモスキート機は、戦闘行動中に二機が失われただけだった。撃墜された機体に搭載されていた「オーボエ」装置の残骸は、ドイツ軍の手には渡らなかった。

＊＊＊

なぜ英空軍はまだ「ヴュルツブルク」レーダーの妨害をしないのだろう？　一九四三年三月の第三週の週末、ベルリンの情報部で、それを不審に感じていた将校が、この疑問を再び提起した。入手した英軍の資料では、部隊に対して「ヴュルツブルク」レーダーの分解方法が説明されているが、その中にはブルネヴァルで入手した「ヴュルツブルク」レーダーの機器の詳細な内容も含まれている。英国側が「ヴュルツブルク」レーダーを詳しく知っている事は明らかだし、「フライヤ」レーダーについても良く知っているはずだ。シュヴェンケ大佐はミルヒ元帥に「『ヴュルツブルク』がまだ妨害を受けていない事は、不思議であります」と話した。

この疑問がこの時点で持ち出されたのは、英国機の残骸から新しい二つの装置が発見されたからだ。シュヴェンケ大佐は、ミルヒ元帥に説明した：

三月二日、オランダのトゥエンテで撃墜された英空軍の機体の尾部に、一本の指向性アンテナが取り付けられているのが発見されました。関連する機器は見つかっていません。このアンテナは、夜間戦闘機を能動的に検出する警報装置の一部ではないかとと推定されました。三月十二日に、ミュンスター付近で撃墜されたハリファックス爆撃機で、取付部の一部が付いたままのアンテナが一本発見されました。取付部についていたラベルには、「受信用」、「送信用」と表示されていました……それにより、このアンテナは戦闘機を能動的に探知する警報装置の一部で、後方に向けてレーダー波を送信し、敵機から反射された電波を受信して、敵機の存在を知る警報装置であると推定されました。

シュヴェンケ大佐が話したのは、英空軍の爆撃機航空団の新しい警報装置である「モニカ」後方警戒レーダーの事だ。大佐はそれに続いて、二台目のH^2Sレーダーを入手したのと同じ夜に、ドイツ軍が入手した「ブーザー」レーダー警報装置について報告した。

三月一日の夜、ベルリン上空でランカスター爆撃機が撃墜され、墜落する機体から一台の無線受信機が落下しました。その受信機は民家の裏庭に落ちました。その家の住人は、それが航空機の機器だとは思いましたが、それがドイツ空軍に届けられたのは三月一二日でした。その受信機は、「リヒテンシュタイン」や「ヴュルツブルク」が使用する電波の周波数域を含む、広い範囲の周波数の電波を受信できる受信機だと思われます。

テレフンケン社の専門家がその受信機を調査し、英空軍の捕虜にも尋問した。捕虜は、その装置はドイツ軍のレーダーからのレーダー波を受信すると、レーダーの種類に応じて、色の違う表示灯が点灯すると供述した。

こうした情報に基づき、英空軍がドイツのレーダーを良く知っていて、英空軍の爆撃機を守る装置を開発した事が分かった事は、ドイツ側にとってはとても有益だった。シュヴェンケ大佐が感じたのは、上の階の床を踏みつける長靴の音を聞いている時の気持ちに似ていた。最初の音に続いて、すぐにまた長靴を踏みつける大きな音がするのを予期しなければならないのだ。彼は、「英国がまだ『フライヤ』だけを妨害していて、『ヴュルツブルク』と『リヒテンシュタイン』を妨害しないのは、我々にとってまだ謎のままだ」と周囲に話している。

＊＊＊

シュヴェンケ大佐は謎が解けるのを長く待つ必要はなかった。一九四三年四月二日、ポータル英空軍参謀総長は、五か月前の会議での予告に従い、「ウィンドウ」の使用についての会議を開いた。前回の会議の時から、戦争の情勢は大きく変化していた。スターリングラードにおけるドイツ陸軍の壊滅的敗北により、ドイツ空軍の爆撃機部隊が東部戦線から西部戦線に移動して、再び英国へ大規模な爆撃を行う可能性はほとんどなくなった。それに加えて、米国の新しいＳＣＲ‐７２０型夜間戦闘機用レーダー、英空軍の名称ではＡＩ　ＭａｒｋⅩレーダーが、間もなく実戦に投入されようとしていた。このレーダーは、「ウィンドウ」による妨害の影響が比較的小さい事が、試験で確認されていた。また、地上から夜間戦闘機を誘導するためのレーダーでは、新型のタイプ11レーダーも、かなりの台数が完成していた。ジャクソン中佐は、レーダーに「重爆撃機相当」の反射像を生じさせるのに必要な重量が九〇〇グラム（二ポンド）以下ですむ、スズ箔を用いた「ウィンドウ」の開発に成功した。それにより、爆撃機は目標付近だけでなく、敵地上空では継続的に「ウィンドウ」を撒き続ける事が可能になった。爆撃機航空団のアーサー・ハリス司令官は次のように話している。

> 「ウィンドウ」による妨害を行う事により、ドイツを爆撃する際の当方の損失機数を、これまでより三分の一減らせる可能性が大きい。爆撃機航空団としては、「ウィンドウ」を使用しても、失うものは無く、得るものの方がずっと多いと考える。

この意見は会議で支配的となり、ポータル空軍参謀総長は、参謀長委員会[訳注2]に「ウィンドウ」の使用を許可する事を勧告した。参謀長会議に対する彼の報告書で、ポータル空軍参謀総長は、「ウィンドウ」によるレーダーへの妨害により、爆撃機の損失は三五％減少するであろうし、敵が妨害に対処する方法を開発するまでに、少なくとも六ヵ月は必要であろうと述べている。こうした推定を基にして、彼は「ウィンドウ」を一九四二年に使用していれば、三一六機の爆撃機とその搭乗員が助かったであろうと推算している。しかし、この数字は、「ウィンドウ」を実戦に投入しても、ドイツ軍が半年間は有効な対策を実施できない事を前提としている。それがどんなに非現実的な前提だったかは、一九四三年から一九四四年にかけての冬季における爆撃機航空団の大きな損失により、思い知らされる事になる。

ポータル元帥は、八月までには新しい機上搭載レーダーのＡＩ　ＭａｒｋＸを装備したモスキート夜間戦闘機が五〇機使用できるようになるし、年末までにはタイプ11戦闘機地上管制レーダーが一八台使用可能になる予定だったので、ドイツ空軍が爆撃に来る際にチャフを使用する事に不安を持っていなかった。それに加えて、ドイツ空軍が西部戦線に配備している爆撃機の機数は少ないので、英国本土に対して一晩に一五機から二〇機程度による爆撃しか継続できないと考えていた。ポータル元帥は次の様に結論している。

> 「ウィンドウ」の使用により、我々の爆撃の成功率は大きく向上する。その代償としては、敵の英国本土への夜間爆撃の成功率が、敵もチャフを使用する事で向上する可能性があるのと、英国本土外の戦線において、夜間のドイツ空軍機の攻撃に対する防空の困難さが増す可能性がある。しかし、現在の全般的な戦況はわが方が圧倒的な優位であり、我々は「ウィンドウ」を一九四三年五月一五日から使用すべきと考える。

ポータル空軍参謀総長は、必要とされる「ウィンドウ」の生産準備のために、参謀長会議に「ウィンドウ」の使用

「セレート」逆探装置

中央の縦線の右側の「肋骨」が左側の「肋骨」より長い事は、ドイツ空軍の夜間戦闘機が自分の機体より右側に居る事を示している。表示器は二つあり、上の図は敵機の位置が自機より右か左かを示す表示機の画面を示している。もう一つの表示器では、上の図を90度回転させた表示方式で、敵機が自分より上か下かを示す。その表示画面では、横向きの水平線の上下に表示される「肋骨」の長さで、敵機が自分の機体より上か下かが分かる。

を速やかに許可する事を要望した。しかし、この時点では「ウィンドウ」の実戦投入に対して、戦略的見地からの反対意見があった。連合国軍のシチリア島への進攻作戦は、七月に開始される予定だった。参謀長会議では、連合国軍の上陸作戦に対して、ドイツ空軍が反撃する際に「ウィンドウ」を使用すると、上陸作戦が成功しないかもしれないとの意見が出た。そのため、「ウィンドウ」によるレーダー妨害を開始するのは、シチリア島への上陸作戦で、橋頭堡を確保した後となった。

　数日後、ドイツ空軍の夜間戦闘機が、思いがけない形で英国にやってきた。五月九日、ドイツ空軍の搭乗員が英国に亡命するため、「リヒテンシュタイン」レーダーを装備したＪｕ88夜間戦闘機でアバディーンの飛行場に着陸したのだ。これで、六ヵ月前に英空軍第一四七三飛行小隊の電子偵察機が勇敢な電波偵察飛行を行って、ドイツ空軍の夜間戦闘機が「エミール・エミール」と呼んでいる装置を搭載している事を確認したが、その装置の実物が入手できた。

　亡命してきた機体はファーンボロー基地まで英空軍により空輸された後に、その機体を使用して英国の爆撃機を迎撃する試験が何回か行われた。「リヒテンシュタイン」レーダーは、英国のＡＩ　ＭａｒｋⅣレーダーの初期型とはほぼ同等の性能だが、最新のレーダーには大きく劣る事が分かった。重要な事だが、「リヒテンシュタイン」レーダーは、「ヴュルツブルク」レーダー妨害用の長さの「ウィンドウ」に大きく影響される事が試験で判明した。

「ウィンドウ」に加えて、英空軍はドイツ空軍の夜間戦闘機を撃退するために、別の手段も採用した。ドイツ空軍の夜間戦闘機から英空軍の爆撃機を守るために、英空軍も夜間戦闘機を使用する事は、以前から検討されていた。しかし、夜間で暗い上に、味方の爆撃機が周囲に多くいる状況で、敵の夜間戦闘機を発見して攻撃するのは難しかった。しかし、「リヒテンシュタイン」レーダーの現物を入手し、内容が詳しく分かったので、無線通信研究所（ＴＲＥ）は、ドイツ空軍のレーダーを搭載している夜間戦闘機を、英空軍の夜間戦闘機が発見し攻撃するための、敵のレーダー波がやってくる方向を表示する「セレート」と名付けられた受信機を開発する事ができた。

夜間戦闘機のエース・パイロット[訳注3]のＪ・Ｒ・ブラハム中佐が隊長である第一四一飛行中隊が、「セレート」を装備をする部隊に選ばれ、飛行中隊のボーファイター夜間戦闘機に「セレート」が取り付けられた。一九四三年七月に第一四一飛行中隊はドイツ空軍の防空圏内への出撃を開始し、数週間の間にドイツ空軍の夜間戦闘機二三機を撃墜したが、その内の九機はブラハム隊長が撃墜している。

＊　＊　＊

この一九四三年の春から夏にかけての時期は、ドイツ空軍による夜間防空では、夜間戦闘機を地上から精密誘導する方式による撃墜機数が、高射砲による撃墜機数より多かった。攻撃側と防御側がどのように戦ったかの例として、五月二九日から三〇日にかけての、英空軍が五五七機の爆撃機により行なった、ルール工業地帯のヴッパータール市バルメン地区に対する爆撃について詳しく見てみよう。

この爆撃作戦では、爆弾の投下はわずか五三分間の内に完了した。これは、目標地域上空で平均して一分間に一二機の割合で爆撃機が爆弾を投下した事になる。この爆撃機の集中度はこの頃としては高かったが、爆撃機は密集編隊ではなく、かなり間隔が広い集団で突入して爆弾を投下した事が注目される。この本の幅が一・六km（一マイル）に相当するとした場合、重爆撃機の大きさは、活字の「Ｔ」程度の大きさになる。この縮尺で爆撃機の集団を上から見たとすると、途切れなくやって来る爆撃機の集団の中央部の密集度が高い部分でも、このページに相当する広さの中に、爆撃機が一機か二機飛行している程度の密集度である。爆撃機は、一分間に五・六km（三・五マイル：時速三三六km／時）の速さで飛んでいるので、ドイツ空軍の防空区画を短時間に通過してしまい、大部分の機体は、敵戦闘機の迎撃や高射砲の射撃をほとんど受けない。

その夜、ドイツ空軍は迎撃のために、五〇機程度の夜間戦闘機を緊急出撃させた。大部分は第一夜間戦闘機航空団所属の機体だった。最初に敵機と交戦したのは、ベルギーのシント＝トロイデン基地の、第二飛行隊（Ⅱ／ＮＪＧ１）で、一三機のＢｆ１１０型機と、三機のＤｏ２１７型機が出撃していた。Ｂｆ１１０型機のパイロットの一人は、夜間戦闘機部隊で最近、戦果を挙げて注目されているハインツ・ヴォルフガング・シュナウファー少尉だった。シュナウファー少尉は以下のように戦闘状況を述べている：

五月二九日二三時五一分に、私は「ルルヒ（両生類）」地上管制局（リエージュ北方のカムフーバー・ラインの防空区画の一つの指令所の名前）の担当区域で迎撃をするために離陸した。上空で待機後、〇〇時三五分頃、高度三五〇〇ｍで侵入してきた敵機に向けて、地上管制局の誘導が開始された。敵機を自分の機体のＦｕＳＧ２０２レーダー（「リヒテンシュタイン」レーダー）で捕捉し、地上からの指示も受けながら接近し、〇〇時四五分に、敵の四発爆撃機を右上方二〇〇ｍの距離に発見した。爆撃機は急激な回避運動をしたが私は敵機を追尾し、後下方八〇メートルの距離から攻撃を加えた。私の機関砲弾が命中し、左翼から明るい炎が噴き出した。敵機は火災を起こし、旋回しながら急激に高度を下げ、〇〇時四八分に地面に激突して激しい爆発を起こした。墜落した位置は、ベルヴェンの南一・五km、オイペンの北西五kmの地点で、地図では識別番号六一三四の区域だった。

その夜、シュナウファー少尉と彼のレーダー手、バロ少尉の機体は更に二機を撃墜した。

カムフーバー・ライン方式は戦果を上げていたが、戦力の有効利用の観点からは、非効率的だった事に注意する必要がある。一九四三年五月の時点では、ドイツ空軍の夜間戦闘機部隊には、五つの戦闘航空団に約三八〇機の夜間戦闘機が配備されていた。しかし、五月二九日の夜は、迎撃に飛び立ったのは五〇機程度に過ぎなかった。つまり、保有戦力の七分の一以下しか出動させられなかった。しかも、その内で実際に敵機と交戦できたのは、敵爆撃機の進路上に位置した十数個のカムフーバー・ラインの防空区画を担当した機体だけだった。カムフーバー・ライン方式では、一防空区画につき一機の夜間戦闘機を割り当て、その機体だけを地上から誘導して迎撃させるので、戦闘に参加する機体が少ないのは当然だった。

ヴッパータール市バルメン地区に大きな損害を与えた爆撃では、英空軍の爆撃機航空団は三一機を失い、更に着陸時に二機を失った。帰還した搭乗員の報告により、英空軍の情報士官は、少なくとも二二機の爆撃機が敵の戦闘機により撃墜されたと結論した。これはその夜のドイツ空軍の戦闘報告とも一致する。従って、シュナウファー少尉と彼のレーダー手の機体だけで、ドイツ空軍の撃墜機数の七分の一を撃墜した事になる。この夜の戦闘では、有能な搭乗員が搭乗していれば、一機の戦闘機で大きな戦果を上げるのが可能な事が証明された。英空軍は爆撃機の損失の原因としては、夜間戦闘機以外では、七機は高射砲が原因で、残る四機は「原因不明」としている。

＊＊＊

ドイツ空軍の中でも、カムフーバー中将の防空システムは、戦力の利用効率が悪い上に、戦闘機の管制が厳格過ぎて、臨機応変な対応ができないと考える将校がいた。ハヨ・ヘルマン少佐は、実戦で活躍してきた爆撃機のパイロットで、当時、ポツダムにあるドイツ空軍の幹部学校に勤務していたが、単発戦闘機でも、敵の爆撃機を爆撃目標地域上空で発見し攻撃できるので、夜間防空に使用できると主張するのを始めた。爆撃目標地域の上空では、敵の爆撃機

ヘルマン・ゲーリング国家元帥が、「ヴィルデ・ザウ」戦法で戦う夜間戦闘機部隊を視察した際の、ハンス・ヨアヒム・ヘルマン（ハヨ・ヘルマンとも呼ばれる）少佐（写真中央）

はサーチライト、地上の火災、爆撃先導機の標識弾の光で視認できる事が多いので、単発戦闘機でも爆撃機を発見し攻撃できると考えたのだ。爆撃目標地域周辺の高射砲部隊が、高射砲弾の爆発高度[訳注4]の上限を決めてくれれば、地上から誘導されなくても、単発戦闘機は高射砲弾の爆発高度以上の高度なら、味方の高射砲により射撃される事を心配しないで敵の爆撃機を攻撃する事ができる、とヘルマン少佐は主張した。しかし、カムフーバー中将は、過去の経験から、夜間に戦闘機が味方の高射砲が防空を担当する区域の上空で戦闘を行う事には反対で、ヘルマン少佐の提案を却下した。

しかし、ヘルマン少佐は、提案を却下されてもあきらめなかった。指揮系統を飛び越えて、カムフーバー中将の上官のヴァイゼ大将に、自分の新しい戦闘方式の構想を提出し、単発戦闘機による迎撃を試験的に行う許可を求めた。ヴァイゼ大将がその提案を認めると、カムフーバー中将はその決定に従うしかなかった。

ヘルマン少佐は、夜間飛行の経験が豊かな爆撃機のパイロットから、十二名の志願者を集めた。少佐は昼間戦闘機の部隊から、単座のＢｆ１０９戦闘機とＦＷ１９０戦闘機を何機か提供してもらった。ヘルマン少佐と志願したパイロット達は、ルール工業地帯に近いメンヒェングラートバッハ基地に集合し、次の英空軍の夜間爆撃を待つことにした。ヘルマン少佐はその地域の高射砲部隊の司令官のヒンツェ将軍に依頼して、エッセンとデュイスブルク上空では、高射砲弾の爆発高度は六〇〇〇ｍ以下に制限する事にしてもらった。

次の英空軍の大規模夜間爆撃は、七月三日から四日にかけてのケルンに対する爆撃で、爆撃部隊はヒンツェ将軍の第四高射砲師団の守備範囲の外側から侵入してきた。その飛行コースが想定外だったために問題が起きる事に気付かず、ヘルマン少佐の戦闘機隊は、提供してもらった単発戦闘機で離陸し、爆撃機を追いかけながら攻撃を開始した。しかし、ケルンの高射砲部隊は、高射砲弾の爆発高度の制限をする指示を受けていなかったので、高射砲がドイツ空軍の戦闘機の高度まで射撃してきた。ヘルマン少佐達は戦闘を中止して離脱する事を余儀なくされた。しかし、離脱するまでに、彼の戦闘機隊はその夜に撃墜された三〇機の敵爆撃機のうち、一二機を撃墜したと報告している。

翌朝、ヘルマン少佐にヴァイゼ大将からの祝電が届けられた。そして、ヘルマン少佐がまだベッドに居る時に、ゲーリング国家元帥から直接、電話がかかってきた。ゲーリング元帥はヘルマン少佐に、ベルリン近郊にあるゲーリングの別荘のカリンホールへ来て、その夜の戦闘状況を報告するよう命じた。その晩、ヘルマン少佐は彼が考えた迎撃方式を、ゲーリング元帥に詳しく説明した。この迎撃方式では、迎撃を行う単座戦闘機は、敵爆撃機編隊の予測される飛行コースに近いドイツ軍の無線標識の上空に集合する。その位置で、戦闘機隊は目標の方向を指示され、その方向へ飛行して敵爆撃機を見つけて攻撃する。戦闘機は燃料がぎりぎりになるまで敵の爆撃機を追跡し攻撃した後、付近の飛行場に着陸する。この戦闘方式は、その内容にふさわしく「ヴィルデ・ザウ（野生のいのしし）」と名付けられた。ゲーリング元帥は非常に喜び、この戦闘方式を正式に採用する事にした。元帥はヘルマン少佐に、メッサーシュミットやフォッケ・ウルフの単発戦闘機九〇機で一つの航空団を編成し、この迎撃方式で戦うように命令した。

七月六日、ヘルマン少佐は、ベルリンでのドイツ空軍上層部の会議で、この新しい戦闘方式の概要を次の様に説明した：

私は次の点を特に強く申し上げたい。ルール地方では、平均的な気象条件の場合、来襲した敵の爆撃機編隊について、一つの高射砲師団はその担当空域において、平均して八〇機から一二〇機の敵爆撃機を、サーチライトで捕捉し二分間以上照らし続ける事が出来ると考えられます。私が部下に要求するのは、サーチライトの照射により、敵機を二分間以上視認し続ける事が出来る場合は、必ず撃墜する事です。もし英国が今後、平均的以上の気象条件で爆撃を行うのであれば、私に必要な人員と戦闘機を与えていただけば、英国は毎回、これまでより爆撃機を八〇機多く失う事になると申し上げます。

ミルヒ元帥は彼の意見に全面的に同意した。ミルヒ元帥は、英国の爆撃機がサーチライトに捕捉されるのを何度も見たきたが、そこにドイツの戦闘機が攻撃に来て欲しいとずっと思ってきた。今やその希望が叶えられそうなのだ。ミルヒ元帥はヘルマン少佐に、パイロットは十分に確保できたかと質問した。ヘルマン少佐は「十分におります！一二〇名のパイロットを確保いたしました！」、「では戦闘機は何機あるかね？」、「私の実験用の部隊には一五機があり、更に一五機の追加が決まったばかりであります」と答えた。ミルヒ元帥はヘルマン少佐が必要とする機数をすぐに与えるよう命令を出した。会議に出席していた参謀部のフォアヴァルト将軍は興奮して、「これでやっとまともに戦えるぞ！」と叫んだ。

ヘルマン少佐は、夜間戦闘における単座戦闘機と複座戦闘機の優劣を問題にする意図は無い事を強調した。彼は、敵の爆撃目標地域が分かり次第、次々と侵入してくる敵爆撃機に、動員できる全ての戦力で、大規模な攻撃を掛けたいと思っただけなのだ。ヘルマン少佐はゲーリング国家元帥に対して、彼の戦闘機航空団は三か月後の一〇月初めまでに、実戦に参加する準備を完了する事を約束した。実際には、それよりずっと早くから、実戦に投入された。

注目すべきは、ヘルマン少佐の戦闘方式では、対空警戒レーダー、無線標識、ＶＨＦ（超短波）無線機以外は、電子システムを利用しない事だ。その結果（当時のドイツでは誰も気づいていなかったが）、「ヴィルデ・ザウ」戦法は、英空軍が間もなく導入する「ウィンドウ」によるレーダー妨害に対抗するための、新しい戦闘方法になる可能性があった。

七月一六日に、ベルリンで空軍上層部の会議が開かれ、「ヴィルデ・ザウ」戦法が成功したので、さらに別の戦闘方法も考えられないかが検討された。夜間戦闘機の地上管制を専門としているギュントナー少佐は、開発中の新しい電子装置を紹介した。その電子装置は一九四一年に英国を爆撃した際に使用したγ装置に類似していて、その装置を用いて、次々と連続して侵入してくる英空軍の爆撃機の編隊に、夜間戦闘機を誘導して攻撃させる戦術を提案した。ギュントナー少佐は、この「Y装置（Yゲレート）」と呼ばれる新しい装置を、三〇機の夜間戦闘機に装備する事を要望した。「毎週、新たな都市が破壊されている。だから急ぐ必要がある」とギュントナー少佐は主張した。夜間戦闘機のエースのヴェルナー・シュトライプ少佐は、夜間戦闘機隊を爆撃目標からかなり手前の地点、例えばスヘルデ川河口付近で、敵の爆撃機部隊に誘導してくれて発見できれば、夜間戦闘機は侵入してきた敵の爆撃機を次から次へと攻撃して撃墜する事ができる、と断言した。ミルヒ元帥は、「つまり、こちらの戦闘機は敵を追いかけ、一機を撃墜すると、『次はどれだ！』と言って攻撃を続けるんだね」と言った。

敵と味方を間違えないように、戦闘機のパイロットは四発機だけを攻撃するよう指示された。「何と言っても、一番悪いのは四発機です」とギュントナー少佐は言った。その発言の後、フォン・ロスベルク大佐は英空軍の爆撃機の中には、後方警戒レーダー（「モニカ」を指す）を装備している機体があるが、その電波の出ている方向にドイツ空軍の夜間戦闘機を誘導する新しい装置の生産が始まっている事を報告した。ミルヒ元帥は会議を次の厳しい発言で締めくくった。

最も望ましい結果は、敵に打撃を与えて、爆撃を全面的に停止させる事だ。しかし、それを実現できるまでは、敵が爆撃を行うのをできるだけ難しくさせたい。その場合、心配している事がある。相手が我々が予測していない「レーダーをだます」方法をしかけてきて、我々を困らせる事だ。その場合、我々は再び急いで対抗策を見つける事が必要になるだろう。

＊＊＊

その会議と同じ日の七月一六日に、ドイツでは、高周波電波研究局（Reichesstelle fur Hochfrequenz-Forschung）がドイツにおけるレーダーおよび高い周波数の電波に関連する生産態勢を整備し、基礎研究を一元的に管理するために設立された。カムフーバー中将、ミルヒ元帥、プレンドル博士は、レーダーに関する問題の把握とその解決のため、定期的に会議を開く事にした。間もなく、プレンドル博士の下で、三〇〇〇人の科学者が働くようになった。

＊＊＊

一九四三年の春、ハーバード大学内にある無線研究試験所（ＲＲＬ）は設立から一年少々が経過していたが、電子戦用の装置の設計・開発に関して、高い能力を持つ組織に成長していた。それまでに、ＲＲＬは航空機用と艦船用のレーダーを対象とする雑音妨害装置を四種類設計し、少数だが生産も行なった。その四種類の妨害機器は、ＡＰＴ-１「ダイナ」（九〇～二二〇ＭHzの範囲内の選択した一つの周波数を妨害）、ＡＰＴ-２「カーペット」（四五〇～七二〇ＭHzを妨害）、ＡＰＴ-３「マンドレル」（八五～一三五ＭHzを妨害）、ＡＰＱ-２「ラグ」（四五〇～七二〇ＭHzの範囲内の選択した一つの周波数を妨害）だった。このように、当時のドイツと日本のレーダーの大半が使用している、八五～七二〇ＭHzの周波数帯域を対象とする妨害装置の開発作業は順調に進んでいた。しかし、これらの電波妨害装置の開発を行っていた担当者にとっては意外な事に、米軍はこうした妨害装置をわずかしか発注しなかった。

こうした電波妨害装置を最も必要とするはずの米国第八航空軍は、一九四二年八月からドイツ占領下のフランスに対する昼間爆撃を開始した。その翌年には、米国は爆撃の対象地域と規模を拡大したが、爆撃機の損失も増加し続けていた。しかし、英空軍の夜間爆撃とは異なり、ドイツのレーダーに対する妨害を行っても、米軍機の損失はほとんど減らなかった。第八航空軍は爆撃の照準を目視で行うため、爆撃目標地点上空に雲が無いと予報された時だけ爆撃を行うようにしていた。そのような気象条件の時は、ドイツの高射砲部隊も、目視で照準を合わせて射撃できた。そのため、高射砲の射撃管制レーダーを妨害しても、爆撃機の損害を減らす効果はほとんど無かったのだと思われる。いずれにしても米軍の爆撃機の損失の大部分は、レーダーを搭載していないドイツ空軍の昼間戦闘機によるものだった。

＊＊＊

一九四三年の初旬に、無線研究試験所（ＲＲＬ）の技術者が、初めて英国の無線通信研究所（ＴＲＥ）の作業に参加するため、英国に派遣された。米国の技術者が来た事で、両国の研究機関の間の連帯感は強くなった。米国から来たマット・レーベンバウムは次のように回想している：

我々はマルヴァーンにあるＴＲＥに一九四三年一月初旬に到着したが、英国の電子戦システムの開発グループを率いるコックバーン博士は、我々を大いに歓迎してくれた。英国側は我々が知りたい事は何でも話してくれた。我々の仕事に関する限り、秘密保全が障害になる事はなかった。英国側は彼等が何をしているかの全体像が分かるように、幾つかの報告書を提供してくれた。マルヴァーンでの作業に参加した事は人生で最も貴重な経験の一つとなった。

この時ＴＲＥに派遣されたアメリカ人のジョン・ダイヤー博士は、ＴＲＥの雰囲気が、彼がいたハーバード大学内にあるＲＲＬの、戦争を身近に感じていない研究者達の熱気にあふれた雰囲気とは全く違うと感じた。

私はＴＲＥの状況を見て強い印象を受けた。そこには、私が親しくなり、今でも親しくしている素晴らしい人達が、数多く働いていた。しかし、そこに到着して最初に強く感じたのは、英国側の人達が皆、疲れ果てて、消耗していた事だ。彼らは二年間、ほとんど休み無しで働き続けてきて、疲れ果てていたのだ。

ＲＲＬから派遣されてきた技術者は、英国の研究・開発チームに組み込まれて、一緒に作業を行なった。数か月後、彼等は有益な教訓を数多く学んで、米国へ帰った。

＊＊＊

アリューシャン列島でB‐24型機による電子偵察が成果を上げた事で、この種の機体が役に立つ事が証明され、もっと多くの機体を電子偵察機に改造する事になった。次に電子偵察機に改造された機体は全てB‐17爆撃機で、三機が改造されて地中海戦線に投入された。そこではシチリア島進攻作戦の準備として、ドイツ軍のレーダーの位置を突き止める任務を担当した。

この三機の電子偵察機は、ハリクラフターズS・27受信機、SCR‐587受信機、APR‐3広帯域受信機、海軍調査研究所（NRL）が設計したXARD受信機を搭載していた。また、レーダー信号を受信した場合、その方向を知るために、指向性のアンテナも取り付けていた。B‐17爆撃機を改造した電子偵察機の最初の機体は、一九四三年五月初旬にアルジェリアのブリダ飛行場に到着した。到着するとすぐに、電子戦担当士官は、同じ任務を担当している、英空軍の第一九二飛行中隊に到着した事を報せた。

五月一八日、B‐17電子偵察機は、初めての実戦的訓練として、北アフリカの海岸線に沿う飛行を行なった。その飛行で、搭乗員は「フライヤ」レーダーが送信している一二二・五、一二五・四、一二九・一MHzの電波を受信し、それがシチリア島のトラーパニとマルサーラ、それにサルデーニャ島からも出ている事を突き止めた。一週間後、B‐17電子偵察機は、再び実戦的訓練飛行としてシチリア島のすぐ近くまで飛び、五か所の「フライヤ」レーダー局からの電波を受信した。六月一四日から一五日にかけて、B‐17電子偵察機はサルデーニャ島の周囲を一周する、これまでもっとも大胆な電波偵察飛行を行い、多くのレーダー信号を受信した。

その数週間後、更に二機のB‐17電子偵察機が到着し、部隊は正式に第一六特殊偵察飛行中隊（大型機）と呼ばれる事になった。この部隊のB‐17型機は、夜間飛行用にエンジンの排気管に消炎器を装備し、機体表面にはオリーブドラブ色の上に黒い斑点を塗装した特別な迷彩塗装がほどこされていて、機体の国籍マークなども目立たないようにされていた。敵の戦闘機の興味をひかないように、これらの電子偵察機は夜間だけ飛行した。敵の地域の海岸線から三〇㎞以内で、高度が一五〇ｍより高い場合には、あまりにも多くのレーダー信号を受信するので、個々の電波を区別して調べるのは不可能だった。

七月一〇日に開始されたシチリア島進攻作戦（ハスキー作戦）の準備作業の一部として、作戦に参加する米海軍の艦船の数隻に、ＡＰＱ‐２「ラグ」電波妨害装置が装備された。英海軍の軍艦も、「ラグ」と同等の英国製のタイプ91電波妨害装置が装備された。どちらの妨害装置も、ドイツ軍の「ゼータクト」海上監視・火器管制レーダーを妨害するのが目的だった。「ゼータクト」レーダーは、周波数が三七〇MHz付近の電波を用いていて、海岸線沿いの各所に配置されていた。

空挺部隊が搭乗する輸送機や輸送用グライダーが夜間に敵地に侵入する際に探知されるのを防ぐために、第四二〇、第四二四、第四二五飛行中隊所属の一八機のハリファックス爆撃機とウェリントン爆撃機に、英国製の「マンドレル」妨害装置が搭載された。これらの機体は、侵入機を探知するための「フライヤ」レーダー、「ヴァッサーマン」レーダーに対して、全機が一斉に電波妨害をかける事によって、連合国軍の機体が探知されるのを妨害するのが任務だった。また、「フライヤ」レーダーを妨害するＡＰＴ‐３「マンドレル」妨害装置と、「ヴュルツブルク」レーダーを妨害するＡＰＴ‐２「カーペット」妨害装置を搭載した米国陸軍航空隊の四機のＢ‐17型機が、空挺部隊を乗せた機体をレーダー照準の高射砲から守るために、降下地点の沖合を飛行する事になっていた。

シチリア島に対する空からの空挺作戦と海からの上陸作戦は、ドイツ軍やイタリア軍による抵抗をほとんど受ける事なく成功したが、その際、ドイツ軍もイタリア軍もひどい混乱状態におちいった。そのため、進攻作戦支援のために行なった連合国側のレーダー妨害の効果は、はっきりとは分からない。

＊＊＊

一九四三年六月二三日に、ポータル英空軍参謀総長は、ドイツ空軍の防空用レーダーに対する「ウィンドウ」による妨害の開始について、上層部による最終的な検討会議を開催した。この頃には、「ウィンドウ」の使用に反対する理由は無くなっていた。最も強力な反対派の一人であるチャーウエル卿（リンデマン教授）でさえ、この頃には「全体的に見れば、その使用を許可すべき時期が近づいてきている」と感じる様になっていた。シチリア島への上陸作戦で橋頭堡が確保されたら、英空軍爆撃機航空団は、「ウィンドウ」を使用しても良い事に決まった。爆撃機航空団のハリス司令官に対して、爆撃機航空団がチャフを使用するための準備を完了しておくよう命令が下された。

その頃、製造会社側では大規模な爆撃作戦に必要な量の、アルミニウム箔を用いた「ウィンドウ」を製作する準備が進められていた。「ウィンドウ」を少なくとも毎月、重量にして四〇〇トン、本数では一〇億本を製作する必要があるのだ。すでに、一九四二年後半には、注文を受けた企業が「ウィンドウ」の生産を始めていた。「ウィンドウ」の一本の大きさは、長さ三〇cm、幅一・五cmである。「ウィンドウ」が投下後にも形を保つように、片側の面には黒い紙が接着されている。縁にはサーチライトの光を反射しないように、黒いコーティングがなされている。こうした「ウィンドウ」二〇〇〇本を空中に散布すると、レーダー表示器には重爆撃機と同じ大きさに表示される。

「ウィンドウ」の使用に関する最終会議は、七月一五日に開かれた。この日は、ドイツのミルヒ元帥が、英国が何か「レーダーをだます」手法を仕掛けて来るのではないかとの懸念を表明した前日だった。この頃には、連合国軍はシチリア島に強固な拠点を確保していた。それでも、英国の国土保安大臣のハーバート・モリソンは、ドイツ空軍の英国本土への報復爆撃を懸念していた。彼は会議で、ドイツ空軍の飛行場を爆撃する事で、英本土に対する報復爆撃の危険性を減らす事ができないか質問した。ポータル空軍参謀総長は、西部戦線におけるドイツ空軍の爆撃機部隊は、「弱体で、訓練不足で、疲れ切っている」から、爆撃を行う価値はないと答えた。チャーチル首相はポータル参謀総長の意見に同意し、「ウィンドウ」を使用する事についての責任は、自分が取ると言った。それでモリソン大臣は反対意見を撤回し、「ウィンドウ」の使用に反対する人はいなくなった。会議では、七月二三日以降、爆撃機航空団は夜間爆撃で、「ウィンドウ」を使用して良いとの決定が下された。次の章では、この決定のもたらした効果について述べる。

第9章　ハンブルクへの無差別爆撃とその影響

「ハンブルクへの爆撃は、国民の士気に打撃を与えた。このような無差別で恐ろしい爆撃を防ぐ方法を急いで見つけないと、我が国は極めて厳しい状況におちいるだろう」

ミルヒ元帥　一九四三年七月三〇日

「ウィンドウ」の使用が許可された事により、ドイツに対する夜間爆撃は新たな段階を迎えた。ハリス爆撃機航空団司令官は、戦術的な見地から、ハンブルクを次の大規模爆撃の目標に選定した。その作戦名は「ゴモラ」[訳注1]となった。「ウィンドウ」の使用が許可されたのは七月だったので、爆撃を行う夜の暗い時間は短い。ドイツ本土の内陸部の都市を爆撃する場合には、ドイツの国土上空を長時間飛行するので、爆撃部隊にとっては危険が大きい。それに対して、ハンブルクはバルト海から少し内陸にはいった位置で、エルベ川の支流に面した港湾都市なので、爆撃の際に陸上を飛ぶ距離は短い。さらに、その港湾地区や造船所は、爆撃先導機のH^2Sレーダーの画面上で識別が容易である。ハリス司令官は、後に「ハンブルクの戦い」と呼ばれる事になるハンブルクへの爆撃は、一回では終わらず、何度も繰り返す必要があるして、爆撃前から次の様に言っていた：

ハンブルクを完全に壊滅させるには、少なくとも一万トンの爆弾が必要だと見積もられている。爆撃により徹底的に破壊するためには、ハンブルクを繰り返し爆撃しなければならない。

＊＊＊

ハンブルクはドイツで二番目に大きな都市であり、ヨーロッパで最大の港がある。戦艦ビスマルク号は一九四〇年に、この港にあるブローム・ウント・フォス社の巨大な造船所で建造された。この爆撃の頃は三つの大規模な造船所が、全力でUボートの生産を行なっていた。ハンブルクは重要な軍事生産拠点なので、爆撃目標に選ばれたのは当然だった。一九四三年七月の第三週までに、ハンブルクはすでに九八回の爆撃を受けていた。防空態勢は強力で、大口径高射砲の部隊が五四個中隊、サーチライト部隊が二四個中隊、煙幕発生部隊が三個部隊配備されていた。、地上管制により夜間戦闘機が迎撃を行う防空区画が二〇区画設定されていて、六つの大型飛行場を基地とする夜間戦闘機部隊が、港湾地区への進路を守っていた。そのため、それまでの英空軍の爆撃では、多くの爆撃機が損害を受けていた。

一九四三年七月二四日の午後、英空軍爆撃機航空団のほぼ全ての搭乗員が、当日の夜の作戦計画の説明を聞くために、それぞれの基地の作戦命令伝達室に集まっていた。爆撃目標地が発表されると、搭乗員達は思わず声を漏らした。目標のハンブルクは、爆撃機の損害が多い事で有名だった。搭乗員達は前に張り出された地図に、リボンをピンで止めて表示されている飛行コースを見つめた。北海上空で集合し、ドイツの防空空域に入らないよう東へ飛行し、途中で南東に進路を変えて目標に向かうコースが示されていた。爆撃後は、往路と平行のコースで帰投する。

搭乗員達はまず、その夜の爆撃の実施要領について詳しい説明を受けた。爆撃開始時刻（ゼロアワー）はGMT（グリニッジ標準時）で〇一時〇〇分だった。二〇機の爆撃先導機が、爆撃開始時刻の三分前に、H_2Sレーダーの表示器の画像により、目標地点に来たと判断すると、爆撃目標地点を示すために黄色目標指示弾と、白色照明弾を投下する。その一分後、投下された照明弾を目印に、八機の爆撃先導機が赤色目標指示弾を投下して、後続の機体が目標地点を目視で確認できるようにする。それ以後、本隊の爆弾の投下が続いている間は、目標の指示が途切れないよう、五一機の「補助爆撃先導機」が一分間隔で緑色目標指示弾を投下して、目標地点を指示し続ける。こうして、爆撃部隊の一〇％以上の機体が爆撃目標地点を指示するために、精度に応じて色を違えてある標識弾を投下する。主力部隊は〇一時〇二分に爆弾の投下を開始し、計画としては四八分後に八〇〇機の爆撃部隊の全ての機体が爆撃を終えて離脱する事になっていた。

その日は、作戦計画の説明に加えて、爆撃機航空団司令部からの次の特別な説明が、搭乗員に向かって読み上げられた：

> 今夜、敵のレーダーを妨害して諸君の機体を守るために、「ウィンドウ」を初めて使用する。「ウィンドウ」の細長い金属箔の束を投下すると、投下されて空中に拡がった金属箔は、敵のレーダーに諸君達の機体と同じ大きさで映る。そのため、ドイツの防空部隊は混乱し、注意がレーダー表示器上の金属箔の反射像に引き付けられるので、諸君は敵の攻撃を受けずに敵の防空区画を突破できる可能性が大きくなる。

往路では東経八度三〇分から目標地点まで、復路では目標地点から東経八度までの区間で、各機は「ウィンドウ」を一分間に一束ずつ投下するよう、指示が下された。この指示は、次の二つの点で搭乗員に負担を感じさせた。まず第一点は、「ウィンドウ」の効果は、編隊全体の利益のためである。この「ウィンドウ」によるレーダー妨害で守られるのは、「ウィンドウ」を投下した機体に続いて飛行している機体なので、投下した機体自身は守られない。爆撃部隊全体としては、指定されたコース上を指定された時間を守って飛行する事により、先行する編隊が投下した「ウィンドウ」の効果を、後続編隊が利用できるようにするのが、特に重要である。第二点は、「ウィンドウ」の束は、機体の照明弾投下筒（フレアシュート）[訳注2]から落とすが、この作業が搭乗員には大きな負担になる。投下作業は最初は爆撃手が行い、目標地点に近付くと機関士が行なったが、機内は暗く、高度が高いので酸素マスクに酸素ホースと機内交話装置のコードを接続した状態で作業するので、搭乗員の身体的な負担が大きい。投下間隔を守るためには、懐中電灯でストップウォッチを見て、正確に一分間隔で「ウィンドウ」の束を投下しなければならない。搭乗員への指示は次のように締めくくられた。

集中力を保って指示通りの投下を行なえば、「ウィンドウ」は敵のレーダー探知システムを無力化できる。その効果が大きいため、英国は、自国のレーダーを改良して、「ウィンドウ」を使用した時に、敵が英国のレーダーに与える効果より、英国が敵のレーダーに与える効果の方がずっと大きい事を確信できるまで、その使用を控えてきたのだ。

＊＊＊

その夜、空にまだ明るさが残っている二一時五五分、オーキントン飛行場の管制官は、離陸を待つ爆撃機の列の先頭の機体に、緑色の信号灯で「離陸支障なし」の合図を出した。先頭にいた第七飛行中隊のランカスター機のパイロットのベイカー大尉は、四基のエンジンのスロットルレバーを押して、エンジン出力を離陸最大出力にした。ブレーキを放すと、燃料と爆弾を満載して重くなっている機体は、ゆっくりと滑走路上を加速し始めた。速度が一六〇km／時を少し超えると、機体はやっと地面を離れ、ゆっくりと上昇を始めた。後続の機体も三〇秒間隔で次々と離陸して行った。一機が滑走路へ向かって移動している間に、その前の機体は離陸滑走を開始し、もう一機前の機体は離陸して上昇していた。同じ時刻に、イングランド東部の多くの飛行場でも、同じように爆撃機が次々と離陸していた。

離陸してもまだ重量が重いので、爆撃機はゆっくりと高度を上げ、緩やかな編隊を組んで東へ向かった。合計七九一機の爆撃機が離陸を完了した。ランカスター機が三四七機、ハリファックス機が二四六機、スターリング機が一二五機、ウェリントン機が七三機だった。この内の四五機は、機体の故障が原因で途中で引き返した。それ以外の機体は目標地点に向かって飛行を続けた。海上に出ると、各爆撃機の爆撃手は、爆撃管制パネルのスイッチを操作して、爆弾の信管の安全装置を解除した。安全装置の解除後は、投下された爆弾は着弾と同時に爆発する。

午前〇時頃には、爆撃部隊は北海上空に集合した。爆撃機の大群は、長さ三〇〇km、幅三〇kmの範囲に散開していた。爆音をとどろかせながら、爆撃機の群れは東に向けて一分間に六kmの速度、時速にして三六〇km／時で進んだ。作戦説明時の気象予報では、北西から八m／秒の風が予報されていた。しかし、航法士が「ジー」航法装置で得た現在位置を、六分毎に航空地図に記入していくと、風の予報が違っていた事がすぐに明らかになった。実際には、風は予報とはほとんど逆の方向から、五m／秒の強さで吹いていた。指定されたコースを正確に飛行するため、航法士はパイロットに実際の風向、風速に応じた機首方位に修正するよう指示したが、そうした爆撃機の飛行状況を、ドイツ軍は注意深く観察していた。

英空軍の爆撃部隊の来襲をドイツ軍は予期していた。英空軍の爆撃機は飛行する前にいつも無線機の試験を行うが、ドイツ空軍の通信傍受部隊はその試験通信の状況から、その日の夜に英空軍が大規模な爆撃を仕掛けてくるだろうと予測していた。午前中に試験通信の量が多く、午後に試験通信の量が激減する場合は（午後は爆撃機の搭乗員に作戦の説明が行われ、機体には爆弾と燃料を搭載する作業が行われる）、英空軍が大規模な爆撃を仕掛けて来る可能性が高い事を意味している。爆撃が計画されていない日の無線の試験通信の量は、通常は午前も午後も同程度である。二三時の少し前に、北海方面を監視していた、ドイツ空軍の対空警戒レーダーの「ヴァッサーマン」レーダーや「マムート」レーダーが、敵爆撃機の大編隊を探知したので、ドイツ軍の通信傍受部隊の予測が正しかった事が確認された。ドイツ北部の二〇以上の飛行場で、夜間戦闘機部隊は出撃する準備を始めた。

〇〇時一五分、爆撃部隊の先頭の機体は進路変更点に到達し、進路をヘリゴランド湾に向けて東南東一一七度の方向に変更した。その四分後、ドイツ軍と民間の防空司令所、工場、病院に、三〇分以内の空襲の可能性を意味する予備空襲警報が伝えられた。予備空襲警報が伝えられると、防空準備作業が開始された。ハンブルク周辺の高射砲陣地では、兵士が高射砲に駆け付けて射撃の準備作業を始めた。高射砲のカバーが外され、砲身は北西方向に向けて上げられ、砲弾の信管に爆発高度がセットされ、射撃管制レーダーのスイッチが入れられた。シュターデ、フェヒタ、ヴ

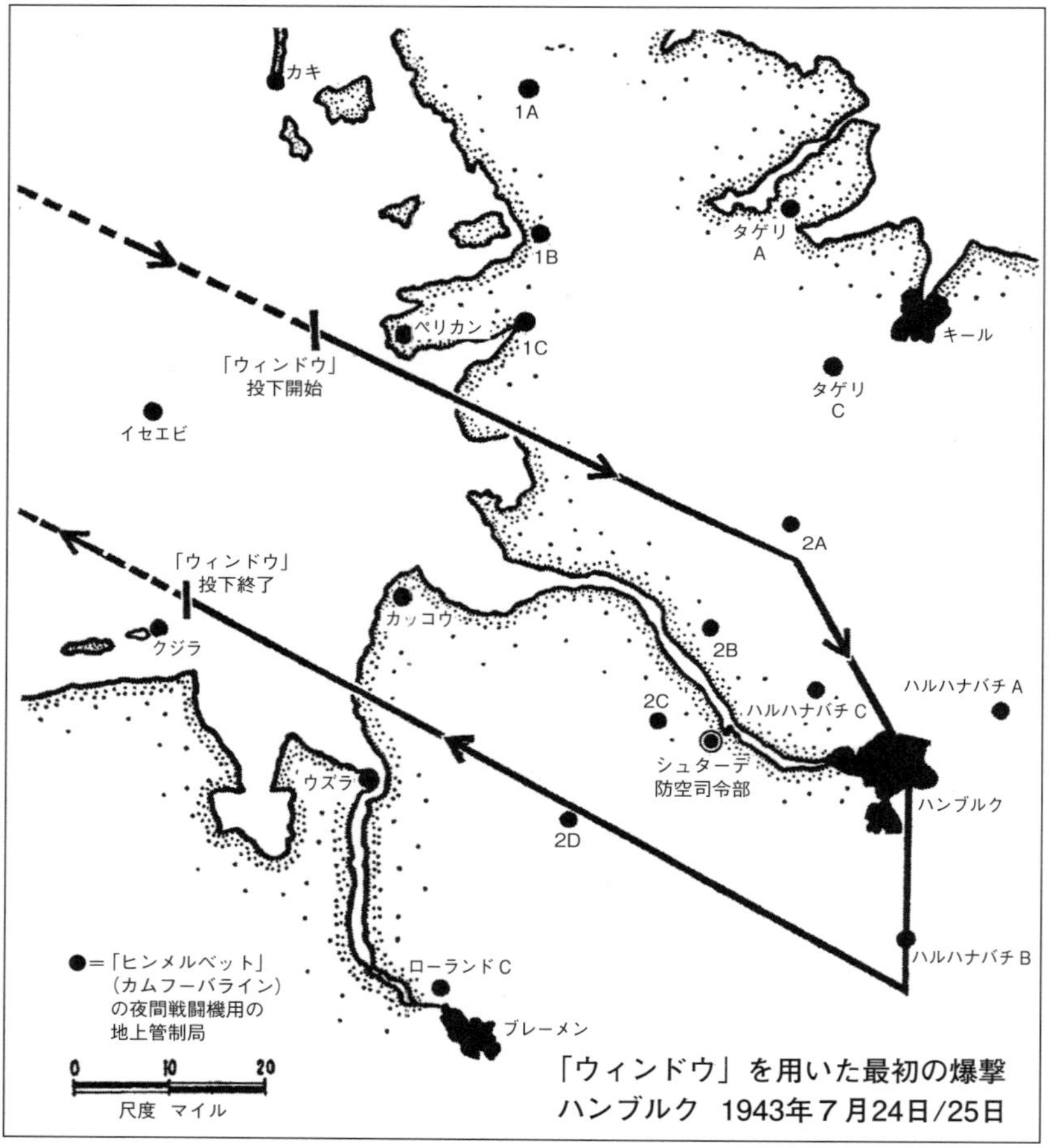

「ウィンドウ」を用いた最初の爆撃
ハンブルク 1943年7月24日/25日

イットムントハーフェン、リューネブルク、ヤーグ、カストルプの飛行場からは夜間戦闘機が離陸し、指定された無線標識上空へ向かった。

〇〇時二四分、空襲警報は一五分以内の空襲を予告する主警報に切り替えられた。七分後、市民への空襲警報として、二秒置きにサイレンが鳴り響き始めた。ハンブルク市街の、西はブランケネーゼ、東はヴァンズベク、北はランゲンホルンから南の造船所地区の中心部に至るまで、各地の警報用サイレンの音が、一分間に渡り市内に響き渡った。防空壕へ急いだのはハンブルク市民だけではなかった。リューベック、キール、ブレーメンにも、ハンブルクへの爆撃から注意を逸らすために、モスキート爆撃機が目標指示弾と小型爆弾を投下した。各都市では空襲警報が発令され、市民は避難所へ急いだ。

○○時二五分、先頭の爆撃機は東経八度三○分の位置を通過した。通過後、各爆撃機の爆撃手は、一分間隔で夜空に「ウィンドウ」のアルミ箔の束を投下し始めた。先頭の機体がドイツの海岸線を横切ると、各爆撃機では機関士が機体の後方まで這って移動し、「ウィンドウ」の投下作業を爆撃手と交代した。爆撃手はまもなく本来の仕事で忙しくなる。H^{2}Sレーダーを装備した爆撃先導機では、レーダー表示器の画面で、ハンブルクの市街地を示す明るく大きな像が、画面の中心へゆっくりと近付いて行った。予定時刻ぴったりの○○時五七分、最初の黄色目標指示弾が投下された。ハンブルク空襲が開始されたのだ。

何かおかしな事態が生じているとの最初の報告が、カムフーバー・ラインの防空区画の一つを担当する、ヘリゴランド島の「イセエビ」地上管制局から入って来た。夜間戦闘機誘導用の「ヴュルツブルク・リーゼ」レーダーの表示器に、爆撃機だけでなく、「ウィンドウ」の反射像も映ったので、異常事態の報告があったのだ。アルミ箔の雲は、箔が拡散してまとまった反射像として映らなくなるまでに一五分程度かかる。そのため、爆撃機の編隊が侵入して「ウィンドウ」を散布すると、ドイツ軍のレーダーの表示器には、爆撃機の編隊は実際の倍程度の機数の編隊のように映った。「イセエビ」地上管制局のレーダー員は、「静止しているか、ゆっくり移動する飛行機のように見える輝点が多数表示されている。本当の機体がどれかを見分けるのがとても難しい。本物と見極めがつけば追尾は可能だが、非常に苦労する」と報告してきた。ジルト島南端の「カキ」地上管制局も、同じ問題を報告してきた。ハンブルク周辺の他のレーダー局も、次々と同様な報告をしてきた。

指定された無線標識上空で旋回しながら待機していたドイツ空軍の夜間戦闘機は、地上管制官からの指示をじりじりしながら待っていた。しかし、地上管制官は夜間戦闘機に指示を出せなかった。間もなく、ドイツ空軍の無線には混乱した要求や怒鳴り声が溢れた。

「敵機が勝手に増えている」

「こんなはずはない……敵機が多すぎる」

「ちょっと待て。敵機の数がずいぶん増えた」

「君たちを誘導できない」

「地上からの誘導なしでやってみてくれ」


無線標識上空で待機を続ける夜間戦闘機でも、機体に装備した「リヒテンシュタイン」索敵レーダーの表示器に、アルミ箔の雲が表示されると、同様な混乱が生じた。その夜の戦闘に参加したドイツ空軍のパイロットは、後に次のように書いている：

五〇〇〇mの高度で飛行していると、後席にいるレーダー手が、「リヒテンシュタイン」に敵機を捕捉したと言った。私は喜んだ。私はルール地方に向けて進路を変更した。この方向へ飛べば敵の爆撃機の編隊に出会うはずだ。レーダー手はレーダー画面に敵機が三機か四機映っていると報告してきた。それだけの敵爆撃機を撃墜できるまで、自分の機体の弾薬が足りれば良いなと思った！　その時、レーダー手が叫んだ：「英国機がすごいスピードでこっちへ来る。距離がどんどん短くなっている……二〇〇〇m……一五〇〇m……一〇〇〇m……五〇〇m」

私は言葉が出なかった。レーダー手はもう次の目標を捉えていた。「これは西の方角へ向かっているドイツ空軍の夜間戦闘機だろう」と私は独り言をつぶやき、次の爆撃機に向かった。まもなくレーダー手が再び叫んだ：「すごいスピードで爆撃機がこちらへ飛んでくる。二〇〇〇m……一〇〇〇m……五〇〇m……どこかへ行ってしまった！」

「お前は頭がおかしいぞ」と私はレーダー手へ冗談めかして言った。しかし、すぐに冗談を言う気分ではなくなった。この気違いじみた現象が何度も繰り返し生じたのだ。

何人かのドイツ空軍パイロットは、その夜、敵機の撃墜に成功した。Ｂｆ１１０型機を操縦する、第三夜間戦闘機航空団（ＮＪＧ３）のハンス・マイスナー軍曹は、「ウィンドウ」の雲に向かって何回も突撃した。その時、彼の機体のレーダー手のヨーゼフ・クリンナー伍長は、レーダー画面上で目標を表す輝点（ブリップ）の一つだけがほとんど動かないが、他の全ての輝点は動いていくのに気付いた（輝点が動く事は、自分の機体と相手の距離が変化している事を示す。自分の機体とほぼ同じ速度で同じ方向へ飛ぶ機体の輝点は、ほとんど停止しているように表示される）。クリンナー伍長はパイロットのマイスナー軍曹をその動かない輝点の方向へ飛ぶように誘導し、マイスナー軍曹は四発機のスターリング爆撃機を見つけて攻撃し撃墜した。ＮＪＧ３の別のＢｆ１１０型機も、デンマーク南部でハリファックス爆撃機を捕捉した。その機体は爆撃機の大集団のチャフによる妨害範囲の外を飛んでいた。Ｂｆ１１０型機はその機体をすぐさま撃墜した。

爆撃先導機はハンブルクの目標地点に正確に標識弾を投下する事に成功した。主力部隊の第一波の第一飛行連隊と第五飛行連隊の一一〇機のランカスター機が、標識弾を目印にハンブルクの市街地上空に到着したのは〇一時〇二分だった。爆撃機の搭乗員達が真っ先に気付いたのは、市街地上空の様子が、いつもの爆撃の時と違う事だった。恐怖の的であるマスター・サーチライトは、通常はまず垂直上方を照射してから、爆撃機を捕捉するために照射方向を変えるが、その夜は上空を当てても無く探し回っていた。マスター・サーチライト以外のサーチライトも、やみくもに爆撃機を探しているようだった。二つのサーチライトの光が交差した場合には、そこに敵の爆撃機がいるのかと思って、他のサーチライトもすぐにそこを照射した。二〇本ものサーチライトの光が集中した場合もあったが、そこには何もなかった。

戦闘機の地上管制局、夜間戦闘機、サーチライト部隊が混乱していたのと同様、高射砲部隊も混乱していた。ハンブルク市に隣接する丘の上に位置した、第六〇七高射砲連隊第一大隊の八八㎜高射砲の砲手は次のように回想している：

レーダー室から興奮した声が聞こえた。レーダーの表示画面の全体に輝点が溢れていた。中隊長のエックホフ少尉は、すぐに隣の中隊に電話した。その中隊の「ヴュルツブルク」も同様に役に立たなくなっていた。

地区の中央防空司令部に電話をすると、エックホフ中隊長はハンブルク市に配置されている全ての高射砲用のレーダーが、同じ状況で役に立たなくなっている事を知らされた。高射砲の射手は、狙いをつけて射撃する事をあきらめ、とにかく爆撃機が投弾する位置と思われるあたりを目がけて高射砲を撃ち続けた。しかし、空の広さに比べて爆撃機は小さいので、撃った砲弾が正しい位置で、正しいタイミングで爆発して相手に被害を与える可能性はほとんどなかった。

爆撃を行う際にいつもは邪魔になる高射砲とサーチライトが無力化されていたので、爆撃部隊は標識弾で示された位置に、集中的に爆弾を投下できた。これまでは、高度を高く取る方が、爆撃機にとっては安全だった。しかし、今回は高度が高いから安全とは言えなかった。なぜなら、爆撃第一波のランカスター機の編隊は、「ウィンドウ」を散布するために、今回の爆撃部隊では一番高い高度を飛行したので、「ウィンドウ」による妨害を利用できなかったからだ。先頭のランカスター機の部隊の何機かは、高度七〇〇〇mで市街地上空へ進入したので、その姿は、地面を這う霧の上に突き出した高い木のように、はっきりと「ヴュルツブルク」レーダーに映った。全爆撃部隊の中で最も高い高度を飛行した第一〇三飛行中隊では、ランカスター機が三機撃墜された。後続の機体では、高々度性能が劣るスターリング機でも、撃墜されたのは三機だけだった。最大規模の爆撃だったのに、爆撃部隊全体で、ランカスター機が四機、ハリファックス機が四機、スターリング機が三機、ウェリントン機が一機の、合計一二機が失われただけだった（損失率一・五%）。このうち九機が夜間戦闘機に、三機が高射砲により撃墜されたと推定されている。普段ならスターリング機が他の爆撃機より損失率が大きいが、今回は大きくなかった。

「ウィンドウ」を使用する新しい戦術は明らかに大成功だった。もし今回の爆撃における爆撃参加機の損失率が、それまでの平均的な六%だったら、爆撃機航空団の損失は五〇機程度になったはずである。しかし今回は、重量にして四十トン、本数では九千二百万本の「ウィンドウ」を投下する事により、三五機以上の爆撃機が救われた。
七月二五日の早朝、ヒトラー総統は就寝中の所を起こされて、ハンブルク市が大きな被害を受けた事を知らされた。ヒトラーは昼間の会議において、英国が採用した「ウィンドウ」を投下する新しい戦術について報告を受けた。ヒトラーはドイツ空軍参謀将校のエックハルト・クリスチャン中佐の方を向いて、「このスズ箔の投下だが、それはパラシュートで脱出した敵の搭乗員を守るためかね?」と質問した。クリチャン中佐は「スズ箔はレーダー妨害用で、夜間戦闘機を誘導する『ヴュルツブルク』に映るので、レーダーの画面には目標を示す輝点が多すぎて、管制員はどの輝点に向けて夜間戦闘機を誘導すれば良いのかわかりませんでした。『フライヤ』はスズ箔の影響を受けませんでした」と答えた。

ヒトラーは、「英空軍はどんな装置を使用したのか? それを回収できたか?」と質問した。「総統閣下、まだ回収した事は確認できておりません。しかし、いずれ回収すると思われます」と、クリスチャン中佐は答えた。「回収したのかどうかを早く確認せよ」とヒトラーは命じた。

クリスチャン中佐は「了解いたしました。なお、我が方の夜間戦闘機に導入いたしましたY装置も、このスズ箔の影響を受けませんでした。これが今回の敵の妨害に対する、当方の対抗策につながるものと思っております」と答えた。クリスチャン中佐は続けて、問題はY装置の生産状況で、部隊への引き渡しがなかなか進んでいないとヒトラーに説明した。

ドイツとしては、この爆撃に対する報復として、英国に対して大規模な爆撃を行いたいが、それはどうしたら実行できるだろう? ドイツ空軍の爆撃機の航法装置の精度では、ロンドンを正確に爆撃できない。ヒトラーは怒って言った。

そうなると、ドイツ空軍の馬鹿者が余に向かって、「総統閣下、英空軍は英国からドルトムントへ爆撃に来て、彼等の正確な無線航法装置を使って、長さ五〇〇m、幅二五〇mの工場の建屋に、正確に爆弾を命中させる事ができます」と言うのを聞かされる事になる。何と言う事だ！　我々はこちらの海岸線からたった一六〇㎞の所にある、幅が五〇㎞もあるロンドンの市街地を見つける事ができないというのに。

ハンブルクへの爆撃の報復措置として、ヒトラーは後にＶ‐２と呼ばれる事になる地対地ミサイルの量産を命じた。しかし、このミサイルによる報復は、その実行までまだしばらく時間が必要だった。

その日の午前中に、ゲーリング国家元帥は、もっと速やかに実施できる対応措置を取る事にした。ゲーリングはヘルマン少佐に電話をして、ハンブルクは「極めてひどい」被害を受けたと話した。ヘルマン少佐の単座戦闘機の「遊撃隊」は、その一部でも良いので直ちに戦闘に投入できないか、とゲーリングは質問した。ヘルマン少佐はハンブルクの惨状を知らなかったので、ゲーリングにもう少し時間が欲しいと答えた。それを聞いたゲーリングは興奮して、ヘルマン少佐にできるだけ速やかに、何らかの対応をするように言った。ヘルマン少佐は、その日の夜には、少なくとも一二機の単座戦闘機を出撃させると約束した。数時間後、少佐はゲーリングからテレプリンターで、前夜のハンブルクの惨劇の詳細を受け取った。

ヘルマン少佐は他の部隊に依頼して、彼の部隊の単座戦闘機のパイロットが夜間に敵を発見しやすくするために、協力してもらう事にした。大都市の高射砲部隊は、夜間に敵の爆撃機が来襲した場合、その都市ごとに異なるパターンで照明弾を打ち上げる事になった。例えば、ハンブルクは同じ高度に二発の照明弾を打ち上げるし、ブラウンシュヴァイクは高度を分けて三発の照明弾を打ち上げる。サーチライト部隊も、敵の爆撃機の飛行方向を、サーチライトを水平方向に照らして示す事で、夜間戦闘機に協力する。

急いで作り上げられた単座戦闘機による夜間防空部隊は、英空軍の爆撃機航空団が七月二八日〇時五七分に、再びハンブルクに対する大規模爆撃に来襲した際には、準備を整えて待ち構えていた。七二二機の爆撃機がハンブルクの市街地の上空へ、北東の方角から南西に向けて突入した。一五分後には、爆撃機の搭乗員達は眼下の市街地の北東部の大部分が、前夜の爆撃による激しい火災でまだ燃え続けているのを見た。この炎上中で地獄のような惨状の市街地に、後続の爆撃機は何千発もの焼夷弾や通常爆弾を投下した。

この年の七月は、ハンブルクでは雨はほとんど降っていなかった。それまでの爆撃で、ハンブルクの給水施設は破壊され、民間防空司令部は壊滅していた。前日の気温は高く、前夜の爆撃による火災がまだ市内の至る所に残っていた。そこへ焼夷弾が大量に投下されたので、すぐに火災は手が付けられなくなった。それぞれの場所の火災がつながり合い、火災はどんどん面積を拡げ、やがて強力な火災旋風となって、市街地の広い部分を焼き尽くして行った。

その頃、イングランドにある英空軍の無線通信傍受所は、ドイツ空軍の無線通話の状況を傍受して、ドイツ空軍の夜間防空における戦闘機の管制方式に大きな変更があったのではないかと推測したが、それは事実だった。無線通話の傍受員は次のように報告している：

これまでの、爆撃部隊の進路と高度だけを簡潔に伝える方式と異なり、ドイツ空軍の地上管制官は、爆撃部隊の進路と高度を連続的に伝えると共に、サーチライトで爆撃機を捕捉した場合は、その位置と高度を伝えるようになった。ここから結論できるのは、「ウィンドウ」による妨害で、これまでのようにレーダーにより夜間戦闘機の精密な誘導ができない場合は、戦闘機をもっと自由に行動させる方式を採用したと言う事だ。交信を聞いていると、地上管制を受けずに飛んでいる夜間戦闘機に呼びかけていた事が何度かあった。

ヘルマン少佐が新設した単座戦闘機部隊の活躍は、英国側の注意を引いた。今回の爆撃作戦における損失機数は一七機で、依然として非常に少なかったが、損失率でみれば前回の爆撃の時より増加した。

ハンブルク市に対する空襲がまだ続くと予想されるので、その日の午後、ハンブルク市の政治指導者であるカウフマン大管区指導者（ガウライター）は、消防や医療などの活動に不可欠な市民以外は、市街地域から出るよう市民に要請した。その要請を繰り返す必要は無かった。夜明けから日没までの間に、多くの負傷者を含む一〇〇万人近い市民が市街地を離れた。夜になると、市内に残っていたのは、ほとんどが消防関係者か民間防衛従事者だけだった。それでも、ハンブルク市の苦難はまだ終わりではなかった。英空軍は三回目の大規模爆撃を行なったのだ。七月三〇日〇時三七分に、爆撃先導機がハンブルク上空に侵入すると、地上では二日前の爆撃による火災がまだ続いているのが見えた。今やハンブルク市の民間防衛態勢は崩壊していて、水道の本管の多くは破損して給水不能になっていたし、道路はいたる所で通行不能になっていた。この三回目の爆撃で、すでに大きな被害を受けていたハンブルクは、更に悲惨な状況に陥った。訳注3

この空襲で、ハンブルク周辺に配置された高射砲はあまり戦果を上げられなかったが、ヘルマン少佐の単座戦闘機部隊はある程度の戦果を上げた。この爆撃について、英空軍の爆撃機航空団の報告書では次の様に書かれている：

サーチライトの数は、目的地までの途中でも、目標地域上空でも、著しく増えていた。市の外側のサーチライト陣地は、市街地を北東から南西へ半円形に取り囲んでいたが、その内側のサーチライトは戦闘機部隊のために使用されているようだった。水平方向に照射して爆撃部隊の進路を示したり、地面を明るく照らす事で、ドイツ空軍の戦闘機が上から見た時に光をバックに爆撃機を視認できるようにしている場合があった。

英空軍の通信傍受所は、三回目の爆撃の時にも、ドイツ空軍の地上管制官は戦闘機に対して、個々の爆撃機についてでなく、次々と侵入してくる爆撃機の編隊の位置と飛行方向を、戦闘機に「連続的に」知らせていたと報告している。通信傍受所では、ドイツ空軍の戦闘機の何機かが、着陸して燃料を補給し、再び飛び立った事に気付いた。これは夜間戦闘ではあまりない事だが、「遊撃隊（ヴィルデ・ザウ）」戦法では許可されているのだろうと推測した。通信傍受所では、何機かの戦闘機は、昼間戦闘機が使用しているのと同じコールサイン（無線での呼び出し名称）を使用していた事も報告している。

この三回目の爆撃では、爆撃に参加した七七七機の爆撃機の内、二七機が失われたに過ぎない。損失率は三・五％で、ハンブルクを目標にした爆撃にしては低い値である。しかし、「ウィンドウ」を使用したそれ以前の二回の爆撃よりは増えている。

その日の午後、ベルリンの航空省での会議では、ミルヒ元師は少し楽観的に次の発言をした：

ヘルマン少佐は彼の単座戦闘機による「遊撃隊（ヴィルデ・ザウ）」戦法を用いて、少ない機数で、ほとんど信じられないほど大きな戦果を上げた。夜間戦闘の今後の見通しが、これまでより明るくなった。

しかし、ミルヒ元帥は、連合国軍が更に多くの目標を爆撃する準備を進めている事に疑いはない、と引き締めるのを忘れなかった。次に、フォン・ロスベルク大佐が、爆撃機の編隊が連続して侵入してくる敵の戦術に対して大佐が考えた、ヘルマン少佐の戦法とは別の戦法について説明した：

この戦法は一週間後には始める事ができる。この戦法では、敵の爆撃機編隊がスヘルデ川河口から入ってきて、ルール地方を爆撃して再びスヘルデ川河口へ戻るまでの間、夜間戦闘機部隊を敵編隊と並行して飛行させる。また、敵の爆撃機編隊に、ドイツ空軍の機体を紛れ込ませる。この機体は、爆撃機編隊の先頭の機体に向けて、地上から誘導される。敵の爆撃機のチャフの投下が、先頭の機体を見つけるのに役立つ。「ヴュルツブルク」の表示器にはチャフの雲の列が映るので、その先端の位置が編隊の先頭の機体の位置である。敵の編隊に紛れ込んだ機体は、自分の位置を知らせる電波を送信して、夜間戦闘機部隊を敵の爆撃機編隊へ呼び寄せる。

こうして呼び寄せられた夜間戦闘機が、敵の爆撃機の編隊に近付くと、搭載している捜索レーダーで敵の爆撃機を見つける事ができる。敵が爆撃目標地点に近付くと、ドイツ空軍はヘルマン少佐の「遊撃隊（ヴィルデ・ザウ）」戦法に切り替えて、目視で敵機を自由に攻撃する。防空区画を設定して、そこへ入ってきた敵機を、地上のレーダーで夜間戦闘機を誘導して攻撃させるカムフーバー・ライン方式は、爆撃を終えた爆撃機が編隊を組まずに帰投していく際に防空区画を通過するので、それを夜間戦闘機が攻撃するのに利用できるので、そのまま使用を続け事になった。

ベルリンの航空省では、ドイツ国内におけるチャフの生産について、少し情報が混乱していた。夜間戦闘機の関係者はチャフに対する対応方法を研究するために、チャフの支給を要求した。しかし、最初はチャフの生産には二週間以上かかるとの事だった。その後、夜間防空の関係者は、計画中の英国への報復爆撃のために、ゲーリングがチャフの最初の生産分を爆撃隊へ渡すよう求めている事を知った。そして、夜間戦闘機のベテラン管制官であるハインリッヒ・リュッペル少佐は、数ヵ月前にヴェルノイヒェン実験基地に納入されていたチャフを探し出して、爆撃機部隊に届けるよう命令を受けた。リュッペル少佐は、以前にカムフーバー中将がチャフによるレーダー妨害は不可能だと断定した会議に出ていたので、チャフがすでに作られ、保管されていた事を知った時の少佐の驚きは理解できる。

八月二日の夜、英空軍の爆撃機航空団は、ハンブルクに対する四回目で、最後となる爆撃に出撃したが、今回は天候が悪かった。爆撃部隊がハンブルクに近付くと、、雷雲が頭上高くにそびえ、激しい雷雨が降っていたが、爆撃部隊はそのまま進んだ。目標標識弾が投下されたが、厚い雲に吸い込まれて見えなくなった。あたかも、戦の神が「もう十分だろう」と判断したのか、投下した爆弾は広い範囲に散らばって着弾した。ハンブルク市の民間防衛隊司令官のケール少将は、後に次の様に述べている：

爆弾が爆発する音、雷鳴、建物が炎上する音、激しい豪雨で、ハンブルクの市街地は正に地獄だった。

この爆撃の直後の八月三日の午前に、ミルヒ元帥は再び戦闘機関係者を集めて、ベルリンで会議を開いた。彼は激しさを増している電波妨害を克服するために、永続的な対策が必要な事を強く主張した。そして、「我々が木の枝の上に乗っているとすると、英国はその枝を根本から切り落とそうとしているように思えてきた……」と彼は言った。

＊＊＊

「ウィンドウ（チャフ）」の使用を始めてから、ハンブルクに対する四回の爆撃と、エッセンとレムシャイトに対する各一回の爆撃の合計六回の爆撃で、爆撃機航空団は合計して四〇七四機を出撃させた。その八三％の機体が、予定していた目標地点を爆撃できたが、この比率は非常に高い値と言える。爆撃機の損失は合計一二四機で、損失率は三・一％だった。

攻撃側が新しく始めた「ウィンドウ」によるレーダー妨害は、防御側に壊滅的な効果を与えた。八月の初旬に、ドイツ空軍のマルティニ中将は次の様に報告している：

七月二五日以降、敵はドイツ帝国への来襲の際に、「ハンブルク物体（チャフ）」を夜間爆撃だけでなく、昼間爆撃でも投下した事が何回かある。この新しいレーダー妨害方法の効果は、残念ながら極めて大きかった……この妨害方法は我々の地上設置型および機上搭載型の、デシメートル（一〇センチメートル）波の電波を用いるレーダーに対して、かねてから懸念されていたように、大きな打撃を与えた。

「ウィンドウ（チャフ）」によるレーダー妨害は、予想以上の効果が有った。コックバーン博士は、「ウィンドウ」については、ドイツ側も試験を行っていて、それが非常に強力な妨害方法である事を関係者は知っていた、と後に語っている。しかし、コックバーン博士は次のように結論した：

ドイツ空軍にとって耐えられない打撃となったのは、「ウィンドウ」が防空システムの運用を阻害し続けた結果、ドイツ空軍自身が自らの防空能力に自信を失った事だ。

＊＊＊

「ウィンドウ」の使用開始が大きく遅れた事について、必要性が高い時期に使用できなかったと批判する人もいる。そうした人は、「ウィンドウ」はずっと早くから使用するべきで、そうすれば、もっと早くから大きな効果を上げて、多くの爆撃機を失わずにすんだ、と主張している。しかし、実態を調べてみると、そうとは言えない。コックバーン博士のチームにいたジョーン・カランが考えた縦長の四角形のすず箔は、ドイツの防空システムを完全に麻痺させれなかった事は明らかだ。レーダー波の反射特性が良くなかっただけでなく、重量的に爆撃機に搭載できる量の「ウィンドウ」では、爆撃目標の近くでしか撒く事ができなかった。そのため、目標より手前の国境地域に設置されたカムフーバー・ラインの防空区画では「ウィンドウ」を撒かないので、カムフーバー・ラインのレーダーは妨害を受けずに探知が出来ていたと思われる。一九四二年六月になるまで、英空軍情報部のジョーンズは、ドイツ空軍の戦闘機を地上から管制する「ヴュルツブルク・リーゼ」レーダーの重要性を把握していなかった。そして、ドイツ空軍の夜間戦闘機搭載の「リヒテンシュタイン」レーダーが、幸運にも同じサイズの「ウィンドウ」で妨害できる事が分かったのは、一九四二年一二月になってからだった。こうした「ウィンドウ」で妨害が可能なドイツ空軍のレーダーが、ドイツの防空で大きな役割を果たしている事実が判明するまでは、それまでチャーウエル卿（リンデマン教授）が主張していたように、「ウィンドウ」によるレーダー妨害に対して、英国の防空用レーダーの方が、ドイツの防空用レーダーよりも妨害の影響を強く受けるのではないかと心配したのも理解できる。

「ウィンドウ」をもっと早くから使用していたら、一九四三年七月のハンブルク爆撃と同程度の大損害を、もっと早い時期から敵に与える事ができただろうか？　それについても疑問がある。一九四二年八月から一九四三年七月までの間に、英国の爆撃機航空団の攻撃能力は著しく強化された。この期間内の各月における、もっとも規模の大きな爆撃に参加した爆撃機の機数は以下の通りで、一九四三年になると、爆撃に参加する爆撃機の機数が増加した事が分かる。

一九四二年	八月	三〇七機	一九四三年	一月	二〇五機
	九月	四七六機		二月	四六六機
	一〇月	二八九機		三月	四五七機
	一一月	二三九機		四月	五七二機
	一二月	二七二機		五月	八二六機
				六月	七八三機
				七月	七八七機

また、一九四二年の中頃は、爆撃機の大半は双発機だったのに対して、一九四三年の中頃には、大半が爆弾搭載量が二倍以上の四発機になっていた。総合的に考えれば、一九四三年の中期以降から、英空軍の爆弾投下能力は格段に向上している。

一九四三年初頭には、英空軍の爆撃機の爆撃精度は、H_2Sレーダーと「オーボエ」航法装置の導入により、装置の能力的には大幅に向上していた。しかし、搭乗員がH_2Sレーダーを有効に使いこなせるようになったのは、一九四三年五月になってからだった。従って、この頃になって爆撃機航空団は、ハンブルク市に与えたと同程度の損害を与える能力を持ったと考えても良いだろう。それに加えて、すぐ後に説明するが、ドイツ空軍は「ウィンドウ」の効果を回避するための新しい戦術を、予想以上に速く用いるようになった。

カムフーバー中将は戦争後に、「ウィンドウ」の使用開始時期は適正だった、と語っている。もしそれ以前に「ウィンドウ」が使用されていたら、ドイツの電子工業界はその妨害に対処できる新型レーダーを開発できたと思われるが、一九四三年七月の時点では、電子工業界はその開発に力を十分にかけれなかった。その頃にはドイツの電子工業界では、他の新兵器に関連する開発作業が多くなっていて、中でも、V‐2弾道弾関連の開発は優先度が高く、そちらにも開発能力の投入が必要だったのだ。

＊＊＊

一九四三年八月初旬には、英空軍のレーダー妨害により、ドイツ空軍の夜間戦闘機は、その戦闘能力をほとんど発揮できなくなっていた。一方、英空軍では、「モニカ」後方警戒レーダーや、「ブーザー」レーダー波警報装置を装備した爆撃機の機数が増加したのに加え、H_2Sレーダーの使用にも習熟して、爆撃精度が向上していた。ドイツ空軍としては、アレクサンドロス大王がゴルディアスの結び目を一刀で解き放ったように、一挙に問題を解決する方策が必要だった。

この状況でも、ドイツ空軍の上層部は、カムフーバー・ラインによる夜間防空方式を、まだ何とか機能させれないか考えていた。戦闘機隊総監のアドルフ・ガーランド少将は、「ウィンドウ」の使用が始まった後に、ベルリンの航空省で開かれた重要な会議に出席した。彼は会議の雰囲気について、後に次の様に述べている：

ドイツ空軍の上層部において、この時のように、国土防衛に対する固い決意と強い熱意が共有される場面を、それ以前もそれ以後も私は見た事がない。ハンブルクの壊滅的被害に衝撃を受けて、全員がそれぞれの個人的な利害や、所属部門の利害を度外視していると感じた。参謀本部と軍需産業側に意見の対立はなく、爆撃機側と戦闘機側の競争意識も無かった。ドイツ帝国の防衛が危機に瀕しているこの重要な時に、それぞれが最善を尽くす必要があるとの共通認識があり、これほどの規模の国家的な惨事の再発を防ぐために、出来る事は全て行うべきだとの決意が出席者全員にみなぎっていた。

七月三一日、ドイツの防空作戦全体の最高責任者であるフーベルト・ヴァイゼ大将は、指揮下の司令官達に次の訓示を行なった：

……レーダーに対する妨害により、敵の大規模な夜間爆撃に対する防衛が現状では非常に困難になっている。そのため、いかなる手段でも利用しなければならない。迎撃戦闘機の搭乗員は、戦果を上げるにはわが身を顧みずに戦う決意が必要な事を、肝に銘じる必要がある。

ヴァイゼ大将は、ヘルマン少佐が指揮する新しい単発戦闘機の戦闘航空団が、爆撃目標の都市の上空で、「ヴィルデ・ザウ」戦法で防空戦闘を始める様に命令した。これまで夜間防空の主力だった双発夜間戦闘機は、敵の爆撃機をその往路と復路で攻撃し、爆撃目標の都市上空でも攻撃する。この双発夜間戦闘機用にフォン・ロスベルク大佐が考えた戦法は、「ツァーメ・ザウ（飼いならされた猪）」と呼ぶ事になった。

単発夜間戦闘機の戦闘機航空団司令部は、各地域の防空司令部や高射砲部隊司令部と連絡を取り、爆撃目標地点上空に敵の爆撃機編隊が到着した時に、単発夜間戦闘機隊が待ち構えて攻撃できるよう、時間を見計らって離陸させる。戦闘機が離陸すると、関係先に離陸した事を直ちに連絡する。防空司令部と高射砲部隊司令部は、単発戦闘機の戦闘航空団司令部に爆撃機の現在の位置と予想される爆撃目標地域を報せ続ける。

爆撃目標地域では、単発夜間戦闘機が敵の爆撃機を視認するのを助けるために、ドイツ軍は様々な方法を用いた。

「ヴィルデ・ザウ」戦法には最適の状況。上から見ると、サーチライトと地上の火災により明るくなっている雲を背景に、ランカスター爆撃機の姿がはっきりと見える。1944年12月のベルリン爆撃の際に撮影。

薄い雲が目標地点上空を覆っている場合には、「すりガラス（mattscheibe）」と呼ばれる新しい方法を採用した。サーチライトで雲の下面を照射すると、上空で旋回しながら待ち受けている単発戦闘機は、明るく照らされた雲の上を飛行する爆撃機を発見しやすくなる。目標地域で火災が発生すると、その明るさで雲の上を飛ぶ爆撃機は、更に発見しやすくなる。このような方法に対しては、レーダーへの妨害は効果がない。

新しく「ヴィルデ・ザウ」戦法が採用された事で、ドイツ空軍の夜間戦闘機部隊は総合的に戦術を見直す時間が取れた。カムフーバー・ライン方式では、夜間戦闘機はほとんどの場合、自分の飛行場周辺だけで作戦行動を行ない、常に同じ地上レーダー局の管制を受ける。全てが規則で縛られた戦闘方式である。しかし、そうした戦闘方式は全面的に見直された。夜間戦闘機は敵爆撃機を求めて、ドイツ国内を飛び回り、燃料が少なくなった時だけ、追跡を中断して着陸し燃料を補給する。

夜間防空の指揮については、各防空区画を担当する夜間戦闘機の地上管制局が指揮する方式から、戦闘機師団の司令部が所属の機体を指揮をする方式に変更された。

第一戦闘機師団はドイツの北西部を担当し、司令部はベルリン近郊に置かれた。第二戦闘機師団は、シュターデからハンブルクまでのドイツ北部を担当し、第三戦闘機師団は、オランダのアーネムからディーレンまでの、ドイツ北西部への爆撃機の進路になる地域を担当する。第四戦闘機師団は、フランスのメッツを含む、西からの爆撃機の進路になる地域を担当する。第七戦闘機師団は、ドイツ南部を担当し、ミュンヘンの近くのシュライスハイムに司令部が置かれた。もともとのカムフーバー・ライン方式では、こうした司令部は防空戦闘全体の状況を各地の地上管制局に伝えるために利用されていた。新しい方式では、単発戦闘機については、情報の流れは逆方向になった。各地のレーダー局は所属する地区の戦闘機師団の司令部に探知情報を伝え、戦闘機師団の司令部が師団の担当地域全体の防空戦闘を指揮する。それぞれの戦闘機師団の司令部の状況表示地図には、以前の「ゼーブルク・テーブル」では数十㎞の範囲しか表示されていなかったのに対して、ずっと広い範囲が表示される。今回の防空方式では、一人の管制官が、戦闘機師団の全ての単発夜間戦闘機部隊に対して、緊急出撃命令と、予想される爆撃機の進路を考慮して、どの無線標識の上空に集合するかの指示を出す。管制官は敵の爆撃機の進路が分かると、無線で単発夜間戦闘機隊にどちらの方向へ飛行するかを指示をする。

ドイツ空軍は、一九四三年八月一七日の夜、英空軍がV‐2ロケットなどの研究開発を行っているペーネミュンデの研究施設を爆撃した際に、新しい防空方式を初めて本格的に使用した。爆撃精度を高めるために満月の夜を選んで、英空軍の爆撃部隊はペーネミュンデを襲った。この満月の明るさは、「ヴィルデ・ザウ」戦法には最適だったが、その夜の英空軍は巧妙な戦術を用いて、ドイツ空軍の新方式には大きな弱点がある事を明らかにした。ヘルマン少佐の単座夜間戦闘機部隊の五五機と、双発夜間戦闘機部隊の一五八機が緊急発進した。しかし、八機のモスキート爆撃機によるベルリンへの偽装攻撃にだまされて、第一戦闘機師団の主任作戦士官は、戦闘機にベルリン上空に集まるよう指示してしまった。しばらくすると二〇〇機以上の戦闘機がベルリン上空で旋回しながら待機していた。地上では高射砲部隊が、目標を捕捉してもいないのに夜空に砲弾を打ち上げていた。ベルリンの高射砲塔の上では、ミルヒ元帥が信じられない思いでその状況を見ていた。戦闘機部隊は高射砲部隊に対して、ドイツ軍機である事を示すために、前もって決められていた色の信号弾を射出したが、高射砲部隊は上空の機体のエンジン音があまりにも大きいので、敵の爆撃機の編隊が上空に来ていると思い込み、高射砲を撃ち続けた。一方、戦闘機部隊は、高射砲部隊は敵の爆撃部隊がベルリン上空にいる事を知らされているに違いないと思い、そのままベルリン上空で待機し続けた。戦闘機部隊にとって幸いな事に、高射砲弾は戦闘機の飛行高度より低い高度で爆発する様に設定されていたので、ドイツ空軍の戦闘機には損害はなかった。

ペーネミュンデに英空軍の目標標識弾の投下が始まると、ベルリンから約一六〇㎞北に離れた位置だったが、戦闘機の搭乗員達にはその目標標識弾の爆発が見えたので、英空軍の偽装作戦にだまされた事に気付いた。ベルリン上空で待機し続けるように指示されたが、燃料が十分にある機体は標識弾の方向へ急行した。まだベルリン上空まで来ていなかった戦闘機もペーネミュンデに向かった。ペーネミュンデに向かった戦闘機は、爆撃部隊を捕捉するのに間に合い、四一機を撃墜した。偽装作戦にだまされたが、これだけの機数を撃墜出来た事で、この戦法が有望である事が証明された。この爆撃における英空軍の損失率は七％で、「ウィンドウ」の使用前の損失率より高かった。

ペーネミュンデに対する爆撃作戦では、ブラハム中佐が指揮する、「セレート」逆探装置を装備した英空軍のボーファイター戦闘機部隊も、ドイツ空軍機との戦闘を行なった。オランダの沖合で敵の戦闘機を探していたボーファイター機の部隊は、ドイツ空軍の第一夜間戦闘機航空団（ＮＪＧ１）第四飛行中隊の五機のＢｆ１１０夜間戦闘機と遭遇した。ドイツ空軍機は攻撃しようと接近してきたが、英空軍機から予想以上の厳しい反撃を受けた。ブラハム中佐は二機を撃墜し、別のボーファイター機がもう一機を撃墜した。味方のドイツ軍の高射砲で、Ｂｆ１１０型機が一機撃墜され、もう一機はエンジンの故障により引き上げていった。第一夜間戦闘機航空団第四飛行中隊にとっては、この夜はさんざんな結果だった。

「セレート」を装備したボーファイター機は、航続距離が短いのでドイツ本土の奥深くまで進出できず、全て海上か沿岸地域で敵機と戦った。しかし、ドイツ空軍の新しい「遊撃隊」による夜間戦闘方式では、ドイツ空軍の戦闘機は、敵機を国境地帯の防空区画だけではなく、ドイツ本土内でも英空軍の爆撃機を追跡し攻撃する。そのため、ボーファイター戦闘機を使用する第一四一飛行中隊がドイツ空軍の夜間戦闘機と交戦する頻度は、一九四三年の秋が近付くと急激に減少した。

八月一七日から一八日にかけてのペーネミュンデ爆撃の際に、ベルリン上空で無益な待機をする事で迎撃に失敗したので、ミルヒ元帥はその失敗の原因を明らかにするための調査を行なった。責任は高射砲部隊にあるとされ、ゲーリング国家元帥は都市上空における高射砲弾の爆発高度の上限を厳しく守るよう命令したので、ヘルマン少佐の単発戦闘機部隊は、都市上空での夜間防空で、その能力を最大限に発揮できるようになった。

八月二三日の夜、英空軍爆撃機航空団のハリス司令官は、数週間前のハンブルク大空襲のような大損害をベルリンにも与えようと、七二七機の爆撃機を出撃させた。しかし、ハンブルクのような大損害を与える事はできなかった。爆撃開始時刻は二三時四五分とされていた。イングランドにある英空軍の無線通信傍受所は、英空軍の爆撃機の状況を伝えるドイツ軍の無線通信を傍受していたが、ドイツ空軍の戦闘機管制官が二二時三八分に、ベルリンが爆撃目標らしいと送信するのを傍受した。爆撃開始まで四〇分以上前の二三時〇四分に、飛行中の全てのドイツ空軍の夜間戦闘機に対して、ベルリン上空へ移動せよとの指示が出た。その指示の結果、英空軍の爆撃部隊は、ある爆撃機の航法士が戦闘日誌に「僚機が撃墜された」と、何度も続けて記入する結果になってしまった。

帰投したある爆撃機の搭乗員は、八〇機近い戦闘機を視認し、三一回攻撃されたと報告している。その三一回のうちで、二三回は爆撃目標地点から一六〇㎞までの範囲内で、更にその内の一五回は目標地点付近でだった。このドイツ空軍の迎撃状況は、爆撃機の搭乗員に不安を感じさせた。それまでは、都市上空の高射砲が防空を担当する空域では、戦闘機の攻撃は心配しなくても良かったが、今回は都市の上空でも戦闘機が攻撃してきたのだ。注目すべき事には、ベルリン上空では高射砲の射撃はほとんどなかった。搭乗員によれば、ベルリン市街地とその周囲をサーチライトが取り囲んでいて、戦闘機が爆撃機を発見するのに協力していた。その結果、爆撃部隊は大きな損害を受け、それまでで最多となる五六機を失った。撃墜された機体の内、少なくとも三三機が戦闘機により撃墜されたが、その内の二〇機以上がベルリンの上空で撃墜されていた。

ハリス司令官は、更にもう二回、ベルリンに爆撃部隊を出撃させたが、二回ともドイツ空軍の新しい防空方式で多くの機体を失った。八月三一日の夜の爆撃では、ヘルマン少佐はドイツ空軍の爆撃機部隊に、英国の爆撃機編隊の上空を飛行してもらい、パラシュート付き照明弾を投下して英国の爆撃機を照らし出してもらった。また、ドイツ空軍の夜間戦闘機は、モスキート爆撃先導機が後続機に進路を示すために、途中の所々に投下する標識弾を見て爆撃部隊の進路を知り、迎撃に利用した。英空軍の無線通信傍受所は、デンマークのグローブからフランスのジュヴァンクールとディジョン付近までの広い範囲から、ドイツ空軍の夜間戦闘機が呼び寄せられるのを傍受した。こうしたドイツ空軍の防空活動により、この爆撃では四七機の爆撃機が帰還できなかった。九月三日の夜、ハリス司令官はベルリンに対する一連の爆撃の最後となる三回目の爆撃を、三一六機のランカスター機だけで行なった。ランカスター機は英国の重爆撃機の中で最も性能が良い機体だが、それでも二〇機が帰還できなかった。

ベルリンに対する三回の爆撃により、ベルリン市街の西側部分は大きな被害を受けた。しかし、そのために英空軍は一二三機の爆撃機とその搭乗員を失った。この三回の爆撃による損失機数は、「ウィンドウ」導入後の最初の六回の大規模爆撃での損失機数とほとんど同じだった。これらの爆撃作戦で英空軍の爆撃機航空団が学んだ大きな教訓は、目標地点をぎりぎりまで知られないようにする事の重要性だった。進路をわざと迂回させたり、別の場所を爆撃するかのように見せかけて敵の夜間戦闘機を惑わせれば、攻撃を受ける可能性を減らす事ができる。

一九四三年の夏は、晴れた夜であれば、ヘルマン少佐の単座戦闘機を使用する戦法は、大きな戦果を上げる事ができた。実際には、英空軍が「ウィンドウ」の使用を始めた事で、ドイツ空軍は「遊撃隊」を用いる新しい戦法を採用せざるを得なくなったのだが、その戦法はそれまでの地上からの誘導による方式より効果的だと思われた。また、ド

ヨーゼフ・シュミット少将（写真右側）は、カムフーバー中将が1943年7月に「ウィンドウ（チャフ）」への対応に失敗して防空部隊の司令官から更迭された後に、ドイツ空軍の夜間戦闘機部隊の指揮を取る事になった。

イツ空軍の双発夜間戦闘機が行うようになった、長距離に渡り英国の爆撃機編隊を追跡し攻撃する戦法は、何回か大きな戦果を上げた。デンマーク北部を基地とする双発夜間戦闘機が、シュトゥットガルトまで追跡して英国爆撃機を攻撃した事も何回かあった。新しい「遊撃隊（ヴィルデ・ザウ）」戦法は、状況に合わせて柔軟な対応ができるが、管制官の戦闘機を的確に誘導する能力に大きく影響された。

しかし、ヘルマン少佐の部隊の「遊撃隊」戦法は、勇敢なパイロット達の活躍により大きな戦果を上げたが、当初は予想できなかった長期的な負の影響をドイツ空軍にもたらした。ドイツ空軍は「ウィンドウ」などの妨害を克服するために、レーダーの改良、開発に努力するのではなく、夜間の防空戦闘における華々しいが短期的な戦果を上げる事ばかりに努力をした。そのため、ドイツ空軍のレーダーを用いる夜間戦闘機の迎撃管制システムは改良されなかった。それに対して、英空軍の爆撃機部隊は、爆撃方法の改善の努力を続けていた。

「ウィンドウ」によるレーダー妨害で、ドイツ空軍が夜間防空で苦戦するようになった事は、カムフーバー中将の立場にも影響を及ぼした。彼は防空部隊の司令官から更迭され、彼の職務は、新しく編成された第一戦闘機軍団の司令官のヨーゼフ・シュミット少将が引き継ぐ事となった。シュミット少将はそれまでの防空システムの再検討を始めた。対空警戒用のレーダーの探知範囲を、ドイツの南部と東部に拡げるために、彼は既設の対空警戒用のレーダー局の幾つかを、別の場所に移す事にした。

＊＊＊

ドイツ空軍に対する電子戦における優位性をさらに高めるために、英空軍はドイツ空軍への通信妨害を強化する事にした。ドイツ空軍が新しく採用した「遊撃隊」戦法の弱点は、侵入してくる敵の爆撃機編隊の位置と進行方向について、戦闘機が正確な情報を適切なタイミングで地上から受ける必要がある事だ。地上管制官が、正しい情報を正しいタイミングで戦闘機に伝える事が出来なければ、この戦法は成立しない。そのため、ドイツ空軍の地上と戦闘機の間の無線通信に対して、英空軍爆撃機航空団は新しい装置を用いて妨害を行う事にした。

ドイツ空軍では敵の爆撃機の情報を戦闘機に、三MHzから六MHzの短波（HF）帯と、三八MHzから四二MHzの超短波（VHF）帯の電波を用いて、強力な送信機で情報を伝えていた。HFの通信に対しては、原始的だが「ティンセル」雑音害装置で妨害ができる。「ティンセル」は、自分の機体のエンジン音を、ドイツ空軍の戦闘機が使用している周波数で大きな音量で送信する事で、ドイツ空軍の通信を妨害する。最初の頃は、爆撃機の無線士がドイツ空軍が通信に使用中の電波の周波数を探して、妨害装置の送信周波数をその周波数に合わせて妨害電波を送信していた。これは手間がかかる面倒な方法である。この電波妨害をより簡単に行えるようにするために、爆撃機航空団は「スペシャル・ティンセル」と名付けられた、新しい方式を導入した。イングランドにある通信傍受所が、ドイツ空軍の地上局が戦闘機へ情報を送信している電波を受信すると、その周波数を直ちに、上空の爆撃機に伝える。すると、「ティンセル」妨害装置を装備している全ての機体が、そのドイツ軍が使用している周波数に「ティンセル」の送信周波数を合わせる。こうした地上部隊と飛行中の機体の連携により、飛行中の数百機の爆撃機の妨害電波送信機が一斉に妨害電波を発信すると、ドイツ軍機は地上からの指示を聞きとれなくなる。英空軍の爆撃機の編隊の近くを飛んでいるドイツ空軍の夜間戦闘機は、その影響を特に強く受ける。

それでもドイツ空軍はまだＶＨＦ帯の電波で通信が可能なので、コックバーン博士のチームは、ＶＨＦ帯用の強力な妨害電波送信機の開発を優先的に行う事にした。次の章では、この妨害装置の効果について述べる。

＊＊＊

一九四三年六月から一二月までの間に、ドイツ空軍の双発夜間戦闘機の機数は、五五四機から六一一機に増加した。機数の増加は少ないが、Ｄｏ２１７型機が使用されなくなり、Ｂｆ１１０型機とＪｕ88型機の旧型機が改良型機に置き換えられ、新型機のＨｅ２１９型機が加わったので、質的には大きく向上した。また、一九四三年の冬になると、新しいＹ装置を用いた地上管制方式も、「ツァーメ・ザウ」戦法の有効性を高めるために用いられるようになった。地上管制官は長く連なって侵入してくる英空軍の爆撃機がドイツの防空圏内に入ってくると、できるだけ速やかに防空戦闘機を爆撃機編隊に向かわせた。防空戦闘機は英空軍の爆撃部隊を見つけると、爆撃目標地点の一六〇㎞以上も手前からでも、爆撃機編隊と並んで飛行しながら攻撃を行なった。

また、ドイツ空軍はその間に、戦闘機の誘導と高射砲の射撃管制に用いられる「ヴュルツブルク」レーダーを改良して、「ウィンドウ」による妨害に対してある程度は対応できるようにした。ドイツ軍はこの「ウィンドウ」対策を「シラミ（ドイツ語ではラウス）取り」と呼ぶ事にして、「ウィンドウ対策」をした改良型のレーダーを、「ヴュルツラウス（ヴュルツブルク＋ラウスの造語）」と名付けた。このレーダーは、英空軍が「ウィンドウ」を投下し始めてからわずか一週間後に試作型が完成した。このレーダーの試作型の実際の作動状況を、八月の第一週にヴェルノイヒェン実験場で、マルティニ少将とフォン・ロスベルク大佐が実際に確認した。

「ヴュルツラウス」レーダーは、ドップラー効果を利用している。レーダーから送信されたパルス波は、物体に当たると反射されて戻ってくるが、物体がレーダーの方向に近付くなり遠ざかるなりして相対的に移動していると、戻ってきた反射波の周波数は、送信された周波数から変化する。「ウィンドウ」の金属箔は、機体から投下されるとすぐに前進速度が無くなる。そのため、動きが無くなった「ウィンドウ」の雲と、高速で移動している飛行機では、地上のレーダーが受信するレーダー波の反射波の周波数がドップラー効果により違うので、それを利用して「ウィンドウ」の雲と飛行機を見分ける事で、「ウィンドウ」による妨害に対処できる。

しかし、この方式には、すぐに分かるように、問題が一つある。「ヴュルツラウス」レーダーでは、レーダー波を受けた飛行機がレーダーに対して、近付くか遠ざかる方向の速度成分が二〇km／時以上ないと、ドップラー効果を利用できないのだ。飛行機がレーダーに対して横方向に飛んでいる場合には、レーダーの方向への速度成分が小さいので、ドップラー効果を利用できない。この場合は、レーダーは飛行機と「ウィンドウ」の雲を区別できない。更に、もし上空の風速が二〇km／時を超える場合には、「ウィンドウ」の雲も風で移動するので、風の方向によってはドップラー効果を利用して飛行機と「ウィンドウ」の雲を区別する事ができない。「ヴュルツラウス」レーダーの改良型が作られると、ヴァイゼ大将とマルティニ少将は九月にその作動状況を視察した。その時の評価では、レーダーの作動状況は「良好」とされた。

「ヴュルツブルク」レーダーに適用された次の「ウィンドウ対策」は、「ヴュルツラウス」レーダーの弱点を克服するための改修だった。改修後は「ニュルンベルク」と呼ばれるそのレーダーは、飛行機から反射されるレーダー波は、回転しているプロペラの反射の影響で、その強度が周期的に変化する現象を利用する。レーダー手は左右の耳にイアフォンを着け、レーダー波の反射波の強さの変化を、音の強さの変化として聞き取る。レーダー波がプロペラ付きの飛行機に当たって反射してきた場合には、レーダー手には特徴的なカサカサという音が聞こえる。レーダー波が「ウィンドウ」の雲で反射された場合には、そうした音は聞こえない。しかし、この音を聞きとって判断するのは難しい作業なので、レーダー手には不評だった。この「ニュルンベルク」で良い成果を収めたのは、技量が高い少数のレーダー操作員だけだった。

九月一一日、プレンドル教授はこの「ニュルンベルク」レーダーの生産計画案を提出した。航空機総監のミルヒ元

H_2S レーダーの出す電波を受信して、その方向を測定する「コルフ」方向探知装置のアンテナ。H_2S レーダー搭載機の進路を追跡するのに使用された。

帥の指示により、プレンドル博士は「ニュルンベルク」レーダーについて、試作から部隊配備までの過程の全てを監督する事になった。三か月の間に、プレンドル博士の作業チームは、一五〇〇台の「ヴュルツブルク」レーダーを「ニュルンベルク」レーダーへ改修した。

この頃、ヴェルノイヒェン実験場では、「ナクソスZ」装置の飛行試験が始まっていた。この装置は、約一六km（一〇マイル）の距離から、H_2Sレーダーの電波を受信してその方向を知る事ができる。ミルヒ元帥は、毎月五台の「ナクソスZ」装置が製造され、夜間戦闘機に取り付けられる予定になっているとの報告を受けた。ミルヒ元帥は喜んで、「爆撃機の本隊が到着する前に、爆撃先導機を撃墜できれば。その効果は大きいぞ！」と叫んだ（この頃は爆撃部隊では爆撃先導機だけがH_2Sレーダーを装備していた）。

ドイツ空軍はこの頃になっても、英空軍のH_2Sレーダーの表示器に、何がどのように表示されるのかを把握できないでいた。撃墜した機体から回収した「ロッテルダム装置（H_2Sレーダーのドイツ側の名称）」を、ドイツ軍の爆撃機に取り付けて、六月に空中で使用してみたが、都市はぼんやりとしか表示されなかった。ドイツ空軍の捕虜尋問担当者は、英空軍の搭乗員の捕虜を数百名も尋問して、この装置が航法用なのか、それとも爆撃目標地点を見つけるのに使用されているのかを聞き出そうとした。しかし、一九四三年九月初めになっても、まだどちらかはっきりしていなかった。ベルリンでの会議で、シュヴェンケ大佐は、ドイツ軍の電波監視所の「コルフ」受信機はH_2Sレーダーの電波を受信しているが、受信状況からすると、爆撃機が離陸してまだイングランド上空にいる時から、H_2Sレーダーが使用されている場合が多い、と報告した。ミルヒ元帥は「捕虜の尋問で、H_2Sの表示器で何がどう見えるか分かったか?」と質問した。シュヴェンケ大佐は、まだはっきりとは分かっていないとミルヒに答えた。ドイツ軍はレーダー画面の写真をまだ入手していない。そのため、「これまでの尋問の結果では、彼等は我々の実験の時より、ずっと鮮明な画像を見ているらしい事しか分かりません」と答えた。ミルヒはそれに反論した：

そうは言っても、捕虜が本当の事を言っていない可能性が高い。まともな捕虜なら、我々に嘘をつくだろう。でも、中にはまともでない捕虜もいるだろう。そうした捕虜から、ベルリン上空を飛んでいた時、ベルリンの市街地がレーダーの表示器にどのように表示されていたか聞きだしたら良いのではないか。

シュヴェンケ大佐はその指摘に対して、「捕虜達は都市の市街地部分を見つけるのは可能だと言っていますが、装置の取り扱いが難しいとか、はっきり地形が表示されないと不平を漏らす者もいます。H_2Sレーダーが順調に機能していれば、四〇km先から都市を見つける事ができる、と言ったレーダー員もおります。」と答えた。

それを聞いてミルヒは「敵はどうやって都市と周囲の田園地帯を見分けているのかね?」と尋ねた。シュヴェンケ大佐は、「捕虜の一人は次のように説明しています。レーダーを作動させていると、都市から八〇kmの距離になると、都市は表示画面の下の端に、硬貨程度の大きさの、ぼやけた明るい部分として見えてきます。ニュルンベルクの場合には、そのように見えたと答えた捕虜がおります」と答えた。ニュルンベルクの町はぼやけた明るい部分として表示され、その周囲の田園地帯は暗く表示されるらしいのだ。ハイネ将軍がそれに付け加えた：

市街地に近付くにつれ、明るい月のような部分が、表示画面の下部から中央部に向けて移動してくるとの事です。レーダーの表示画面では、地表面は北を上にして表示されるので、搭乗員は地図を参照して、硬貨程度の大きさに明るく表示されているのがどの都市であるか、容易に判断できると思われます。爆撃目標の都市の位置は正確に分かっています。自分の飛行している位置は分かっていて、目標標識弾も投下されているので、爆撃目標地点はすぐに分かるとの事です。

ミルヒ元帥は、このH_2Sレーダーを使う爆撃に対して、最善の対抗手段は夜間戦闘機だが、問題は夜間戦闘機が飛べない悪天候の時でも、英空軍はH_2Sレーダーを用いて爆撃ができる事だ、と指摘した。会議に出ていた誰かが、「英国は昔からの難問である正確な盲目爆撃を[訳注4]、このレーダーで可能にしたんだ」と軽率な発言をしてしまった。その発言者に対して、ミルヒは、「彼らは成功したとも！　彼らは『盲目』爆撃をしているのではない。彼らにはレーダーで地上を見て爆撃しているんだ！」としかりつけた。

英空軍の爆撃機は、離陸して海上へ出ると、自分の位置や進路の確認のために、すぐに強力な電波を出すH_2Sレーダーのスイッチを入れていた。ドイツ空軍の電波監視所はその電波を利用した。ドイツ空軍の通信隊は、「いかなる無線通信も利敵行為である」と隊員に厳しく教えていた。こうした英空軍のレーダー電波の送信は、その教えに反する行為だった。テレフンケン社は、「ヴュルツブルク」レーダーのパラボラアンテナに、「ナクソスZ」逆探装置の受信機を接続した「ナクスブルク」と呼ばれる装置を何台か製作した。この装置は、H_2Sレーダーが出している電波を受信して、その方位を正確に測定する事ができた。この新しい受信装置は最初にエッセン市の近くに設置された。九月二二日に初めて試験的に使用すると、一六〇㎞先でH_2Sレーダーを作動させている英空軍の爆撃機の方位を正確に測定できた。この「ナクスブルク」は何台も作られ、それを用いてドイツ西部に侵入してきた英空軍の爆撃機編隊を追跡するための専門の部隊が作られた。更に、ドイツ空軍の通信部隊は、英空軍の爆撃機が搭載している敵味方識別装置（ＩＦＦ）[訳注5]の応答機を、ドイツ軍が出す質問信号に応答させる方法を考え出した。それによりH_2Sレーダーを搭載していない爆撃機についても、爆撃機までの距離と方位の情報が得られるようになった。この方法は、ドイツ領空に侵入してきた英空軍の爆撃機の編隊を追跡する上で、レーダーによる探知の補助手段として役に立った。

一九四三年の夏の終わり頃には、ドイツ空軍は英空軍の「ウィンドウ」の使用により絶望的な状況に陥っていたが、秋から冬になる頃には連合国側の予測よりよりずっと速やかに、その絶望的な状況から抜け出しつつあった。ドイツの科学者達は電子妨害に対抗できる新しいレーダーを開発中だったし、H^2Sレーダーを搭載した爆撃機を発見し攻撃するために、夜間戦闘機がH^2Sレーダーの電波が出ている方向を知るための受信機も開発していた。英国の爆撃機が搭載する電子機器は増加していたが、ドイツ空軍はそれらの電子機器が出す電波を利用して、敵機を追跡し攻撃するようになった。今やドイツ空軍は総力を挙げて戦局を挽回しようとしていて、英空軍の爆撃機航空団を、これまで以上に厳しく痛めつけようとしていた。

第10章　戦局は山場に

「航空戦において、敵が我々を好き勝手にもてあそぶのを見せつけられる事は屈辱的である。敵は毎月のように新しい装置、戦術を持ち込んでくるが、我々がそれに対処できるようになるには、数週間、数ヵ月を要する。戦局のどの段階であれ、敵に差をつけられると、その差を埋める事は極めて困難だ。これまで、航空戦での失敗を取り返すのに我々は必死に努力してきたが、成功したとは言えない。しかし、まだ望みは有る。」

宣伝相大臣ヨーゼフ・ゲッベルスの一九四三年一一月七日の日記より

H_2Sレーダーは爆撃の照準に使用できるのに加え、爆撃目標地点へ正確に飛行するための航法装置としても非常に役に立つ。そのため、爆撃機の搭乗員は、飛行中はずっとレーダーを作動させていた。そのレーダーが出す電波を受信する事で、ドイツ空軍の電波監視所は、英空軍の爆撃機部隊の位置を、離陸から着陸までずっと知る事が可能だった。その位置情報を利用して、ドイツ空軍は敵の爆撃機編隊に対して、多数の夜間戦闘機を集中させて攻撃する戦術をとったので、英空軍の爆撃機部隊の損失は大きくなった。

英空軍の爆撃機航空団はこの戦術に対抗するために、爆撃目標地点の予測を困難にしようとした。一〇月三日から

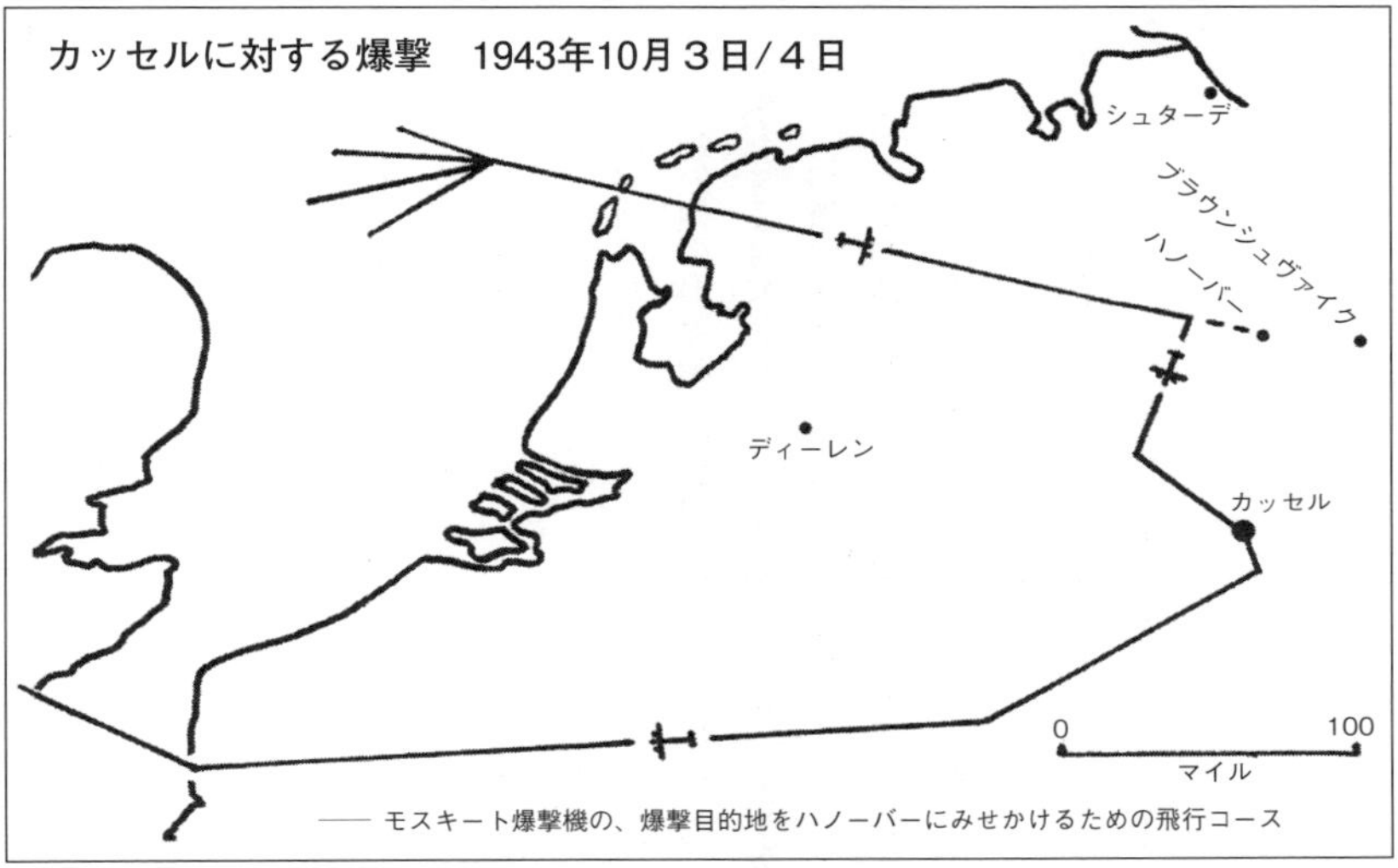

四日にかけてのカッセルへの爆撃では、五四〇機の重爆撃機と九機のモスキート爆撃機は、大陸側の海岸線を越えると、ハノーバーへ向かって真っすぐ飛行した。ドイツ空軍の地上管制官は、ハノーバーが爆撃目標だと考え、戦闘機にハノーバー上空に集まるよう指示した。しかし、ハノーバーの西方約五〇㎞の地点で、爆撃部隊の本隊は南に進路を変えた。しかし、モスキート爆撃機はそのままハノーバーへ向かって進み続けた。モスキート爆撃機は爆撃目標地点を示すための緑色標識弾と通常爆弾をハノーバーに投下したので、ドイツ空軍はハノーバーに爆撃機の主力部隊が来ると考え、戦闘機をハノーバー上空で待機させた。標識弾の光が消えても、爆撃部隊の本隊はハノーバーには現れず、地上管制官は戦闘機にブラウンシュヴァイクへ向かう様に指示した。カッセル上空で黄色標識弾が爆発してから七分後になって、やっとドイツ空軍の地上管制官は戦闘機にカッセルへ向かう様に指示した。カッセルへ急行したドイツ空軍の夜間戦闘機は、英空軍の爆撃部隊の最後尾の編隊を攻撃する事ができた。爆撃部隊のうちの二四機、出撃機数の四・四％の機体が帰還できなかった。

英空軍の爆撃部隊の位置情報を利用するドイツ空軍の戦術は、この夜はもっと大きな戦果を上げても良かったが、この時は高射砲部隊と夜間戦闘機の間の連携が良くなかった。更に、ドイツ空軍は自軍のレーダー局の情報もうまく利用できなかった。こうした失敗の原因は、一〇月五日の、ベルリンにおけるミルヒ元帥を議長とする会議で検討された。この夜、自分自身も夜間戦闘機に搭乗して戦闘に参加していたフォン・ロスベルク大佐が、会議でその時の戦闘の状況を次のように語っている：

高射砲部隊は「敵の大編隊が接近中」の連絡を受けるとすぐに、各高射砲に「射撃開始！」の命令を下した。各高射砲は砲弾の爆発高度を味方の夜間戦闘機が飛行する高度以下に制限せずに、それぞれが勝手に設定して対空射撃を始めた。その結果、オランダのフェンロー基地の飛行中隊の機体が一機、ボンの上空でエンジンに被弾し、もう一機が無線標識「オットー」上空で被弾した。どちらも味方の高射砲による被弾で、しかも同じ飛行中隊の機体だった。私も高射砲が射撃してきたので、退避せざるをえなかった。カッセルが爆撃されている時には、高射砲の射撃が激しかったので、ほとんどの夜間戦闘機はカッセル上空に近付く事すらできなかった。夜間戦闘機は高射砲の射撃範囲の外で待機していたので、敵の爆撃機を攻撃する機会を逃した。高射砲の射撃範囲の外側で飛行する様に指示されたが、雲がかかっている状態ではその指示をどうやって守れただろう？　しかし、カッセルへの爆撃を防げなかった原因は別にある。敵の爆撃機編隊は、ハノーバーを爆撃するように見せかけてから、カッセルへ通常とは異なる経路で侵入してきたので、我々はカッセルが爆撃目標だと判断するのが遅れた。敵はハノーバーを爆撃するコースを飛行していたが、ハノーバー西方約六〇kmで突然、南に進路を変えた……カッセルに向かって進路を変えたのだ。

ミルヒは答えが分かっていても質問をした。「なぜ夜間戦闘機隊は爆撃機を市街地上空まで追跡しなかったのか？」と質問したのだ。その地域の防空司令部からの出席者は、ミルヒにその地域を監視するレーダーの台数が十分では無かったと説明した。ミルヒはその答えに満足せず、次のように述べた。

それは理由にならない。レーダーによる探知が十分にできなかったとしても、敵編隊の進路を判断する事は可能だったはずだ。敵がハノーバーの六〇km西で進路を変更した時、どうして誰もカッセルが目標だと気付かなかったのか理解できない。私は誰か特定の個人や、特定の組織を責めようとしているのではない。私は我々の防空システムがうまく機能しなかったと言いたいだけだ。誰に責任があるかではなく、うまく機能しなかったと言う事実が問題なのだ。私が残念なのは、夜間爆撃に対する防空には数十万もの人員が参加しているのに、夜間防空を統制の取れた形で実施できていない事なのだ。

夜間戦闘機が味方の高射砲に射撃された原因については、ミルヒは相互の連絡、協力態勢がうまく機能しなかった事は明らかだと、次のように指摘した：

私は味方の戦闘機に被害を与えないように、高射砲弾の爆発高度を設定する事が命令されていたと信じているが、残念ながら、その命令が守られなかったようだ。全く良くない事だ。結局、勝敗を分けるのは部隊相互の連携がうまく行くかどうかにかかっている。残念ながら、全員がそれを理解している訳ではないようだ。

＊＊＊

ドイツ空軍は、戦闘機管制用の三～六MHzの短波を用いる通信に対する、英空軍の「スペシャル・ティンセル」方式による妨害を、まもなくある程度は克服する事に成功した。ドイツ空軍は、これまでより強力な送信所を何カ所か設置し、戦闘機への指示を異なる周波数で同時に送信するようにした。英空軍が全ての周波数に対して通信妨害をしようとすると、妨害はそれぞれの周波数に分散して行う必要があり、個々の周波数に対する妨害は弱くなる。

しかし、英空軍は別の妨害方法を準備していた。三～六MHz帯の電波は、地球を取り巻くイオン層に反射されて、地球表面に沿って曲げられる。そのため見通し距離より遠くまで電波は届くので、イングランドの地上局から強力な妨害電波を送信すれば、ドイツ領内深くまで妨害電波は届く。その強力な妨害電波で、敵の戦闘機を管制する通信を妨害すれば、英空軍の爆撃機を敵の戦闘機から守るのに役立つ。ラグビーとリーフィールドにある、ケーブル・アンド・ワイヤレス社、英国郵政省、ＢＢＣ（英国放送協会）の所有する送信機が、ドイツ空軍の夜間戦闘機が使用する短波帯の電波を送信できるように改造された。指向性のアンテナから、妨害電波がドイツの方向に向けて送信された。それらの送信機は、ケント州キングスダウンにある英空軍の通信傍受所が、地上通信回線により遠隔操作する。

当初はこの送信機を雑音妨害に使用する予定だったが、音声を送信して妨害する事も可能だった。ドイツ空軍の夜間戦闘機が英空軍の爆撃機を発見するのに、地上からの無線による指示をたよりにしているので、夜間戦闘機を間違った方向へ行かせるために、偽の指示を送信する事が検討された。これは爆撃機の損失を減らすには、効果的で簡単な方法だと思われた。しかし、検討してみると、この手法には不安を感じさせる点もある事が分かってきた。爆撃目標地点について、偽の指示で惑わされる夜間戦闘機もあるだろうが、ドイツ空軍の地上管制官は爆撃機の進路について多方面からの情報を得ているので、惑わされるとは思えない。むしろ、英国の「偽の管制官」の指令が実際の状況と合わない事により、かえって攻撃側の意図を推測されてしまう可能性もある。もし爆撃の本当の目的地がライプツィヒだとして、ドイツ空軍の管制官が戦闘機にライプツィヒに向かう様に指示した場合に、「偽の管制官」がブラウンシュヴァイクなどの他の目的地を指示すると、それでドイツ空軍の管制官にライプツィヒが本当の目標だと分からせる事になるだろう。そのため、英空軍の「偽の管制官」は、具体的な爆撃目標地点や、飛行コースを明確に言わないように命令された。そうした制約があっても、英国側はいろいろ工夫をしてドイツ軍を妨害した。

英国側の「コロナ」と名付けられた新しい通信妨害方法は、一九四三年一〇月二二日から二三日にかけての夜に、初めて実戦で用いられた。英空軍の爆撃部隊はイングランドを出発してすぐに、ドイツ軍の対空警戒レーダーに探知された。レーダー局は二〇分後には、数百機の爆撃機がオランダのカトウェイクとスヘルデ川河口の間の海岸線を通過したと防空司令部へ報告した。ドイツ軍は、爆撃部隊がライン川へ向けて南東方向へ進んでいる状況をつかんでいたし、H2Sレーダーの電波の受信方位でもそれを確認していた。数機のモスキート爆撃機が、偽の爆撃部隊を装って南東へ飛行を続けたが、その飛行速度が重爆撃機より速い事と、H2Sレーダーの電波を出していない事で、ドイツ空軍は偽の爆撃部隊だと見抜いていた。英空軍の爆撃機の編隊を追跡していたドイツ空軍機は、ボンのすぐ南で、進路変更点を示す照明弾が投下されたと報告してきた。爆撃部隊の飛行をドイツ軍が追跡し始めた時には、爆撃部隊はフランクフルトへ向かっていた。ドイツ空軍の三つの戦闘機師団からの一七九機の夜間戦闘機は、フランクフルトの北西へ向かうよう指示された。しかし、爆撃部隊が進路を変更したとの報告が入り、地上管制官は全ての戦闘機にカッセルに向かうよう指示した。実際、カッセルがその夜の爆撃目標だった。夜間戦闘機隊は追い風を利用しながら、北の方向にあるカッセルへ急いだ。

ドイツ空軍の戦闘機管制官は、通信に割り込んでくる戦闘機へのドイツ語による指示の発音がおかしいので、英国側からの偽の指示である事に気付いた。管制官は戦闘機隊に、「敵からの偽の指示に惑わされるな」と警告した。そして「シュミット将軍の名において、本官は全機がカッセルに向かうよう命じる」と送信した。英国側の妨害に怒ったドイツ空軍の管制官は、マイクロフォンに向かって激しい口調で言ったので、英国側の偽管制官は、「イギリス人が怒鳴っているぞ！」と口をはさんだ。ドイツ空軍の管制官は、「怒鳴っているのはイギリス人じゃない、ドイツ人の私だ！」と叫んだ。これはひどいドタバタ劇だった。「コロナ」で英国の偽管制官が、ドイツ空軍の夜間戦闘機を爆撃機編隊から引き離そうと努力したが、それでも英空軍の爆撃部隊はその夜、多くの機体を失った。爆撃部隊を監視しながら随行していたドイツ空軍機が、防空司令部へカッセルへの進路変更を報せたため、フランクフルトを目標に見せかける作戦は失敗した。爆撃機航空団は四二機の爆撃機を失い、損失率は六・九％に達した。それでも、カッセルの広い範囲が爆撃を受け、重要な兵器工場がいくつか破壊された。

「コロナ」を実施する上で、どうしたら効果が大きくなるか、いろいろな方法が試された。キングスダウンの通信傍受所は、ドイツ空軍の地上管制官が、夜間戦闘機に彼等の基地に霧が出ている事を伝えると、夜間戦闘機は戦闘を早めに切り上げて帰投する事に気付いた。そのため、霧が発生したとの偽情報を流す事は効果的だったが、何度も続けすぎると無視される場合があった。この偽情報の意図しない効果として、ドイツ空軍の管制官が本当に霧が発生したと連絡しても、夜間戦闘機がそれを信じなかったので、着陸の際に視程不良で苦労した事が何度かあった。

ドイツ空軍の夜間戦闘機を困らせる事なら、どんな事でも英国の爆撃機の損害を減らすのに役立つ可能性があると英空軍は考えた。英国の偽管制官は、ドイツ空軍の機体や地上局を呼び出して、「テスト、一、二、三、四、五、五、四、三、二、一、月曜日、火曜日、水曜日、木曜日、金曜日、土曜日、日曜日、テスト、テスト、テスト」、と長々と試験通信を行なった。こんな無意味な通信を大きな音量で聞かされるのは、ドイツ空軍の関係者にとってはとても迷惑だった。無線標識上空で旋回しながら待機している夜間戦闘機の搭乗員にとって、この通信妨害はもっと邪魔だった。上空の機体に地上への試験通信を要求する事で、英国の偽管制官は、数分間、意味のある通信をできなくしていた。何週間かすると、ドイツ機の搭乗員は、地上からの試験通信の要求を無視するようになった。そこで、英国側の偽管制官は、ドイツ空軍の管制官になりすます事はあきらめて、ゲーテの作品の一部や、難しいドイツ哲学の本の一節を読み上げたり、ついにはヒトラーの演説のレコードを送信する事まで行った。

＊＊＊

この頃、英空軍の爆撃機航空団は、ドイツ空軍の夜間戦闘機への通信を妨害するために、別の装置を導入した。一九四三年の春以降、ドイツ空軍の夜間戦闘機は三八～四二MHzの周波数を使用する超短波（ＶＨＦ）無線機を搭載するようになった。その周波数帯を妨害するために、英国のＴＲＥのコックバーン博士のチームは、通称「エアボーン・シガー（空飛ぶ葉巻：Airborne Cigar）」、略して「ＡＢＣ」とも呼ばれる通信妨害装置を開発した。電子戦部隊である第一〇一飛行中隊では、ランカスター機がこのＡＢＣを搭載するとともに、長さが二・一ｍの棒型のアンテナを、胴体上部に二本、機首下面に一本を装備した。ＡＢＣは専属の操作員が必要なので、後部胴体にその操作員用の席が設けられた。一九四三年一〇月以降は、ＡＢＣを装備した機体が大規模な爆撃作戦には同行するようになった。あるＡＢＣの操作員は次のように語っている：

ランカスター機の機内で、ＡＢＣの操作員の席は他の搭乗員とは離れた位置にある。私は自分の席の照明を消して暗くした状態でＡＢＣの機器の表示を見ていた。他の搭乗員で一番近くにいるのは、胴体上部の銃座の射撃手で、彼の長靴は約一・二m後方で、私の目の高さにあった。ドイツ軍の通信を受信する監視受信機には、表示面の直径が七・五cmのブラウン管がついている。この表示面には、三八～四二MHzまでの周波数を目盛った横方向の線が表示されていて、信号を受信した場合には、受信した周波数の上に縦の線が現れ、その線の高さは受信信号の強さに比例する。信号を受信して縦の線が現れると、その周波数に受信機を合わせて、通信内容を傍受する。その通信がドイツ空軍の通信だった場合、三台ある妨害電波送信機の一台のスイッチを入れ、受信したのと同じ周波数で、大きな出力で雑音を送信して敵の通信を妨害する。妨害に対する敵の反応は、使用している周波数を少し変える事が多く、それはこちらの監視受信機で分かるので、その周波数に選び直して妨害すれば良い。妨害の効果が大きい場合には、敵は通信を止めてしまう場合がある。しばらくすると、違った周波数で通信を再開するが、こちらはすぐにその周波数を選んで、妨害を行う。ドイツ空軍の地上管制官は妨害を受けると怒り出す事がある。こちらの妨害に何とか対処しようとしている敵の管制官に、少し同情を感じた時もある。

＊＊＊

一九四三年の秋になると、英国内の基地を使用している米国第八空軍は、爆撃の照準方法を、それまでの目視照準による精密爆撃だけでなく、別の方法も使用する事にした。それまでは、目視による精密爆撃は雲が無く爆撃目標が目視で確認できる場合に限り可能だった。しかし、北西ヨーロッパでは気象条件は絶えず変化するので、目視による精密爆撃が可能な気象条件になる場合はあまり多くなかった。爆撃目標の上空では雲の量が多いとの予報により、爆撃が中止されたり、目標地点が変更される事も多かった。もっと悪い場合には、爆撃部隊が、敵の迎撃を受けて大きな損害を出しながら目標地点に到着しても、上空が雲に閉ざされていて目標地点を視認できず、爆撃を行なえない事もあった。

上空から目視で確認できない爆撃目標地点をどうしたら正確に爆撃できるかは、英空軍の夜間爆撃でも長年の難問

上：B-17爆撃機の編隊が、雲の下から高射砲の攻撃を受けている。「カーペット」妨害装置の高射砲射撃管制レーダーに対する妨害の効果と思われるが、高射砲の射撃の方向は正確だが、高射砲弾の爆発は爆撃機よりかなり低い高度で起きている。

左：ドイツ軍の高射砲の射撃管制用の「ヴュルツブルク」レーダーや「マンハイム」レーダーに対する妨害用に、多くの機体に搭載されたAPQ-9「カーペットⅢ」レーダー妨害装置。

だった。その難問の解決策として、前述のように英空軍はH_2S地上マッピングレーダーや、地上局からの電波を利用する「オーボエ」航法装置の使用を始めた。一九四三年夏、米国第八空軍は、H_2Sレーダーや「オーボエ」航法装置を搭載したB‐17型機やB‐24型機だけで構成された第四八二爆撃航空群を新設し、爆撃部隊を先導する役割を行わせる事にした。後にこの航空群の機体の何機かは、英空軍のH_2Sレーダーより高い周波数の電波を使用して解像度を向上させた、H_2Xレーダーを搭載した。

米国の爆撃先導機部隊は、一九四三年九月二七日のエムデンへの爆撃で、初めて実戦に参加した。爆撃先導機部隊はすぐにその価値が認められ、それ以後のほとんどの爆撃作戦で、米国の重爆撃機部隊を先導した。爆撃部隊が爆撃目標地点上空に近付いた時に雲がかかっていない場合は、爆撃先導機部隊の先任爆撃手が目視で照準をして爆弾を投下し、他の機体はそれに合わせて爆弾を投下する。もし目標地点上空が雲で閉ざされていた場合は、先任爆撃手はレーダー画面を見て爆弾を投下する。

この雲の上からの、レーダー照準による爆撃は、ドイツ空軍の高射砲部隊にも影響を与えた。雲の上を飛ぶ爆撃機に命中させるためには、高射砲はレーダー照準で対空射撃をする必要がある。もし、射撃照準用のレーダーが妨害されたら、高射砲の命中精度は大幅に低下する。一九四三年秋に、量産が始まったAPT‐2「カーペット」妨害装置の最初の生産分の六八台が、イングランドのスネッタートン・ヒースとケネティスホールの基地に到着し、第九六爆撃航空群と第三八八爆撃航空群のB‐17型機に搭載された。

「カーペット」は設定された周波数を中心に、その上下約五〇〇KHzの狭い範囲にしぼって妨害電波を送信する。当時の「ヴュルツブルク」レーダーが使用してた五五三～五六八MHzの周波数帯の大部分を妨害できるよう、二〇機で組む「コンバット・ボックス」編隊の各機は、搭載している「カーペット」を、少しずつ違う中心周波数に設定して飛行した。こうする事で、編隊全体として、必要な周波数帯のほぼ全域について妨害する事が可能になる。各機の無線士は、編隊が高射砲の射撃範囲内に突入する際に「カーペット」を作動させ、射撃範囲から離脱する際に「カーペット」を切っていた。

「カーペット」妨害装置の使用を始めた頃は、「カーペット」を装備した二つの爆撃航空群は、装備していない部隊に比べて、損害が著しく少なかった。ブレーメン、グディニャ、ミュンスター、シュヴァインフルトに対して、それぞれ一〇月八日、九日、一〇日、一四日に行われた爆撃では、「カーペット」を搭載した機体は、延べ一八六機が出撃して、一四機が失われた（損失率七・五％）。「カーペット」を搭載していなかった機体では、延べ一〇六六機が出撃し、一三四機が失われた（損失率一二・六％）。「カーペット」が高射砲の射撃に対する防衛手段として効果があった事が証明された。第八空軍司令部は、出撃する全ての爆撃機に「カーペット」を装備したいので、必要な台数を速やかに支給するよう本国に要求した。

一九四三年一二月二〇日、第八空軍は初めて「ウィンドウ（米軍の名称はチャフ）」を使用した。ブレーメンに対する、四七二機のB‐17、B‐24爆撃機による爆撃の際、三つの航空師団のそれぞれから二個飛行群、合計六個飛行群の爆撃部隊は、高射砲で守られた地域上空を通過する際に、各機の側面銃座の開口部から搭乗員が手でチャフの束を外に投げ落とした。このチャフの散布は機体の損失を減らすのに効果があったので、第八航空軍全体がチャフを使用するようになった。

＊＊＊

米国の陸軍航空隊は、効果が確認されたので、「カーペット」とチャフを速やかに、必要な量を支給する事を陸軍省に要請した。米陸軍航空隊のライト基地にある航空機用無線機研究所のジョージ・ラパポート博士は、インディアナ州ココモにあるデルコ社を訪問して、デルコ社が「カーペット」一五〇〇〇台の緊急調達に応じられるかを質問した。ラパポート博士は次のように回想している：
デルコ社の生産技術者のバート・シュワーツは、工場を見せてくれた。工場の生産ラインは素晴らしく、いろいろな無線機器が製作されていた。部品はベルトコンベアーで運ばれてきて、作業者は部品が前に来るとそれを取り付ける。それはまるでチャーリー・チャップリンの映画『モダン・タイムズ』の様だった。一緒に工場内を歩いていると、シュワーツは少し浮かない顔で、頭を掻いていた。とうとう私は彼に「何か問題があるのかい？一五〇〇〇台を作るのは無理かね？」と尋ねてみた。彼はしばらく考えてから、「うーん、一週間に一五〇〇〇台はかなり難しい……」と言った。私は驚いて、彼の顔を見ながら、「『カーペット』を一週間に一五〇〇〇台作れとは言ってないよ、一年間で作れれば良いんだ」と言った。シュワーツはにっこり笑って「それなら、今の生産ラインでお釣りが来るよ！」と言った。

＊＊＊

チャフが突然、大量に必要となった事で、新しい問題が出て来た。最初に作られたチャフは、短冊形のアルミ箔で、その大きさは長さ三〇cm、幅一・五cmだった。この一・五ｃｍの幅は、機体から投下された時に、高速の気流を受けても短冊形を保つだけの剛性を得るために必要だった。この短冊形のアルミ箔は、二〇〇〇枚で重量は七六五グラムになるが、それだけあればレーダー波を重爆撃機一機分に相当する強さで反射する。

最初は、この大きさにアルミ箔を切断するのに、紙業界で使用されているギロチン・カッター（押し切りカッター）を使用したが、生産量が増加すると、アルミ箔はギロチン・カッターの刃をすぐに鈍らせてしまう事が分かった。そのため、製造会社は要求された大量のチャフを製造できず、それまでに生産されていたチャフの備蓄は、短期間のうちに無くなってしまった。

米国のＲＲＬ（Radio Research Laboatory：無線研究試験所）のチュー博士は、アルミ箔の重量を同じにした場合、レーダー波の反射量は、アルミ箔の厚さを減らして短冊の数を多くすれば、より大きくなる事を数学的に立証した。ＲＲＬの設計技術者のハロルド・エリオットは薄いアルミ箔のチャフの製造方法を研究し、巧みな方法を考え出した。

この製造方法の開発に参加したメンバーの一人であるマット・レーベンバウムは、筆者に次のように語ってくれた：

エリオットのチャフ切断機は、最高によく出来た機械だった。それは芝刈り機に似ていて、横向きの円筒に刃が二〇枚ついていて、帯状のアルミ箔を少しずつ奥へ送り込みながら切って行く。刃のついた円筒は電気モーターで毎分八〇〇回転で回転し、最初の刃がアルミ箔の帯の先端部分を細長く切断すると、次の刃がそのアルミ箔を切断部に平行にV形に折り曲げて、必要な剛性が確保されるようにする。次の刃以降も、切断とV形に折り曲げるのを繰り返す。円筒が毎分八〇〇回転で回転するので、切断機は毎分八〇〇〇本のチャフを作れる。私は、エリオットはこの切断機を発明した事で、高く評価されるべきだと考える。この切断機が無ければ、連合国の爆撃機を守るのに十分なチャフを作る事はできなかったろう。

チャフ用の切断機を開発するのと並行して、エリオットは切断機の刃が切れなくなった時に、それを研ぐ装置も開発した。この切断機はすぐに量産され、最初の七五台は英国へ最優先で届けるため、飛行機で送られた。このチャフ切断機は合計五〇〇台以上が作られ、ヨーロッパ戦線で使用されたチャフの大部分がこの切断機で製作された。

エリオットのチャフ切断機は、それまでよりずっと速くチャフを製造できただけでなく、この機械で作られたチャフは重量当たりのレーダー波の反射効率が非常に高かった。エリオットの切断機で作られるチャフは、長さはそれまでと同じだが、幅は一・三㎜しかなかった。細い帯状のチャフの縦の中心線上にV字形の折り目があるので、それで必要な剛性が確保されていた。重爆撃機と同じ強さでレーダー波を反射するには、このチャフは三六〇〇本必要だが、その重量は八五グラムに過ぎない（それまでのチャフの九分の一の重量）。

＊＊＊

一九四三年九月には、米国のＲＲＬの職員は六〇〇名になっていて、その内の二〇〇名近くが研究開発を担当していた。ＲＲＬは拡大し続けていたが、その拡大のペースはそれまでよりは緩やかになっていた。

ハーバード大学構内にある無線研究試験所（RRL: Radio Research Laboratory）が設計、製作した「チューバ（Tuba)」レーダー妨害装置。この装置は第二次大戦中に製作された中で、最も大型かつ強力なレーダー妨害装置である。アンテナの根元に立っている人物を比較すると、この妨害装置用の指向性アンテナの大きさが分かる。しかし、「チューバ」は実用化されたのが遅すぎたので、効果を上げられなかった。

当時、ＲＲＬで開発されたジャマー（雑音妨害装置）のうち、ＭＰＱ-１「チューバ」は、その構想の壮大さと装置の巨大さで、他の全ての妨害装置を上回っていた。地上設置型の「チューバ」は、出力二五kWの送信機を二台使用する。この電波妨害システムは六台の大型トラックと、二台のトレーラーで移動させることができる。システムには、電力供給用の三台の出力七五kWのディーゼルエンジン駆動発電機も含まれている。この強力な妨害装置が標的とするのは、ドイツ空軍夜間戦闘機が搭載している、四九〇ＭHz前後の周波数の電波を使用する「リヒテンシュタイン」レーダーである。「チューバ」の強力な妨害電波を、三〇度の幅の電波ビームでヨーロッパ本土の方向へ送信すると、理論上は妨害装置から三二〇km以内の「リヒテンシュタイン」レーダーの表示器を、妨害電波で「ホワイトアウト（全面が反射信号で埋め尽くされる）」させる事ができる。英空軍は夜間爆撃を行う爆撃機部隊を守るために、三台の「チューバ」を発注した。この装置については、この章の後半でまた触れる事にする。

＊＊＊

一九四三年秋、ＲＲＬはマルヴァーンにあるＴＲＥの隣に、米陸軍航空隊が使用する電波妨害装置について、技術的な支援を行う事を目的とする研究室を開設した。この研究室の正式名称は「米国‐英国研究所第一五分室(American-British Laboratory of Division 15)」だが、縮めて「ＡＢＬ‐一五」と呼ばれていた。コックバーン博士は、この分室にアメリカ人が来た時の事を次のように語っている：

我々ＴＲＥの人間は、長期間、乏しい予算で、ずっと忙しく働いてきた。その頃になると、我々は疲れ切っていて、それを隠し切れなくなっていた。そんな時に突然、元気なアメリカ人が多数、ＡＢＬ‐一五に派遣されてきた。すぐに、ＡＢＬ‐一五のアメリカ人は我々と肩を並べて働くようになり、全員が明るい雰囲気で献身的に仕事に取り組んだ。ＡＢＬ‐一五とＴＲＥの私の部署の間には、友情と強い連帯感があった。両者の間で、足らない機材は融通し合ったりしていた。しかし、初めから、お互いにそれぞれ別の目標があり、彼等が米軍のために懸命に努力をしている事は分かっていた。

＊＊＊

一九四三年一一月三日、英空軍のアーサー・ハリス爆撃機航空団司令官はチャーチル首相に次の魅力的な提案のメモを提出した。

米陸軍航空隊が爆撃に参加してくれれば、我々はベルリンを隅から隅まで破壊し尽くす事ができます。そのためには、四〇〇機から五〇〇機の爆撃機が犠牲になるかもしれません。しかし、それによりドイツは敗戦に追い込まれます。

これはチャーチル首相にとっては拒否できない提案だった。しかし、米国の戦略爆撃機部隊は、一九四三年の夏と秋のドイツへの爆撃で被った大きな損害からの回復途中だった。米国の爆撃機部隊は、まだベルリン爆撃に参加できない状態だった。ハリス司令官は英空軍だけでベルリンを爆撃する事を許可された。

爆撃を予定している一一月は夏より夜が長く、それは夜間爆撃には有利ではあるが、それでもドイツ帝国の首都の爆撃は極めて危険な作戦だった。爆撃には往復で一八〇〇kmを超える距離を飛ぶ必要が有る。最短距離のコースで飛行しても、爆撃部隊は敵の本土上空を往復で合計して一一〇〇km、三時間は飛ばねばならない。

ベルリンに対する英空軍の新たな大規模な夜間作戦は、一九四三年一一月一八日に開始された。第一回目の爆撃では四四四機の重爆撃機が出撃し、九機だけが帰還できなかった。予想より低い損失率で、以後の爆撃でも損失機数が少ない事が期待された。英空軍は一一月中に更に三回、一二月には四回の爆撃を行なった。それらの爆撃における機体の損失機数は中程度で、損失が大きくなかったのは、ドイツ上空の天候が悪かった結果、ドイツ側の防空活動が十分ではなかったからだと考えられた。

＊＊＊

プレンドル博士は、ドイツの都市、中でも特にベルリンを夜間爆撃から守る方法について、いろいろ考えてきた。博士はH_2Sレーダーを装備した爆撃機による空襲に対する、首都ベルリンの脆弱性についての報告書を作成し、ゲーリング、ミルヒ、マルティニ、軍需大臣のシュペーアなどの要人に配布した。博士は、H_2Sレーダーに対する妨害電波送信機、「ローデリッヒ」を設計したが、その妨害装置が効果を発揮するには、非現実的なほど大きな出力が必要だとし、それに続いて次のように書いている：

「ローデリッヒ」が現実的でないなら、我々に残された唯一の有効な対策は、「ロッテルダム装置（H_2Sレーダーのドイツ名）」を装備した敵機を攻撃するために、ドイツ空軍の夜間戦闘機に、その電波を受信して送信源の方向を表示する、「ホーミング」用受信機を装備させる事しかない。しかし、この方法も敵が「ロッテルダム装置」のスイッチを入れていないと有効ではない。

一九四三年一一月末には、一〇〇km以上離れた位置からH^2Sレーダーの送信する電波を受信し、その方向を表示できる「ナクソスZ」装置を搭載した機体が実戦で使用できるようになった。この機体の任務は、「ナクソスZ」で敵の爆撃機編隊を追跡し、その位置と進行方向を戦闘機師団の司令部に通報する事で、司令部が夜間戦闘機をどこへ向かわせるかを判断できるようにする事だった。

都市の防空方法については、いろいろ検討されていたが、新しく良い方法が見つかるまでは、従来からの偽装用の火災を用いて、敵に間違った場所に爆撃させる方法にたよるしかなかった。この頃には、ドイツ全土で偽装用の火災を起こす場所が数多く準備されていて、ベルリン周辺だけでも一五カ所以上が準備されていた。その中で最大の偽装火災発生施設は、ベルリンの北西二四kmの所にある、直径が一四キロにも及ぶ大がかりな施設だった。そこには、合板やボール紙製の実物大の市街地が再現されていて、偽のテンペルホーフ飛行場まであった。そこでは爆弾の爆発や建物の火災も模擬できた。サーチライト部隊や高射砲部隊も配置され、英国の爆撃先導機の投下する標識弾の爆発まで模擬する事ができ、夜間に上空から見ると、爆撃を受けている実物の市街地に見えるようにしてあった。

＊＊＊

ベルリンへの爆撃作戦が開始されてすぐに、「ABC（エアボーン・シガー）」を装備したランカスター機が一機撃墜され、ドイツ軍は「ABC」の現物を入手した。一一月三〇日、シュヴェンケ大佐は、その事を、ベルリンでの会議でミルヒ元帥に報告した：

敵に関して、新たに興味深い情報を幾つか入手いたしました。撃墜したランカスター機から三台の送信機が発見されました。そのランカスター機は通常の七名の搭乗員ではなく、無線送信機操作員を一名加えた八名で飛行していました。その送信機の名称はT・３１６０で、我々のVHF音声通信を妨害するための送信機である事は明らかであります。

シュヴェンケ大佐はそれに続いて、ドイツ空軍の夜間戦闘機の無線通信に対して、英国が行っている電波妨害の状況を説明した。一九四二年後半に英空軍は、短波（三〜六MHz）による通信に対して、爆撃機が装備している通常の送信機を用いて、その機体のエンジン付近に設置したマイクロフォンで検出したエンジン音を、ドイツ軍が使用中の周波数で送信して妨害する事を始めた（英空軍の名称では「ティンセル」）。ドイツ空軍はその電波妨害に対抗するため、英国の爆撃機が装備していない、VHF帯の電波を用いる無線機を導入する事で、妨害を受けないようにした。しかし、英空軍はそのVHF帯の通信に対しても妨害を始めた。入手した「ABC」の内容を紹介しながら、シュヴェンケ大佐は続けた：

このVHF送信機は、無線通信用ではなく、妨害以外の目的には使用できない特殊な無線機であります。現在の所、このVHF送信機による妨害に対して、交信周波数を変更するなどの対抗措置を検討しておりますが、それでどの程度、妨害の効果を克服できるのか、まだはっきりしておりません。

ミルヒ元帥は、すぐに予想される事だが、次の質問をした。「ドイツ空軍の戦闘機は、敵の妨害電波を受信して、その電波を出している機体を見つけて攻撃できないのか？」シュヴェンケ大佐は、妨害電波の送信周波数が分かれば、妨害電波を受信して妨害装置の方向を知る事が出来ます、と答えた。ミルヒは敵の妨害装置はドイツ空軍の使用周波数で妨害してくるので、敵の送信周波数は簡単に分かるはずだ、と指摘した。その指摘に対して、シュヴェンケ大佐は、英空軍の妨害装置を搭載している機体は、探知されて自分の方向を知られないように、短時間しか装置を作動させないようにしています、と答えた。

シュヴェンケ大佐は別の問題も説明した。英空軍が「偽の管制官」を使い始めた事だ。「雑音を送信するのではなく、敵は我々の無線の音声通話に割り込んで、偽の情報を話して我々を混乱させようとしています」と報告したのだ。

ミルヒ元帥は、「それにはどう対応しているのか?」と質問した。シュヴェンケ大佐は、「ここ一週間、我々は無線の音声通話による指示を女性にさせています。そうする事で、敵は女性の通信員を使わざるを得ません!」と答えた。

ドイツ空軍は、「偽の管制官」は、「ABC」の操作員のように、飛行機に搭乗して妨害行為をしていると思っていたようだ。実際には、英空軍は地上から送信していたので、ドイツ空軍の女性による指示への対応としては、ドイツ語が話せる婦人補助空軍(WRAAF)の女性に音声による指示をさせていた。

＊＊＊

ベルリンでの会議の議事録を読むと、ドイツ空軍は電波妨害に関しては、英国がドイツより進んでいる事を認めていた事が分かる。ドイツ空軍は、ミルヒ元帥が指摘した様に、「敵の後を追いかける」だけの状態に追い込まれていた。一九四三年一二月のベルリンの会議で、ミルヒ元帥とドイツ空軍通信部隊司令官のマルティニ少将との間で、連合国側のレーダーと電波妨害システムを巡って、激しい議論が交わされた。ミルヒ元帥は次のように非難した。

マルティニ君、僕はこの件に関する君の意見を読んだよ。ひどく悲観的な意見だったので、僕は君に質問しなければと思った。君の意見は本当に正しいのか? ゲーリング国家元帥は、「我々が敵の全ての電子機器を妨害できない事ははっきりしている。しかし、英国はドイツの全ての電子機器を妨害できている!」と言われた。そして、君が言っているのは、「その通りです。それがこの件に関する真実です」と言うんだね。

マルティニ少将は、自分が悲観的なのは、ドイツ空軍が英国本土上空で電子偵察を行ない、相手の状況を調査する事が出来ないからだ、と反論した。それに加えて、ドイツの電子産業は、必要とされる新しいシステムを開発できるだけの、人的資源や生産能力の余裕もないと述べた。その言葉に対して、ミルヒは次の様に言い切った:

ゲーリング国家元帥の見方は違う。元帥はきっぱりと「こちら側には頭の鈍い怠け者しかいない! イギリス人の方が、物事を我々よりずっとうまくやっている!」と断言された。「ロッテルダム装置(H^2Sレーダー)」のような英国の機器をみれば、ドイツの近年の電子装置の開発状況はその通りだと言えるだろう。

会議の終わり頃になると、ミルヒは哲学的になった。彼は、英国は海洋国家なので、国民は生まれつき航法が得意だ。それに対して、ドイツ空軍はドイツ陸軍を起源としている。陸軍のように、十字路に来るたびに立ち止まって、道路標識を見て進む方向を決めるやり方などは、航法とはとても呼べない、などとつぶやいていた。

＊＊＊

一九四三年一二月一六日、この夜も英空軍はベルリンへ爆撃部隊を出撃させた。ドイツ軍は、英空軍の爆撃機の大編隊の位置を、往路も復路もH_2Sレーダーの出している電波を受信する事で把握していた。その頃になると、モスキート爆撃機による偽装攻撃作戦がいつも行われていたが、機体の飛行速度が重爆撃機より速い事と、H_2Sレーダーの電波を出していない事から、ドイツ軍はそれが偽装である事を見抜いていた。しかし、その夜は、夜間防空を行うには天候が悪かった上に、ドイツ空軍の夜間戦闘機部隊は英空軍の電波妨害で悩まされた：

夜間戦闘機部隊の超短波（VHF）通信には、英空軍が同じ周波数でベルの音を送り込んで妨害するので、VHFによる地上と戦闘機の間の交信はほとんど不可能だった。短波（HF）による通信も、ヒトラーの演説を送り込んで妨害してきた。各飛行中隊や航空師団用の予備の周波数でも、激しい妨害を受けた。敵の強力な送信機からの連続音の送信で、ドイツの放送局の軍歌『アンネマリー』の歌の放送が、突然聞こえなくなる事もあった。

この歌の放送に対する妨害は、単なるいやがらせとして行われたのではない。英国の通信傍受部隊は、シュトゥットガルトの放送局が放送する音楽は、意図的に選ばれているのではないかと推測した。空襲が予想される際に放送している音楽で、英空軍の爆撃部隊が向かっている地域を示しているのではないかと考えたのだ。ワルツの放送は爆撃機編隊がミュンヘン地区に向かっている事を示しているし、ジャズはベルリン地区、教会音楽はミュンスター地区、ライン川地方の音楽はケルン地区に向かっている事を示している。爆撃部隊が去ると、放送局は軍隊行進曲『旧友（Alte Kameraden）』を放送し、その後は通常の放送に戻る。この大まかで、窮余の一策とも言える地域指示方法が分かると、英空軍はドイツの放送局の放送を妨害するために、「ダートボード（ダーツの標的盤）」と呼ばれる、高出力の送信機を使用し始めた。このベルリン爆撃の時にドイツ空軍の夜間戦闘機が聞いていた歌の放送に対する妨害は、この「ダートボード」による妨害だった。

最後の手段として、ドイツ空軍は夜間戦闘機に対して、妨害を受けても指示が伝わる可能性が高いモールス信号で送る事にした。それに対して英空軍は、ドイツ空軍が使用している周波数で、意味のないモールス信号を送り続ける、「ドラムスティック（太鼓のばち）」と名付けた送信機を使用して、英国本土から妨害する事にした。その妨害に対しては、ドイツ空軍は同時に幾つかの周波数で戦闘機に対する指示を送信する事で、妨害を受けても何とか指示を伝えようとした。しかし、そのためには、夜間戦闘機の搭乗員が、敵機の捜索よりも、妨害の無い周波数を探す事に時間を取られてしまうし、妨害の無い周波数を見つけても、その周波数がいつまで妨害を受けるか安心できなかった。「ティンセル」、「コロナ」、「ＡＢＣ」、「ドラムスティック」、「ダートボード」による複合的な通信妨害を行う事で、妨害の効果が大きくなった。

＊＊＊

英空軍がルール地方の目標をなぜ高い精度で爆撃できるのかは、英空軍機が搭載する「オーボエ」航法装置を無傷のまま入手できていないので、ドイツ空軍には謎のままだった。また、「オーボエ」がどのような原理で作動するのかも、ほとんど分かっていなかった。ドイツ空軍はこの謎の装置を、「ブーメラン」と言う名前で呼ぶ事にした。ある会議で、ミルヒ元帥は「ティッセン社の製鉄所に対する極めて正確な爆撃」を話題に取り上げた。ミルヒ元帥は、五発の爆弾しか投下されなかったのに、その全てが製鉄所に命中したと言ったのだ。シュペーア軍需大臣も次のように付け加えた：

この二か月間の事だが、少数の機体による単発的ないやがらせ攻撃の回数が増えている。その際に投下された爆弾は、六発から十発程度で、たいていの場合は厚い雲の上から投下されているが、その八〇から九〇％が製鉄所や発電所に命中している。

偶然ではあるが、エッセンの近くにあるドイツ軍の電波監視所は、ケルン空襲の際に英空軍の爆撃先導機が照明弾を投下した時に、どこからの信号か不明だが、モールス信号の「5T」（トン、トン、トン、トン、ツー）を受信した事に気付いた。実は、この信号はモールス信号ではなかったが、ドイツの傍受員がそう解釈したのは理解できる。「トン」音の連続は爆撃先導機のモスキート機の航法士に「投下準備」を伝える信号で、「トン」音が「ツー」音に変わり、その「ツー」音が終わった瞬間に航法士は目標指示用の照明弾の投下スイッチを押す事になっていたのだ。一一月には二一機のモスキート爆撃機が、エッセンの近くのボーフム製鋼連合の製鋼所に爆撃を行なった。製鋼所の民間防空担当の幹部、その地域担当の高射砲部隊の将校、電波監視所の職員を集めて開かれた会議で、高射砲部隊の将校は鋭い観察力で、この爆撃では爆撃先導機は「イングランド南部の海岸付近のどこかを中心とする、大きな円の円周上を飛行してやって来た」と指摘した。今回も、爆弾の投下はモールス信号の「5T」と思われる信号の受信とタイミングが一致していた。

対策の手始めとして、ドイツ空軍は「フライヤ」レーダーをデュイスブルクの南に設置して、モスキート機の正確な飛行経路と、最終的な爆撃コースへ入る位置を正確に観測する事にした。モスキート機が爆撃コースに入るのは、毎回、投弾のほぼ八分前だった。この発見は役に立った。これで空襲を受ける地区に対して、空襲警報のサイレンを鳴らして空襲を予告する時間が確保できる。

ヒトラー総統まで「ブーメラン」（「オーボエ」航法装置に対するドイツ側の呼称）に関する議論に加わった。製鋼所が爆撃目標になる事が多いので、ヒトラーは情報部に、製鋼所のような発熱量が大きな目標に爆弾を誘導するために、敵が何らかの種類の赤外線誘導装置を使用していないか調査するように命じた。その命令に対しては、不発弾を調査した所、無線電波や赤外線による誘導装置は発見されなかったとの報告がなされた。親衛隊全国指導者のハインリッヒ・ヒムラーも調査に加わって、親衛隊の保安本部に、連合国の工作員が重要な目標の近くに、無線標識を設置していないか調査するよう命じた。しかし、その調査でも何も発見されなかった。

しかし、なぜ正確な爆撃が可能なのか、その理由が徐々に分かってきた。ミルヒ元帥は次の報告を受けた：

英国は、モスキート機に、レーダーの扱いについて長期の訓練を受けた、熟練したレーダー手を搭乗させている。モスキート機は高度七五〇〇mから九〇〇〇mで、目視による照準ではない方法で、目標に対して爆弾を投下する。そのためにモスキート機は二台の機器を搭載していて、それを用いて二つの地点からの距離を測定すると共に、爆弾投下を指示する信号を受信する。我々はこの機器に対する妨害を直ちに行う必要がある。

防空戦最高司令官のヴァイゼ大将の指示により、「オーボエ」の使用する周波数で妨害電波を送信するため、「カール」妨害電波送信機が製作された。この送信機は、「オーボエ」を利用してやって来るモスキート機の飛行コースの両側に設置された。一九四三年一一月になると、妨害の効果がだんだん出始めた。一一月一九日から二〇日にかけての、ルールオルトとレーヴァークーゼンに対して同時に行われた爆撃では、「オーボエ」は妨害を受けて完全に利用不能に陥った。しかし、他の地域では妨害の効果はそれほど大きくなかった。一二月一二日のエッセンにあるクルップ社の工場に対する、モスキート機だけによる爆撃では、「オーボエ」に対する妨害を行なったにもかかわらず、投下された爆弾の九〇％は工場を直撃した。

一九四四年一月七日、クレーヴェ近郊で一機のモスキート機が撃墜された。ドイツ空軍情報部は、ついに「オーボエ」の現物を入手し調査する事ができた。二二〇～二五〇MHzの周波数で雑音を送信する妨害電波送信機八〇台を使用して、「オーボエ」を妨害するためのネットワーク構築計画が、三日間で作成され承認された。

英空軍は「オーボエI型」を、ほぼ一年間、妨害を受けずに使用できたが、これは事前に予想していたより長い期間だった。電波妨害に対抗するため、より波長が短いセンチメートル波の電波を使用する「オーボエII型」がすでに開発されていたが、まだ使用が控えられていた。

一九四四年一月三〇日、「ナクスブルク」を使用するドイツ空軍の電波監視所は、高空を飛行するモスキート機からイングランドに設置されている「オーボエ」用の位置と方位の測定局へ送信された、波長九㎝の電波による、「オーボエ」の信号に類似した点がある信号を受信した。しかし、ドイツ空軍の電波監視所は、それより波長の長い従来の「オーボエ」用の信号も同時に受信していたので、このセンチメートル波の信号の意味に気付かなかった。従来からの周波数の電波による信号が、新しい「オーボエⅡ型」用の信号から注意を逸らすためにまだ送信されていた事を、ドイツ空軍は数か月の間、気付かないでいた。その間、「オーボエⅡ型」は妨害を受ける事なく使用されていた。

＊＊＊

一九四三年一二月、テレフンケン社のロットガルト博士は、夜間戦闘機に搭載されている「リヒテンシュタイン」レーダーのチャフ対策が、まだ不十分な事を認めて、次の見解を述べた：

現在、我々の技術水準では「デュッペル（チャフ）」による妨害への対策方法を開発する事ができない。従って、チャフに対応できる機体搭載用のレーダーも開発できない。実際、我々はチャフ対策をした搭載レーダーの開発を行っていないし、どうしたら良いのかも分かっていない。

チャフによる妨害への理想的な対応方法は、米国のＳＣＲ－７２０や英国のＡＩ　ＭａｒｋＸの様な、センチメートル波の電波を使用する航空機搭載レーダーを使用する事だ。しかし、ドイツにおけるセンチメートル波に関する技術水準は、搭載レーダーが開発できる段階には到達していなくて、そうしたレーダーの実用化には、まだ一年以上かかりそうだった。

テレフンケン社のＳＮ－２機上捜索レーダーは、以前に開発されていたが、ドイツ空軍には採用されなかった。しかし、この状況下では、にわかに注目されるようになった。この水上捜索レーダーを改造したレーダーは、「リヒテ

1944年の秋以降、ドイツ空軍の夜間戦闘機は、敵の爆撃機を捜索するだけでなく、敵の夜間戦闘機の攻撃を避けるための装備が必要になった。このJu88夜間戦闘機は、機首にSN-2レーダーのアンテナを装備している。操縦室の上の突起した部分の内部には、「ナクソス」レーダー波探知及び警報装置の回転アンテナが装備されている。

ンシュタイン」レーダーが使用する電波の周波数（四九〇ＭHz）よりずっと低い、九〇ＭHzの周波数の電波を使用する（このレーダーの正式名称は「リヒテンシュタインＳＮ－２だが、混乱をさけるために以後は「ＳＮ－２」と記述する）。ＳＮ－２レーダーの最大探知距離は六・四kmで、捜索範囲の角度が広い点は、「リヒテンシュタイン」レーダーに比べて有利だが、最小探知距離が三六〇ｍと大きく、夜間戦闘用には適さない。月が出ていて明るい夜以外は、敵機をレーダーで発見して最小探知距離まで近付いても、まだ目視で発見できないし、最小探知距離以下では敵機はレーダーの表示器に映らなくなる。しかし、ＳＮ－２レーダーは、英空軍が使用中のチャフに影響されない事にドイツ側は気付いた。

ドイツ空軍はＳＮ－２レーダーを最優先で生産する事にして、レーダーが完成するとすぐに夜間戦闘機に取り付けた。最小探知距離が大きい問題に対処するための暫定的な対策として、ＳＮ－２レーダー搭載機には、それまでの「リヒテンシュタイン」レーダーの簡易型のレーダーも搭載した。それにより機体の重量が増加し、機首から突き出しているレーダーアンテナの数が更に増えたので、空気抵抗が増加して最高速度が低下した。レーダー員の前には、「リヒテンシュタイン」レーダー用の表示器が三台、ＳＮ－２レーダー用の表示器が二台の、合計五台もの表示器が並んでいた。あまりすっきりとした解決策ではないが、短期間に実現できる対策としては、こうするしかなかった。SN-2レーダーの最小探知距離を短くする設計作業が最優先で始められたが、その成果が出るには数ヵ月がかかった。

＊＊＊

年が明けると、ドイツでは電子工業界に対するレーダー関係の技術開発を急ぐ事への要求は、それまでも強すぎるほどだったのに、もっと強くなった。ハンス・プレンドル博士は、高周波電波工学の軍用装備品への適用に関する最高責任者の地位から退いた。後任は、それまで核物理学研究の最高責任者だったアブラハム・エサウ博士になった。プレンドル博士はその地位にあった間に、大きな成果を上げた。博士はレーダーの研究開発の体制を整備し、センチメートル波レーダーの開発についても、その技術的基盤を整備した。博士は「ウィンドウ（チャフ）」による妨害への対応方法の実用化に、懸命な努力を続けてきた。

しかし、プレンドル博士は、努力はしても、今後の見通しが明るくない事は良く理解していた。一九四四年一月初旬のヒムラー親衛隊全国指導者への手紙で、彼は連合国側の国力はドイツの一〇倍もあり、人的資源や物的資源はドイツよりはるかに豊かで、工業生産能力も空襲による被害を受けていないと書いている。ドイツ国民はその劣勢を、戦意の高さと自己犠牲的精神で補うしかないとして、「私の見解としては、この戦意と献身的な姿勢だけが、我が国にかけられた呪いに対抗するために唯一頼れるものだと考えます」と続けている。

エサウ博士が就任してすぐに、ヘルマン・ゲーリング国家元帥を説得して、「ウィンドウ（チャフ）」による妨害への対処方法について、全国的に提案を募る事にした。公式の通達で、「大量にチャフが散布された場合でも、その影響を受けなくするか、『偽の目標』と『真の目標』を識別する方法」についての提案募集が公表された。提案については、技術的に実現可能で分かりやすい内容でなければならず、採用された内容は関係者以外には秘密にされ、上位六席までの提案には高額の賞金が支給されるが、一九四四年四月一日までにベルリンの航空省に提出しなければならいろいろだったが、どれも賞金にふさわしいほどではないと判断された。

ない、とされた。期限までに、二五以上の提案が寄せられ、エサウ博士の部門が審査を行なった。提案の出来栄えは

＊＊＊

ドイツ空軍は「ウィンドウ（チャフ）」によるレーダー妨害を完全に克服できる対策を発見できないでいたが、それでも一九四四年になると、英空軍爆撃機航空団がドイツ本土を爆撃した際の、爆撃部隊の損害は急激に増加した。ハリス司令官は、爆撃機航空団の全部隊をドイツの主要都市、中でも特にベルリンを徹底的に破壊するために投入していた。活力を取り戻したドイツの防空部隊は、国土を守ろうと決意を固めていた。夜間戦闘機の搭乗員は、自分の家や家族、知人を守るために、覚悟を決めて勇敢に戦った。爆撃部隊が大きな損害を出す事は、もは珍しい事ではなくなっていた。

一九四四年になって、爆撃機航空団が最初に大損害を出したのは、一月二一日から二二日にかけてのマグデブルクに対する、爆撃機六四八機による爆撃でだった。五五機の爆撃機が帰還できなかった。五か月前のベルリンに対する爆撃以来の大損害だった。英空軍の爆撃機も敵機に激しく反撃したが、ドイツ空軍は七機の夜間戦闘機を失っただけだった。その中の一機はＪｕ88型機で、有名なエースのプリンツ・ツー・ザイン＝ヴィットゲンシュタイン少佐が操縦していた機体だった。少佐はその時点でドイツの夜間戦闘機のパイロットとしては最多の八三機の撃墜を達成し、柏葉付き騎士鉄十字章を受章していた。彼の無線士のオストハイマー軍曹は、「ツァーメ・ザウ」戦法で戦うべく離陸した後、何が起きたかを後に語っている：

午後一〇時頃、私はＳＮ‐２レーダーでその夜の一機目の機体を捕捉した。私はパイロットにその方向を伝え、まもなく敵機が見えた。ランカスター爆撃機だった。我々は攻撃位置に占位し、射撃を開始した。敵機はすぐに左翼に火災を生じた。ランカスター機は機首を大きく下げて落ちて行き、きりもみにはいった。午後一〇時〇〇

分から一〇時〇五分の間に、その機体は地面に墜落し、激しい爆発が起きた。私はランカスター機が墜落して爆発するのを見ていた。
敵機の捜索を再開した。レーダーの表示器に六機もの機体が同時に映った時もあった。次の機体に向けて誘導すると、すぐに敵機を視認できた。またしてもランカスター爆撃機だった。最初の射撃で敵機は小さな火災を生じ、左翼を下げると垂直に落ちて行った。すぐにその機体が地面に墜落したのが見えた。午後一〇時〇五分から一〇時一〇分の間の事だった。敵機が地面に激突すると、大きな爆発が起きた。多分、搭載していた爆弾が爆発したのだろう。そのすぐ後、またもランカスター機を一機発見した。長い射撃を加えると、敵機は火災を起こし、墜落して行った。午後一〇時二五分から三〇分の間に地面に墜落したのが見えた。正確な時刻は確認しなかった。その直後、また四発爆撃機を一機発見した。我々は「爆撃機の流れ（ボマーストリーム）」の真ん中に居たのだ。追尾して攻撃を加えると、敵機は炎に包まれて墜落して行った。一〇時四〇分頃だった。私は敵機が地面に墜落したのを見た。

オストハイマー軍曹の状況説明によれば、彼の機体のＳＮ‐２レーダーが、英国側の電子妨害の影響を受けていなかった事は明らかだ。高い能力を持つベテランの搭乗員が搭乗していれば、ドイツ空軍の夜間戦闘機は一機で多くの爆撃機を撃墜できた事が分かる。
数分後、オストハイマー軍曹はレーダーで、別の機体を発見した。目標を追いかけて何回か進路を修正すると、ランカスター爆撃機を前方に発見した。パイロットのヴィットゲンシュタイン少佐が敵機に接近して攻撃を加えると、爆撃機は火災を生じた。しかし、すぐに火災は消えたので、ヴィットゲンシュタイン少佐はもう一度攻撃を加えた。突然、彼等のＪｕ88型機で爆発が起きて機体が揺れ、左翼に火災が発生した。オストハイマー軍曹は次のように話しを続けた：
火災が起きたのを見た次の瞬間、頭上のキャノピーが外れて飛び去り、機内交話装置から大きな声で「脱出しろ」との指示が聞こえた。私は酸素マスクとヘルメットを放り捨て、機体から外に体を投げ出した。

オストハイマー軍曹は無事にパラシュートで地面に降りたが、ヴィットゲンシュタイン少佐は操縦席から脱出できなかった。彼の遺体は、後に機体の残骸の中で発見された。わずか一日前の夜には、この大胆な二人は、搭乗する機体の後部胴体に斜め上を向けて装備された機関砲でハリファックス爆撃機を下から攻撃したが、確実に命中させようとして近付きすぎたので、ハリファックス機が墜落し始めた時に彼等の機体に接触した。この時は墜落する爆撃機の道連れにされずに済んだが、今回は、夜間戦闘機のエースパイロットのヴィットゲンシュタイン少佐の幸運は尽きてしまった。彼のＪｕ88型機は、敵の編隊の他の爆撃機に攻撃されたと思われる。英空軍第一四一飛行中隊の、「セレート」逆探装置を装備したボーファイター夜間戦闘機が五機、その夜のドイツ上空の戦闘に参加していたが、ヴィットゲンシュタイン機の撃墜については何の報告もしていない。ヴィットゲンシュタイン機は、彼自身も多くの戦果を上げてきたのと同じく、死角となる機体下方から攻撃されて撃墜されたと推測される。

その夜、ドイツ空軍にとってもう一つの大きな痛手は、夜間戦闘機のエースをもう一人失った事だった。ヴィットゲンシュタイン少佐のＪｕ88型機が墜落した場所から遠くない場所に、Ｈｅ２１９型夜間戦闘機が墜落した。パイロットのマンフレート・モイラー大尉は死亡したが、彼は夜間戦闘で六五機を撃墜していて、夜間戦闘機のパイロットとしては撃墜機数は三番目に多かった。彼は、自分が攻撃した爆撃機が横に傾いて墜落する際に、彼の機体に衝突したために墜落し死亡した。このように相手の機体に衝突される事は、夜間戦闘で多い接近戦がいかに危険かを示す良い例である。

一九四四年二月には、ドイツ空軍の夜間戦闘機で、新しい電子機器を搭載する機体が増えた。H_2Sレーダーの電波を受信し、その方向を知るための「ナクソスZ」受信機が二八台、ドイツ空軍に納入されていた。また、ＳＮ－２レーダーも夜間戦闘機に二〇〇台が搭載されていたし、さらに数百台が生産中だった。英空軍はこれらの新しい電子装備品の事をまだ知らなかったので、それらが電子妨害される事はなかった。

これらの新しい電子機器の装備により、ドイツ空軍の夜間戦闘機の戦闘力が向上したので、爆撃部隊の損害は増加した。一月二八日から二九日にかけての六八三機の爆撃機によるベルリンへの爆撃では、四三機が帰還できなかった。その翌月はもっと損害が増えた、二月一五日のベルリンへの爆撃では、八九一機のうち四二機が失われた。四日後のライプツィヒへの爆撃では、英空軍は八二三機の爆撃機の内、七八機を失った。この大きな戦果を上げる事が出来た理由について、ドイツ空軍は夜間戦闘機が爆撃機を追跡する際に、ＳＮ-２レーダーを使用したからだとしている。

英空軍はドイツ空軍の夜間戦闘機に爆撃部隊が捕捉されるのを避けるために、別の爆撃地点を襲うように見せかけるなどの戦術を用いていたが、ドイツ空軍の戦闘機管制官は、多くの場合はその意図を見抜いて対処していた。しかし、二月二〇日から二一日にかけての爆撃では、英空軍の偽装作戦は成功した。その夜、英空軍の爆撃機航空団の訓練部隊に所属する約二〇〇機の爆撃機は、北海を横断してヘルゴランド島のすぐ沖合まで進出した。その訓練部隊の編隊はベルリンを目指していると判断されたので、ドイツ空軍の夜間戦闘機部隊は、デンマーク南部上空に集合して待ち構えていた。ヘルゴランド島の近くまで来ると、訓練部隊の爆撃機は進路を反転して英国へ戻って行った。それを見て、ドイツ空軍の戦闘機管制官はだまされた事に気付いた。

それと同じ頃に、爆撃機の大編隊がフランスを横断してライン川に近付いているとの報告が入ってきた。この大編隊こそ今回の爆撃作戦の主力である五九八機の爆撃機の編隊だった。事態に気付いたドイツ空軍の戦闘機管制官は、夜間戦闘機隊にストラスブールへ向かうよう指示した。夜間戦闘機隊はその指示に従ったが、ストラスブールまで約六〇〇㎞の距離を飛ばねばならず、飛行時間にして一時間半を無駄にした。搭載し

胴体に斜め上向きに取り付けられた20mm機関砲。

ていた燃料で指示された空域まで飛行できた戦闘機が到着した時には、爆撃部隊はストラスブール東方のシュトゥットガルトの爆撃を終えて帰路に就いていて、そのため英空軍は九機の爆撃機を失っただけだった。こうした偽の爆撃目標地点でだまされるのを経験して、ドイツ空軍の管制官は状況がはっきりするまで、戦闘機隊の主力をどこへ向かわせるかの決定を遅らせる必要がある事を強く感じた。英空軍の爆撃機部隊がドイツ本土の奥深くを爆撃に来る場合は、ドイツ上空を二時間以上飛行する事が多いので、ほとんどの場合は戦闘機管制官は決断を下すのを、かなり長く遅らせる事ができた。三月一五日、英空軍は再びシュトゥットガルトを襲ったが、この爆撃では、爆撃部隊八六三機のうち三六機を失った。

ドイツ本土の奥深くに位置する都市に対する英空軍の次の爆撃は、ベルリンに対する三月二四日から二五日にかけての夜間爆撃だった。この時は、ドイツ空軍は適切なタイミングで首都ベルリンの周辺に夜間戦闘機隊を集結させた。爆撃部隊は大きな損害を受け、八一一機の爆撃機のうち七二機を失った。二日後のエッセンに対する爆撃では、攻撃側は七〇五機中の九機しか失わなったが、ベルリンでの大損害の埋め合わせになったとは言えない。

英空軍のこの時期の一連の爆撃作戦の最後として、三月三〇日から三一日にかけて夜間爆撃が実施された。間もなく予定されているヨーロッパ大陸反攻作戦に備えて、英空軍爆撃機航空団の作戦上の指揮権は、米国のアイゼンハワー元帥に移譲する事になったので、ハリス英空軍爆撃機航空団司令官にとって、これがドイツの大都市を壊滅させるための最後の爆撃作戦だった。その夜の爆撃目標は、ニュルンベルクで、七九五機の爆撃機が動員された。

爆撃部隊の先頭の機体がオランダの海岸線を横切るより前に、ドイツ空軍はすでに英空軍の爆撃機のH_2Sレーダーの電波を利用して爆撃機部隊の位置をつかみ、追跡を続けていた。そのため、モスキート爆撃機による、ケルン、フランクフルト、カッセルなどの都市に対する偽装攻撃は、効果が無かった。以前もそうだったが、モスキート機がH_2Sレーダーの電波を出さないので、偽装攻撃である事が見破られたのだ。ドイツ空軍の管制官は敵の作戦を見破ったので、可能な限り西側で夜間戦闘機に敵の爆撃部隊を攻撃させようとした。戦闘機を誘導する上で、爆撃部隊がドイツ

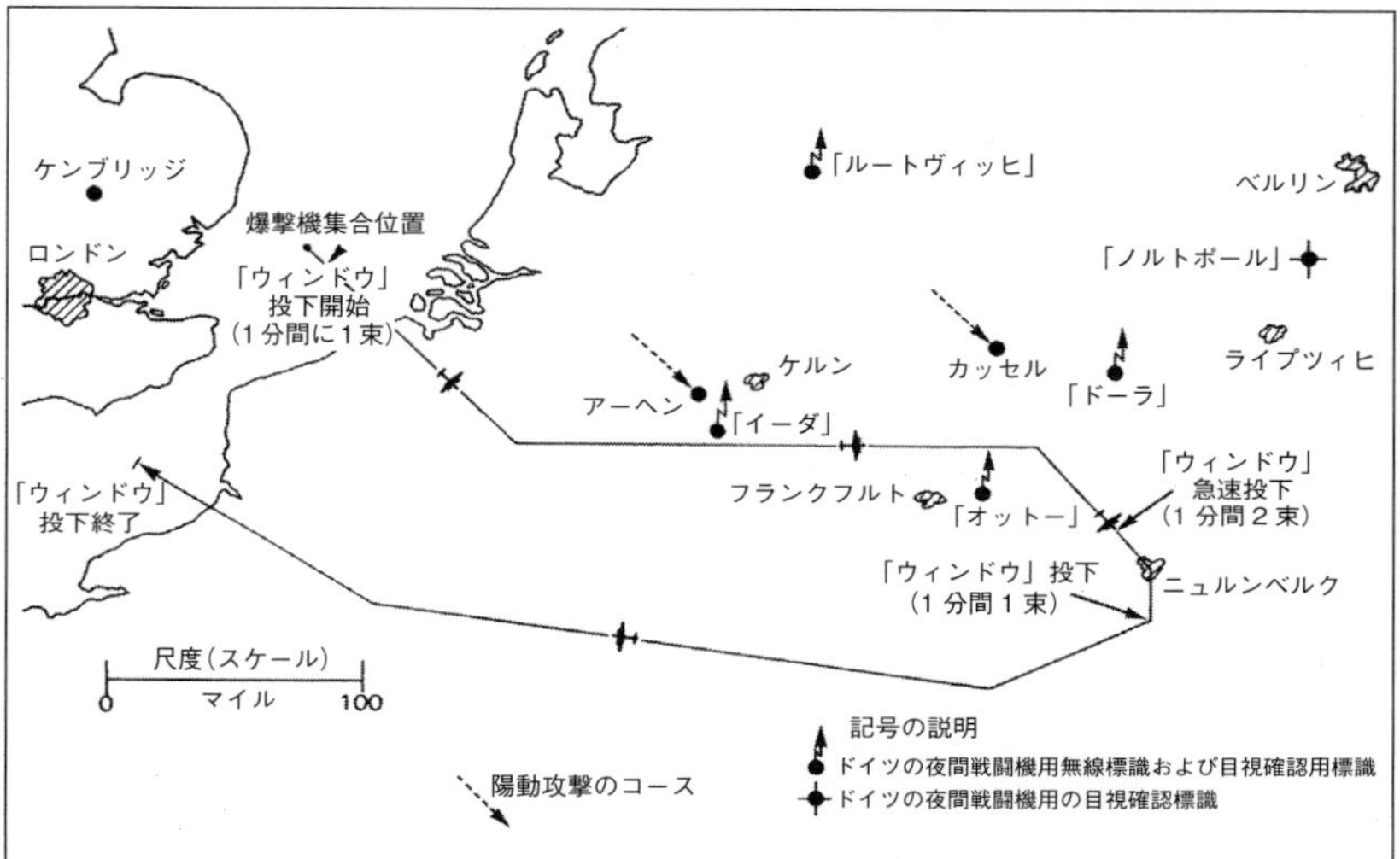

ニュルンベルク爆撃：1944年３月30日/31日

領内を数百km以上直線コースで飛行した後、目標の直前で進路を変えて目標地点に進入する事が多かった事が参考になった。第三戦闘機師団の管制官は、双発夜間戦闘機に対して、アーヘン南東の無線標識「イーダ」上空に集まるよう指示した。真夜中に、爆撃機の編隊が、無線標識「イーダ」の上空へ爆音をとどろかせてやって来た時には、ドイツ空軍の二四六機の夜間戦闘機が上空で待ち構えていた。

それに加えて、その夜の気象条件のため、予期していなかった爆撃部隊にとって不利な現象が生じた。爆撃機が動力源としているレシプロエンジンは、ガソリンと空気の混合気を燃焼させて作動している。燃焼後の排気には水分が含まれ、その量は毎分四リットルにもなる。通常は、この排気中の水分は水蒸気のまま外気に拡散するので目には見えない。しかし、この夜は気温が低く、排気中の水蒸気は凝結して細かな水滴になった。爆撃機のエンジンの排気は、その細かな水滴により、透明ではなく白く見えた。その夜は晴れて視程が良く、月は半月だった。凝結した水滴を含む排気は、半月の光を反射して遠くからでも白い帯のように見え、爆撃機を発見されやすくしていた。その夜の上空における風は予報より強く、そのため、爆撃機の編隊はだんだん各機体の間の距離が開いてきた。最初の変針地点に到達する前に、すでに編隊の幅は横に六〇㎞も拡がっていた。ドイツ空軍第三戦闘機師団の夜間戦闘機は、無線標識「イーダ」上空で爆撃機の編隊への攻撃を開始し、編隊に並行して飛びながら、三〇〇㎞に渡って、爆撃機に攻撃を加え続けた。

それまでと同様、英空軍はドイツ空軍の無線通信を妨害した。ベルの音、ヒトラーの演説、強く足踏みをした時の音、ドイツ空軍の搭乗員が「バグパイプ」と呼ぶ、電子的に合成された泣き声のような高い音など、様々な音がドイツ空軍の無線通信に送り込まれた。放送局の軍歌『アンネマリー』の放送も、妨害電波でかき消された。しかし、すでに多くの夜間戦闘機が爆撃部隊の進路上に入り込んでいたので、通信妨害の効果はほとんどなかった。第二夜間戦闘機航空団（ＮＪＧ２）のエミール・ノーネンマッヘル伍長は、オランダのトウェンテからＪｕ88型機で離陸した。離陸後は、上昇しながら無線標識「イーダ」を目指した。彼は後に次のように回想している：

トウェンテから上昇して行くと、大規模な戦闘が行われているのが見えた。空中で燃えている機体や、地面に落ちて燃えている機体があり、曳光弾が飛び交っていた。戦闘が激しく行われている空域に向けて五分ほど飛行した時、突然、爆撃機の後流に入って機体が揺れた。長く続く爆撃機編隊の中に入ったのだ。我々の周囲は至る所で戦闘が行われていた。炎上中の機体もあれば、機銃を撃っている機体もあったし、地面に落ちて爆発している機体もあった。それでも敵の爆撃機を見つけるまで数分間かかった。私が上を見ると、爆撃機が頭上を斜めの方向に飛んでいるのが見えた。私は攻撃位置に入ろうとしたが、適正な位置に機体を持って行けなかった。しかし、それは問題ではなくなった。別の機体を左前方五〇〇ｍの距離に見つけたのだ。その機体を攻撃しようと加速していると、別の爆撃機が一五〇ｍ前方に出て来た。攻撃すべき目標があまりにも多いので、私は一番近い機体を選んで、その機体を追いかけた。

ノーネンマッヘル伍長は機関砲を発射し、爆撃機に命中したのが見えたが、すぐに機関砲が故障しては射撃不能になった。同乗者が機関砲の故障を解除しようとしている間に、ランカスター機は逃げてしまった。ノーネンマッヘル

伍長は別の爆撃機を発見したが、その時には機関砲は正常に作動するようになっていた。彼の回想は続く‥

私は敵機の後方約一〇〇ｍで、相手よりやや低い位置についた。私は機関砲の発射ボタンを押し、敵機の左翼に命中するのが見えた。まもなく、左翼のエンジンが二台とも火を噴くのが見えた。敵機の高度は徐々に下がって行った。搭乗員がパラシュートで脱出するのがはっきりと視認できた。爆撃機が地面に墜落するまで、ほぼ六分間かかった。地面に激突すると、激しい爆発が起きた。

この頃、ドイツ空軍では、敵編隊を照明弾で照らし出して戦闘機の攻撃を支援するための、特別な部隊が編制されていた。その部隊のＪｕ88型機は、敵編隊の上空で照明弾を何発も投下し、その光は何十㎞も離れた位置にいるドイツ空軍の夜間戦闘機でも視認できた。この夜も照明弾が投下され、夜間戦闘機は蛾が炎に引き寄せられるように、爆撃機の編隊へ集まってきた。第二戦闘機師団の機体はドイツ北部から、第一戦闘機師団の機体は爆撃部隊が向かっているベルリン地区から、第七戦闘機師団の機体は南ドイツから、無線標識「オットー」を経由して集まって来た。「ツァーメ・ザウ」戦法には理想的な夜で、ドイツの夜間戦闘機隊は爆撃部隊に恐るべき大損害をもたらした。英空軍の爆撃先導機のある搭乗員は、彼の機体のパイロットが「パラシュートを準備しておく方が良いぞ。今、四二機目が撃墜されるのが見えた」、と大声で叫んだのを覚えている。

爆撃部隊の飛行高度では、時速八〇㎞の西よりの風が吹いていた。そのため爆撃部隊は計画していたコースより東に流されたが、爆撃目標へ向かって南東方向へ飛行する最終進入コースでは流される量が大きくなり、飛行コースが影響された。そのため、ドイツ空軍の管制官は、敵の爆撃目標を判断するのが遅れた。爆撃が開始されるわずか二分前の〇〇時五二分になって、管制官はニュルンベルクが爆撃目標だと戦闘機に伝えた。

英空軍の爆撃が始まった時、「ヴィルデ・ザウ」戦法で戦う単座戦闘機隊はニュルンベルクから離れた位置に居たので、爆撃部隊を攻撃できなかった。単座戦闘機隊の一つは、フランクフルトへの攻撃に備えて、無線標識「オットー」上空で旋回待機していた。別の単座戦闘機隊は、ベルリンとライプツィヒを守るために、無線標識「ノルトポール」上空で待機していた。そのため、その夜の戦闘には双発夜間戦闘機だけが戦闘に参加し、約二〇〇機が敵機を攻撃した。

ニュルンベルク上空では、爆撃機の飛行高度近くまで厚い雲がかかっていた。爆撃先導機が標識弾を投下したが、厚い雲にはいって、すぐに見えなくなった。市街地に着弾した爆弾は少なく、被害は小さかった。爆撃後の爆撃部隊の各機は、ばらばらに分散して帰って行ったので、ドイツ空軍の夜間戦闘機は、帰投中の爆撃機を発見するのに苦労した。爆撃機の多くは、帰投する途中でほとんどドイツ空軍の攻撃を受けなかった。この時期は、ドイツ空軍の夜間戦闘機が爆撃機の編隊と並行して飛びながら攻撃する戦術が成功していた時期であり、そのため英空軍爆撃機航空団のニュルンベルク爆撃作戦は惨憺たる結果となった。合計九四機のランカスター機とハリファックス機が帰還できなかったが、そのほとんどは無線標識「イーダ」とニュルンベルクの間で撃墜された。爆撃機が通過したその区間は、地上で炎上する爆撃機が連なっていて、爆撃部隊が飛行したコースをはっきりと見分ける事ができた。

この大損害を出した原因としては、戦中も戦後も、ドイツ空軍は事前にニュルンベルクが爆撃目標だと知っていて、それに備えて防御を固めていたとする説がある。ニュルンベルクが爆撃目標だと分かっていたかどうかは不明だが、単座戦闘機の「ヴィルデ・ザウ」部隊がニュルンベルクより離れた位置に居た事は、ドイツ空軍が前もって防御を固めていた、とする説は誤りである事を示している。爆撃部隊の損害は、目標に到達する前がほとんどで、帰投中の損害は比較的少ない。このニュルンベルク爆撃で英空軍の損害が大きかった原因が、目標地点が事前に分かっていたからだとするならば、損害の発生パターンは逆で、目的地上空と帰投中の損害が大部分になったはずである。

かくして、いわゆる「ベルリンの戦い」は一つの区切りを迎えた。ドイツ第三帝国の首都は壊滅をまぬがれ、英空軍爆撃機航空団は、五カ月前にハリス司令官が予想した二倍以上の機体を失った。一九四三年一一月一八日から一九四四年三月三一日までの間に行われた三五回の大規模爆撃で、爆撃機航空団は一〇四七機を失い、一六八二機が損傷した。爆撃の結果がどうであれ、ニュルンベルクに対する爆撃は、第二次大戦のドイツの対する爆撃作戦の一つの区切りを示す作戦だったと言えよう。それ以後は、重爆撃機部隊は来るべきノルマンディー上陸作戦に備えて、フランスやオランダなどの目標の爆撃に使用される事になった。しかし、たとえハリス司令官がドイツ領内深くの目標の爆撃続行を許可されたとしても、彼の指揮下の爆撃機航空団が、このような大きな損失を出し続けながら爆撃を継続できたとは考えられない。ベルリン、マグデブルク、ライプツィヒ、ニュルンベルクの夜空で、ドイツ空軍夜間戦闘機部隊は、一九四三年夏のハンブルクにおける屈辱を晴らした。ドイツ空軍夜間戦闘機部隊は彼等の精強さを証明し、英空軍をして、ドイツを爆撃で壊滅させるのはあまりにも損害が大きいので、ドイツ本土爆撃をほとんど断念させる所まで追い詰めた。

＊＊＊

ドイツ空軍の夜間戦闘機のレーダーを妨害するために米国のＲＲＬが設計した、五〇kWもの出力を持つ「チューバ」妨害電波送信機は、一九四四年二月から運用を開始した。イングランドのサフォーク州サイズウエルから、「チューバ」は強力な妨害電波を、北海を越えてオランダ、ベルギー、ドイツ方面に送信した。「チューバ」は技術的には素晴らしい製品であり、大きな成果を上げる能力を持っていた。しかし、その想定していた使用方法が不適切であり、使用するタイミングも悪かったので、成果を上げる事ができなかった。

「チューバ」が妨害しようとしたのは、ドイツ空軍の夜間戦闘機に搭載されている「リヒテンシュタイン」レーダーである事を考えていただきたい。このレーダーが「チューバ」に妨害されるのは、搭載している戦闘機の機首の向きが（つまり固定式のレーダーアンテナの向き）が「チューバ」への方向に近い場合だけである。夜間戦闘では攻撃する際の視認可能距離が短いので、ドイツ空軍の夜間戦闘機は、敵の爆撃機を追跡して行って、後方から攻撃するしかなかった。そのため、英空軍の爆撃機が爆撃を終えて、英国の方向へ飛行する時しか、「チューバ」は妨害できない。また、地球は丸いので、「チューバ」の有効距離は短くなる。英空軍の重爆撃機は、通常は高度六六〇〇ｍかそれ以下で飛行するので、それを迎撃するドイツ空軍機も同じ高度で飛行する事になる。この高度では、「チューバ」の有効最大距離は約二八〇kmで、その妨害効果はドイツの国境付近から先は、徐々に弱くなる。

この二つの理由だけでも「チューバ」を使用する効果は小さくなるが、更にもう一つの理由により「チューバ」の効果は全く無くなってしまった。「チューバ」が運用を開始した時には、ドイツ空軍の「リヒテンシュタイン」レーダーは、それより後に導入されたSN-2レーダーに置き換えられて、戦闘ではほとんど使用されなくなっていた。一九四四年の春には、「チューバ」は英空軍の夜間爆撃の支援のため多用された。しかし、戦後に残されたドイツ軍の記録によれば、「チューバ」によるレーダー妨害が実際の戦闘に影響したとの記録はない。妨害目標とされたドイツ空軍の夜間戦闘機は、その強力な妨害電波の送信に全く気付いていなかったと思われる。

＊＊＊

英空軍爆撃機航空団が、ドイツ本土爆撃で受けた大損害からの回復に努めていた時期、英国本土を基地とする米国第八空軍は、以前に受けた大きな損害から完全に立ち直っていた。一九四四年三月には、P-51B戦闘機が護衛戦闘機として多数使用できるようになり、ドイツ領内の目標までの往復の全行程で、爆撃機の編隊に護衛戦闘機を随伴させる事が可能になった。護衛戦闘機は、爆撃機を襲うドイツ空軍の昼間戦闘機に、大きな損害を与えた。

しかし、その頃には、ドイツ軍の高射砲部隊の戦力も大幅に増強されていた。それまでは、米軍の爆撃機の損失の大部分はドイツ空軍の戦闘機が原因だった。一九四四年春以降は、米軍の爆撃機の損失の大半は高射砲が原因だった。ドイツ空軍は、高射砲の数を増やすのと並行して、高射砲の射撃管制用の「ヴュルツブルク」レーダーに対する、「カーペット」妨害装置や「ウィンドウ（チャフ）」による妨害を克服するために懸命に努力した。テレフンケン社は「ヴュルツブルク」レーダーに「ヴィスマール」改修を行なった。この改修は、レーダーが使用する周波数帯を拡げると共に、使用周波数を短時間で変更できるようにする改修である。もともとの「ヴュルツブルク」レーダーの使用周波数の範囲は五五三～五六六MHzだったが、この改修により、新しく五一七～五二九MHzの範囲も使用できるようになった。訓練を受けて熟練したレーダー員なら、同じ使用周波数帯の中であれば、使用周波数を一分以内に切り替える事ができた。違う周波数帯への切り替えは、整備員が機器を調整する事が必要だが、約四分間で行えた。

一九四四年三月には、「ヴィスマール」改修を行なった「ヴュルツブルク」レーダーの比率はかなり高くなっていた。また、その頃には、「ヴュルツブルク」レーダーの大部分は「ウィンドウ（チャフ）」による妨害に対応するための、「ヴュルツラウス」改修と「ニュルンベルク」レーダーへの改修を済ませていた。しかし、ドイツ空軍のレーダー員にとって残念な事に、「ヴィスマール」改修は「ウィンドウ（チャフ）」対策用の改修とうまく適合しない場合があった。レーダー員が「ヴィスマール」改修をしたレーダーで周波数を変更した場合、ドップラー効果を利用したチャフ対策の「ヴュルツラウス」改修も実施済の場合には、周波数変更に応じた再調整が必要で、その作業の間に敵機を攻撃するチャンスを逃してしまうのだ。

また、この頃、高射砲の射撃管制用に新しく「マンハイム」レーダーが導入された。同じテレフンケン社の製品だが、「マンハイム」レーダーは「ヴュルツブルク」レーダに比べて幾つかの点が改良されていた。しかし、驚いた事に、この新型のレーダーはそれまでの「ヴュルツブルク」レーダーと同じ周波数帯を使用し、同じ妨害対策を適用してあったので、「ヴュルツブルク」レーダーに対するのと同じ連合国側の妨害を受ける可能性が有った。そのため、この二つのレーダーのレーダー妨害への対抗力は同程度である。

＊＊＊

一九四四年の春、英国は、来るべき北ヨーロッパへの反攻に備えて集められた人員と機材が溢れる、巨大な軍事基地と化していた。困難が予想される反攻作戦では、電子妨害は不可欠であり、重要な役割を果たさねばならないが、それについては次章で述べる事とする。

第11章　ノルマンディー上陸作戦の支援

「練度の高い防衛軍が組織的に守っている海岸に対する上陸作戦は、軍事作戦としては最も困難な作戦だと言えるだろう」

ジョージ・マーシャル米国陸軍元帥

「今や途方もない大破壊がなされてしまった！」

シェイクスピア『マクベス』第三幕

一九四四年六月の、フランス北部のノルマンディーへの上陸作戦では連合国側が勝利したが、この上陸作戦はどちらが勝っても、その後の戦争の行方に決定的な影響を与えたであろう大作戦だった。もし上陸作戦が失敗したら、その時の連合国軍の損害が極めて大きくなる事は確実で、その後の当分の間は、ヒトラー総統はヨーロッパ大陸西部の状況を心配する必要がなくなる。上陸作戦が成功すれば、ドイツ第三帝国の終末は近い。上陸作戦の結果は戦争の今後の展開に決定的な意味を持つので、これまでにない緻密な電子戦を行って上陸部隊を支援できるよう、万全の準備をしておく事が非常に重要だった。

大陸反攻を開始する上陸作戦が、敵にとっての奇襲となるためにまず必要なのは、ドイツの誇る「西方の壁（ジークフリート線）」で警戒監視の任務を担う、フランスとベルギーの海岸線に沿って設置されているレーダー基地を、上陸作戦開始前にできるだけ多く破壊してしまう事だった。フランス北部とベルギーの海岸線では、九二以上のレーダー基地が連合国軍の動きを監視している。これらのレーダー基地には、遠距離対空警戒用の「マムート」レーダーと「ヴァッサーマン」レーダー、対空用の各種の用途に使用される「ヴュルツブルク」レーダーとそれを大型化した「ヴュルツブルク・リーゼ」レーダー、対空警戒用の「フライヤ」レーダー、海上監視用の「ゼータクト」レーダーなど、目的に合わせて各種のレーダーが設置されている。攻撃側としては、妨害の対象とする敵のレーダーの種類が多いので、それらを全て電子的に完全に妨害して無力化するのは難しい。更に、ドイツ軍のレーダーを電子的に欺瞞する事は、もっと難しそうだった。ドイツ本土爆撃の際に偽装攻撃などを仕掛ける事で、ドイツ空軍の戦闘機管制官が、時速三六〇kmで飛行する英空軍の爆撃部隊の真の爆撃目標がどこかを見抜くのを三〇分間遅らせるのと、時速二〇kmで進む上陸作戦用の艦船の大部隊が探知されるのを、一〇時間以上に渡り防止するのとでは、難しさが全く違う。

上陸作戦の計画作成部門は、進攻作戦を支援するための電子戦を、段階的に行うように計画した。まず、敵のレーダー基地の位置を正確に把握し、それに続いて、レーダー基地の大部分を航空機による攻撃で破壊し、作動不能に陥れる。上陸作戦を実行する前夜は、ドイツ軍の注意を本当の上陸地域からそらすために、別動隊により別の場所に上陸作戦を行うように見せかける陽動作戦を行う。それと並行して、上陸作戦実施地域にまだ残っている、敵の作動可能な全てのレーダーに対して、激しい電波妨害を行う。

ジョーンズが率いる空軍情報部科学技術情報班は、一九四四年春までに、沿岸地域に配置されているドイツ軍のレーダーの位置の調査を完了していたが、その調査結果は絶えず見直す事が必要だった。ドイツ軍のレーダー、中でも特に「フライヤ」レーダーや小型の「ヴュルツブルク」レーダーは、短時間で移動ができ、移動した場所で到着から数時間以内に使用を開始できる。ドイツのレーダーの位置を知るために、コックバーン博士のチームは、「ピンポン」と名付けられた地上設置型の無線方向探知機を製作した。この装置はレーダー波が出ている場所の方位を、〇・二五度の精度で測定できる。この装置をイングランド南部の海岸に三台配置し、ドーバー海峡の対岸のドイツ軍のレーダーの出している電波の方位を測定した。この方位情報を用いて、三角測量の原理でレーダーの概略の位置が分かると、写真偵察機が写真を撮影して、その位置を確認する。

ドイツ軍のレーダー基地の攻撃は、英空軍第二戦術航空軍が担当した。ドイツ軍のレーダー基地への攻撃は、一九四四年三月一六日の、第一九八飛行中隊の一二機のタイフーン戦闘爆撃機による、ベルギーのオステンドの海岸に設置された「ヴァッサーマン」対空警戒レーダーに対する攻撃から開始された。タイフーン機の編隊は、正午を少し過ぎた時間に海岸線を高度二四〇〇mで横切ると、そのまま内陸の目標へ向かうかと思われた。しかし、海岸線を越えるとすぐに、一二機の内の四機は高度を下げ、木の梢をこすらんばかりの低い高度で、「ヴァッサーマン」レーダーのアンテナ塔を目指した。残りの八機のタイフーン機は、レーダーを守っている高射砲陣地に向けて、高度を下げながら突進した。レーダーを攻撃する四機のタイフーン機は、各機が六〇ポンド・ロケット弾を八発、アンテナ塔に向けて発射し、数発がアンテナ塔に命中した。しかし、タイフーン機の編隊が去った後も、「ヴァッサーマン」レーダーのアンテナ塔はまだ立っていた。そのため、その日の午後、第一九八飛行中隊は、「ヴァッサーマン」レーダーに対して二回目の攻撃を行なった。ロケット弾が何発か命中したが、レーダーのアンテナ塔はまだ立っていた。

アンテナ塔はまだ立っていたが、レーダーの機能は失われていた。「ヴァッサーマン」レーダーのアンテナ塔の弱点は、その回転機構だった。アンテナ塔の根元の筒形の金具は、土台部分の固定式の縦の円筒に差し込まれていて、アンテナ塔全体がその筒形金具と共に回転する。ロケット弾が命中して回転部分の筒形の金具が変形したので、アンテナ塔は回転できなくなった。アンテナ塔を修理するには地面に寝かす事が必要だが、アンテナ塔の向きを特定の方向に合わせないと寝かす事ができない。アンテナ塔は垂直位置に固定されたままになった。修理をするためには、アンテナ塔の根元の部分を分解する必要があった。この攻撃を受けて破損したレーダーは、上陸作戦が開始されても、使用不能のままだった。

ドイツ軍の「マムート」レーダーにも弱点がある事に、英空軍はすぐに気づいた。固定式の大型のアンテナの背面には、給電線（フィーダーライン）が無数に張り巡らされている。この給電線は、アンテナからの電波の放射パターンを適正な形状にするために、精密に調整する必要がある。給電線の調整を行うと、電波の放射パターンが正しいかを検定するため、何度か検査飛行が行われる。検査飛行では、検査用の飛行機は決められた飛行パターンを正確に飛行し、その飛行機をレーダーで追跡して、放射パターンが正しくて、飛行機の位置を正確に追跡できるかを確認する。給電線はアンテナの背面に取り付けられているが、機銃でも容易に破壊する事ができる。もし給電線が何本か破損すると、「マムート」レーダーは機能しなくなり、修理しても面倒な調整と検査作業をやり直す必要がある。

ノルマンディー上陸作戦の実行前の一か月の間に、第二戦術航空軍のモスキート、スピットファイア、タイフーン機は、フランスとベルギーにあるドイツ軍のレーダー基地に対して、延べ二〇〇〇機近くで攻撃を行なった。多くの機体を失いながら、第二戦術航空軍は、当初は九二あったドイツ軍のレーダー基地を、運用可能なのは一六基地にまで減らした。送信するレーダー波のビーム幅が狭いので妨害が難しい「マムート」レーダーと「ヴァッサーマン」レーダーは、全て作動不能にされた。ノルマンディー上陸作戦が始まったＤデイには、上陸作戦地域で完全な作動状態にあるレーダーは一台も無かった。

＊＊＊

ドイツ軍のレーダー基地への攻撃作戦が成果を上げつつあった頃、英国のスカルソープ基地では、米軍で初めての電子妨害専門部隊である、第八〇三爆撃中隊が新たに編成された。一九四四年五月、八機のＢ‐17爆撃機が所属するこの飛行中隊は、ノーフォークのオールトン基地に移動した。Ｂ‐17型機は、「カーペット」妨害装置と、英国の

「マンドレル」妨害装置を搭載していて、通常は前者を九台、後者を四台搭載していた。すこし後には、B-17型機がもう一機追加されたが、その機体は電子偵察機として使用するために、SCR-587受信機と、ハリクラフター社製S・27受信機を搭載していた。この飛行中隊は六月初旬、上陸作戦に丁度間に合うタイミングで、実戦に出動できる状態になった。

＊＊＊

戦争のこの段階になると、連合国側の情報部門はドイツ軍の無線通信を傍受、解読して、そこから多くの情報を得る事ができるようになっていた。ドイツ軍の無線通信を妨害すると、そうした情報を得られなくなるので、通信妨害が許可されるのは、必要性が高い場合に限られていた。しかし、間もなく行われる大陸反攻における陸上戦では、戦闘の重要な局面で通信妨害が戦局を左右する可能性があるので、通信妨害の能力は必要だった。一九四三年にRRLは、ドイツ軍の飛行機や戦車の無線機で使用されている周波数に対して妨害が可能な、何種類かの通信妨害装置を設計した。その中には航空機搭載用のART-3「ジャッカル」と、地上設置型のMRT-1があり、いずれも少数が生産された。オハイオ州ライト基地で行われた試験では、「ジャッカル」は威力が大きいので、使用する際には注意が必要な事が分かった。試験の責任者のジョージ・ホーラー中佐は次のように回想している：

上陸作戦の準備の一環で、我々は新型の通信妨害装置、ART-3「ジャッカル」の試験を行なった。この装置はドイツ軍の戦車が搭載している周波数変調方式の無線機が使用している、二七〜三三MHzの周波数帯の電波を妨害するための妨害電波送信機である。しかし、我々はオハイオ州の州警察が、ドイツ軍のパンツァー戦車の無線機が使用しているのと同じ周波数の電波を、警察無線に使用している事には気付いていなかった。ある日の午後、その妨害効果を評価するために、「ジャッカル」を飛行機に搭載して試験を行なったが、その試験中に基地の近くの小さな町で、銀行強盗事件が起きた。「ジャッカル」が警察無線を妨害して使えなくしたために、犯人達は逃走に成功した。ＦＢＩはすぐに通信妨害があった事を知り、我々と銀行強盗の間に何らかの関係がないのか、我々の研究室を徹底的に調査した。幸い、我々が無実である事が認められた。

＊＊＊

この頃、「マンドレル」妨害装置と「カーペット」妨害装置を、上陸作戦に参加する約二〇〇隻の軍艦や上陸用舟艇に、急いで装備する事になった。ＡＢＬ‐一五（米国‐英国研究所第一五分室）の人員のほとんどは、数週間に渡りその作業に動員された。艦艇に機器を搭載する作業に加えて、ＡＢＬ‐一五の職員が装置を搭載する艦船を訪問して、無線士に妨害装置を使用すべき時期とその操作方法を教える事が必要だった。また、搭載する艦船の船長に、妨害装置の目的と使用方法を説明する事も必要だった。電波妨害の目的をすぐに理解して、妨害装置の使用に協力的な船長もいた。しかし、レーダー妨害を行うと、その妨害電波を目標に、敵がレーダー照準で砲撃して来るのではないかとの間違った考えを持っていて、その使用に消極的だったり、少数だが使用に反対する船長もいた。ＡＢＬ‐一五の職員は、そうした好意的ではない船長にも、できるだけ理解してもらう様に努力した。

＊＊＊

一九四四年の早春、マルヴァーンにある英国のＴＲＥと米国のＡＢＬ‐一五から選ばれたチーム（以下では「マルヴァーンのチーム」と記述）は、これまで試みられたでも、最も複雑な電子的な欺瞞作戦について、細部にいたるまで最終的な詰めの作業を行っていた。それは、ドイツ軍のレーダー表示器に、完全編成の「上陸作戦用の艦船部隊」を二つ表示させる作戦だった。それを実現する最も簡単な方法は、実物の艦船を多数使用する事だ。しかし、ノルマンディー上陸作戦用に、連合国軍は利用可能な艦船をほとんど全て動員してしまっていたので、この作戦に利用できる艦船は無かった。そこで、欺瞞作戦を担当するマルヴァーンのチームは、敵のレーダー表示器には本物の上陸作戦用艦船部隊のように映るが、大型の艦船は一隻も使用しない方法を採用する事にした。

基本的な構想としては、一片の長さが二五km（一六マイル）の正方形で、面積にして六二五平方kmもの巨大なレーダー波の反射体が、ドーバー海峡を時速一四km（八ノット）で移動しているように見せかける事にした。レーダー波の反射体には「ウィンドウ（チャフ）」を使用する事にして、決められた飛行パターンを正確に飛行する飛行機から、決められた投下間隔で「ウィンドウ」を散布する事にした。一九四二年に初めて「ウィンドウ」を試作して試験を行なったジョーン・カランが、欺瞞用「ウィンドウ」を散布する際のパターンを、数学的に計算して決定した。

デレク・ジャクソン中佐は、この作戦用に新しいタイプの「ウィンドウ」を考案した。「ゼータクト」沿岸監視レーダーと、「フライヤ」対空警戒レーダーは、どちらも高射砲の射撃管制用の「ヴュルツブルク」レーダーよりはずっと波長が長い電波を使用している。そのため、この二つのレーダーを欺瞞するための「ウィンドウ」の金属箔の長さは、爆撃部隊が使用中の「ウィンドウ」よりずっと長くする必要がある。その長さは一・八m程度も必要で、飛行機の狭い機内では取り扱いが難しい。この問題を解決するため、ジャクソン中佐は、長いチャフをアコーディオンのように折りたたむ事で、扱い易くした。折りたたんだ「ウィンドウ」の金属箔の一方の端には小さなおもりを付ければ、機体から投下した後は、そのおもりの重量で、折りたたまれた状態からまっすぐに伸びる。

二種類のレーダーのうちで、「ゼータクト」レーダーの方が欺瞞するのが難しいと考えられた。そのため、実際には存在しない「幽霊艦隊」を、「ゼータクト」レーダーが本当の上陸作戦用の艦船部隊と間違うような欺瞞方法を採用した。「ゼータクト」レーダーを欺瞞できるなら、「フライヤ」レーダーを欺瞞出来る事は確実だろう。沿岸監視用の「ゼータクト」レーダーの送信する電波ビームの拡がる角度は一五度と大きく、レーダーから一六km（一〇マイル）の所ではビームの幅は六・四km（四マイル）程度になる。「幽霊艦隊」の幅方向に、何機かの航空機が三・二km（二マイル）の間隔でチャフを投下すれば、チャフによる反射像が「ゼータクト」レーダーでは切れ目なく連続した形で表示されるので、艦船が密集した大部隊のように見えるだろう。「ゼータクト」レーダーの縦方向（距離方向）の分

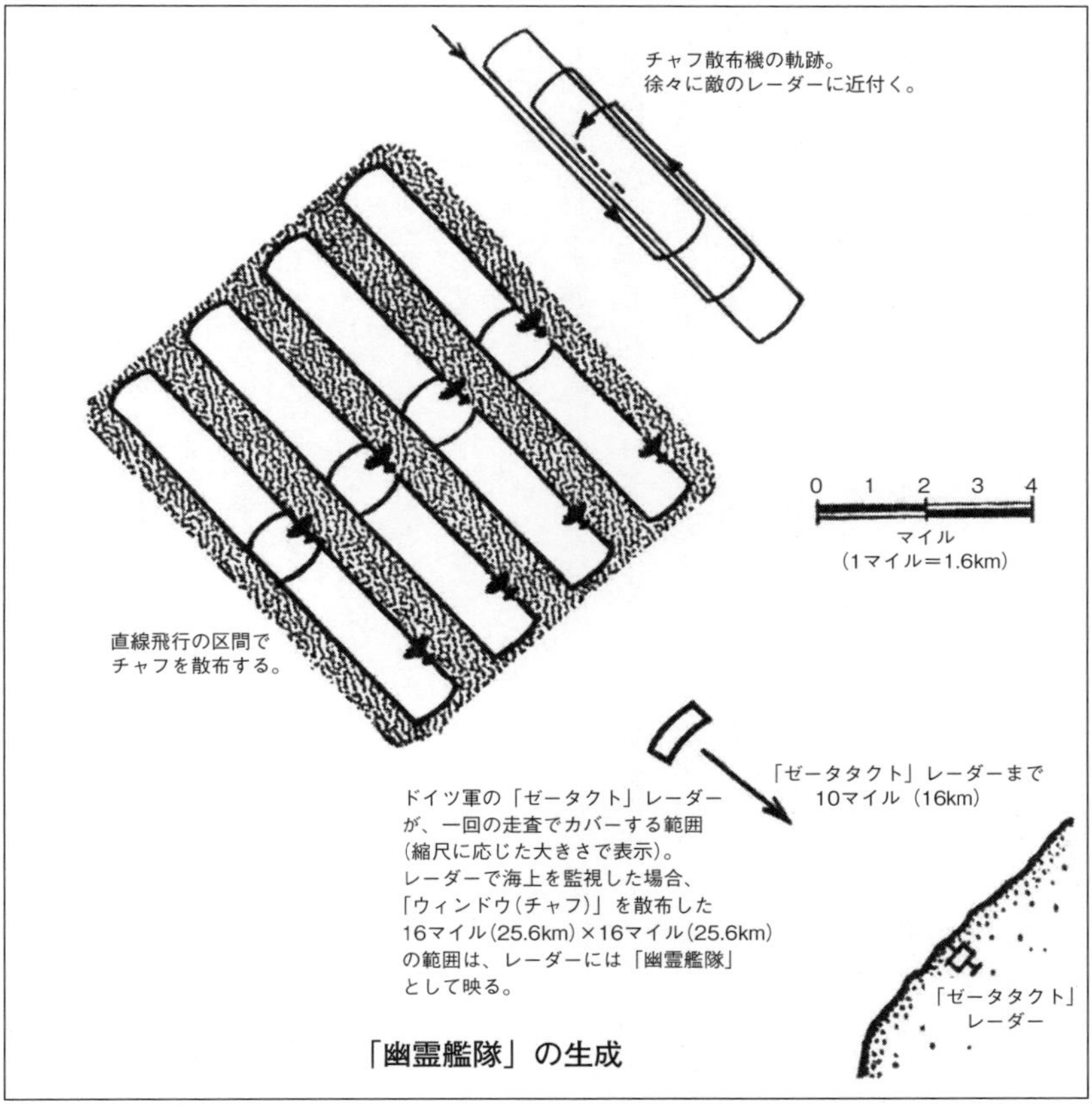

「幽霊艦隊」の生成

解能は、二つの物体が縦方向に四七〇m（五二〇ヤード）以下の距離しか離れていない場合には、別々の物体とは識別できない程度である。「幽霊艦隊」用の「ウィンドウ」を散布する飛行機は、分速五km、時速では三〇〇kmの速度で飛行する。従って、一分間に「ウィンドウ」の束を一二束投下すれば、「ウィンドウ」の雲の間隔は四〇〇m強となり、レーダーの縦方向の分解能以下の間隔なので、レーダーから見て縦の方向には連続した反射像として映る事になる。

欺瞞作戦の計画では、上陸作戦が開始される夜に「幽霊艦隊」を二艦隊、発生させる事になっていた。この大規模な欺瞞作戦では、一六機の爆撃機を八機ずつの二つのグループに分けて、沖合から海岸に向けて飛行させる。二つのグループにうち、後ろのグループは前のグループから一二・八km（八マイル）後方を飛行する。各グループの機体は、横に三・二km（二マイル）の間隔を保って、平行な方向に飛行する。各機は決められた時間だけ直進してから、タイミングを合わせて逆方向に進路を変更して、再び直線飛行を行うのを繰り返すと、長さ一二・八km（八マイル）、幅三・二km（二マイル）の長方形のコースを飛行する事になる。このように飛行する事で、一つのグループの機体が投下する「ウィンドウ」で、前後方向に一二・八km（八マイル）、横に二五・六km（一六マイル）の大きさの長方形の区域をカバーし、二グループ、一六機で一六マイル四方をカバーする事になる。「艦隊」が本物らしい前進速度で進んでいるように見せかけるため、レーダーに近づく方向へ飛ぶ際には、進路変更を少し遅らせて、周回飛行の都度、敵の方向に少し近づくようにする。こうする事で、敵のレーダーには「ウィンドウ」による「幽霊艦隊」は約七ノット（一二・六km／時）の速度で進んでいるように映る。

もっともらしさを増すために、他の飛行機が「マンドレル」を作動させながら、ドーバー海峡上空で周回飛行を続ける事にした。ただし、妨害飛行を行う位置は、妨害の強さが、ドイツ軍のレーダーの「幽霊艦隊」の探知が全くできない程ではなく、接近するのを何とか探知できる程度の強さになる距離の位置が選ばれた。

ここまでは、机上の計画に過ぎない。問題は実際に敵をうまく欺瞞できるかである。上陸作戦が開始される数週間前、コックバーン博士には、この作戦のために二つの爆撃機中隊が割り当てられた。スターリング機を使用する第二一八飛行中隊と、ランカスター機を使用する第六一七飛行中隊（「ダムバスターズ」中隊）[訳注1]である。博士は二つの飛行中隊を訪問し、どのように飛行して欲しいのか説明した。次に、各飛行中隊に複雑な飛行コースを、実際の場合に近い条件で飛ぶ訓練をしてもらう事にした。ドイツ軍から入手した「ヴュルツブルク」、「フライヤ」、「ゼータクト」レーダーを、スコットランド東海岸のフォース湾に面したタンタロン城へ運び、海に向けて設置した。そこはドイツ軍の電波監視施設から遠いので、試験の状況を知られる危険はなく、「幽霊艦隊」による欺瞞作戦の実地訓練を、実戦と同様な条件で実施する事ができた。試験は完全に成功した。

この綿密に計画され、実地訓練も行なわれた欺瞞作戦には、一部の批判的な人がすぐに指摘したように、心配な点が一つあった。批判的な人達は、「もしドイツ空軍が偵察機をその海域に派遣して、偵察機の搭乗員が肉眼で上陸作戦用の艦隊などいない事を発見したらどうなるのか？」との指摘をした。コックバーン博士は、その指摘にはいつも次のように答えていたと筆者に教えてくれた：

次の場面を想像してもらいたい：あるドイツ軍のレーダー基地で、徴兵されて入隊したばかりの若いレーダー員が、「幽霊艦隊」をレーダーで見つけて、それをかねてから予期していた敵の上陸部隊だと上官に報告する。海岸地域にある他のレーダー基地でも同じ事が起きる。間もなく、司令部の状況表示地図には、敵の艦艇部隊を示す大きな矢印が記入される。こうなると、「幽霊艦隊」の存在を軍として認めた事になる。その状況で、偵察機が「幽霊艦隊」の位置まで飛行して、艦船が見当たらないと報告しても、その報告は信じてもらえるだろうか？多分、信じてもらえないだろう。偵察飛行は暗くて遠くが見えない夜間に実施されるだろうが、偵察機は連合国軍の上陸作戦用の艦船部隊から離れた位置を偵察したため、艦船を発見できなかったと解釈されるだろう。司令部の地図に、敵の攻撃部隊が大きな矢印で表示されてしまうと、それは司令部公認の事実となり、それを覆すのは容易ではない。

軍務経験のある人で、コックバーン博士の答えに反対する人はあまりいなかったが、彼が自信を持って主張する予想が当たるかどうかは、上陸作戦開始の夜に分かるだろう。

＊＊＊

英空軍第二戦術航空軍は、損害を受けながらも敵のレーダー基地を攻撃していたが、その戦闘爆撃機の攻撃力では不十分と思われるレーダー基地については、爆撃機航空団が対処した。まず攻撃対象になったのは、カレー近郊のモン・クプルにあるレーダー妨害用の基地だ。この基地は、あの劇的な、戦艦シャルンホルストやグナイゼナウなどを含むドイツ海軍の艦隊が、ブレスト軍港から出発して、ドーバー海峡を突破して本国への脱出を成功させた際に英国のレーダーを妨害した基地で、今回は連合国軍の上陸部隊に対してドイツ軍が反撃しようとする際に、その支援のためにレーダー妨害をするかもしれない。Dデイの一週間前、一一一機のランカスター爆撃機とハリファクス爆撃機がその基地に正確な爆撃を行い、基地の建物のほとんどを破壊した。モン・クプルの基地は壊滅的な被害を受けた。シェルブール近郊のオ・フェーブルと、ディエップ近郊のベルヌヴァル・ル・グランにある重要な通信基地も、同様に重爆撃機の爆撃で破壊された。ドイツ軍の通信やレーダー関連の施設で重要な攻撃目標の一つだったのが、シェルブール近郊のウルヴィル・アーグにある、西部戦線担当の通信傍受部隊の司令部だった。上陸作戦開始の二日前、九六機のランカスター爆撃機がその司令部を完全に破壊した。

＊＊＊

コックバーン博士が指導するドイツ軍レーダーへの欺瞞作戦が開始されたのは、Dデイ前日の六月五日の夕方で、まだ空には明るさが残っていた。高解像度のレーダーを装備したドイツ軍の哨戒機が、「幽霊艦隊」が「ウィンドウ」によるみせかけだけの艦隊である事を見破らないよう、コックバーン博士は一九四二年以来使用されていなかった「ムーンシャイン」を使用する事にした。この装置は、以前にも書いたように、敵のレーダーからのパルス波を受信すると、それを増幅して送り返す事で、敵のレーダーに実際より大きな反射像が表示されるようにする。英空軍は四隻の洋上救難艇に「ムーンシャイン」を搭載して、「幽霊艦隊」偽装用の「ウィンドウ」の雲の下を航行させて、ドイツ軍機がレーダーを使って海上を監視に来た場合には、「ムーンシャイン」でそのレーダー波を増幅して送り返す事にした。

史上最大の上陸作戦部隊がノルマンディー半島へ向けて出港するのに合わせて、「ムーンシャイン」を搭載した四

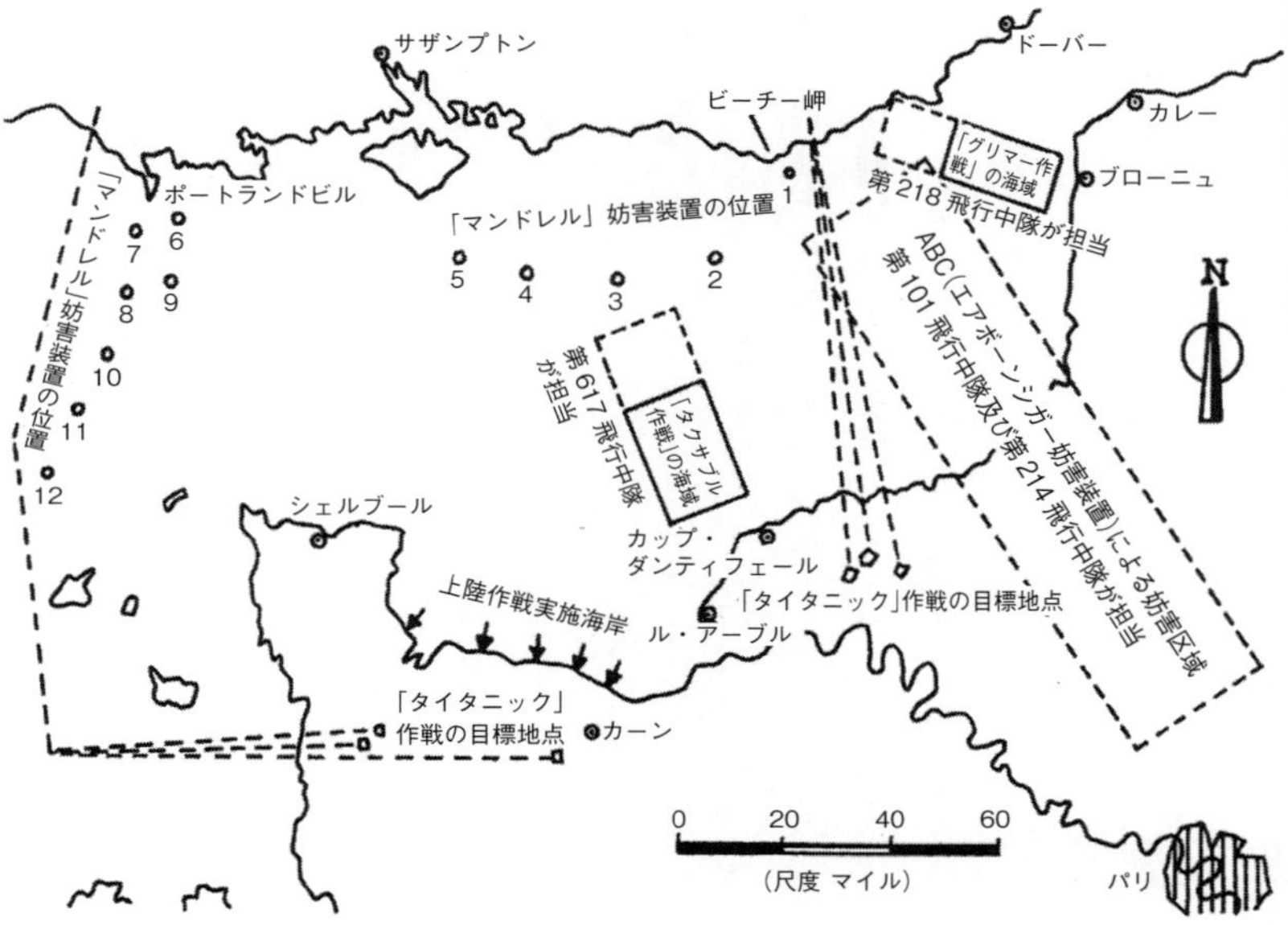

上陸部隊偽装作戦　1944年6月5日/6日

隻の洋上救難艇は港を出て、ドーバー海峡をノルマンディー半島より東に離れた方向に進んで行った。各救難艇はいかだを曳航していたが、そこには大きな阻塞気球が係留されていた。これは海軍の「フィルバート」阻塞気球で、長さは八・七m、内部に直径二・七メートルのレーダー反射板が取り付けられていた。一個の「フィルバート」気球は、一万トンの船と同程度の大きさでレーダーに映る。「ムーンシャイン」を搭載した四隻の洋上救難艇には、海軍の小型船が一四隻同行した。それぞれの小型船には、レーダー波反射用の気球が一個係留されているのに加えて、いかだを一台曳航していたが、そこにも同じ目的で気球が一個係留されていた。欺瞞作戦用の船団で、「ムーンシャイン」搭載艇の三隻と海軍の小型船六隻は、ル・アーブル港の北のカップ・ダンティフェールを目指した。そこは欺瞞作戦のうちの、「タクサブル作戦」と名付けられた作戦で、二つの「幽霊艦隊」の内の一つの艦隊の、見かけ上の上陸目標地点だった。「ムーンシャイン」搭載艇の一隻と小型船八隻は、「グリマー作戦」と名付けられた作戦で、もう一つの「幽霊艦隊」の見かけ上の上陸目標地点とされたブローニュを目指して進んだ。

真夜中を少し過ぎた頃に、「グリマー」作戦用の救難艇に搭載された「ムーンシャインイン」の表示器に、ドイツ空軍機のレーダーの電波を受信している事が表示された。「ムーンシャイン」の操作員は、送信機のスイッチを入れた、いよいよ電子的な欺瞞作戦が開始されるのだ。それから二時間の間に、操作員は八機のドイツ軍機からのレーダー波を受信した。その内で、他のレーダー波の受信は短時間だったが、一機からのレーダー波だけは継続的に受信したので、操作員は「ムーンシャイン」でそのレーダーを妨害した。それより約八〇km西の海上では、「タクサブル」作戦部隊の「ムーンシャイン」もドイツ軍機のレーダー波を受信し、「お釣りを付けて」送り返した。

小型船部隊の上空では、爆撃機の編隊が二つの「幽霊艦隊」を出現させるために、縦に長い四角形のコースを飛びながら、「ウィンドウ」を散布した。第六一七飛行中隊はランカスター機でチャフを散布して、「タクサブル」作戦の「幽霊艦隊」がカップ・ダンティフェールに向かっているようにみせかけた。第二一八飛行中隊は、スターリング機でチャフを散布して「グリマー」作戦の「幽霊艦隊」がブローニュに向かっているように見せかけた。これらの飛行中隊の機体が、何も目標物の無い海上を、編隊の他の機体が見えないまま、所定のコースを三、四時間も決められた通りに正確に飛行できた事は、一九四四年の中頃までに英空軍のレーダーを利用した航法能力がいかに大きな進歩を遂げていたかを証明するものだった。「タクサブル」作戦に参加した第六一七飛行中隊の搭乗員の一人は、筆者に次のように語っている：

その時の私は、「タクサブル」作戦で飛んでいる時に、ドイツ軍に発見されたらどうなるだろうと心配していた。我々は敵の餌食になるしかなく、いつ敵の夜間戦闘機の大群が襲い掛かってくるかと不安を感じていた。我々のランカスター爆撃機には、「ウィンドウ」が機体の前部から後部まで、ぎっしりと積み込まれていた。もし海面に不時着水する事態になったら、機体が重くてすぐに沈むだろうから、沈む前に脱出できる見込みはほとんど無さそうだった。我々は「ウィンドウ」の散布を午前四時に完了したが、その頃には空は白み始めていた。空は上陸作戦に参加する輸送機やグライダーで一杯だった。英国第一空挺師団の「レッドベレー」の兵士も乗っているだろう。我々の欺瞞作戦が、彼らに少しでも役立てば良いと思った

二つの「幽霊艦隊」用の小型船部隊がフランスの海岸から一六kmほど沖の停止位置に到着すると、「フィルバート」気球を取り付けてあるいかだは、その場所に係留された。海軍の小型船は、到着すると煙幕を展張し、スピーカーで、録音しておいた大型船が錨を下げる時のきしり音、がたがた音、水面に落ちた時の音などを大きな音量で放送した。予定していた作業が終わると、小型船部隊は大急ぎで撤退した。結局、どちらの小型船部隊に対しても、ドイツ軍の攻撃は無かった。

「タクサブル」作戦と「グリマー」作戦で、二つの「幽霊艦隊」がフランスの海岸に近付くように見せかけていた頃、連合国軍は別の欺瞞作戦を行なおうとしていた。「タイタニック」作戦として、第九〇、第一三八、第一四九、第一六一飛行中隊からの二九機のスターリング爆撃機とハリファックス爆撃機は、カーンとカップ・ダンティフェールの南に空挺部隊が降下したと見せかける作戦を実施した。「偽の空挺降下地点」に向かうコースの途中で、爆撃機の搭乗員は機体の数を多く見せかけるために、「ウィンドウ」を散布した。「偽の空挺降下地点」の上空に到着すると、爆撃機は特製の花火を投下した。花火は地面に落ちるとはじけて、戦闘が行われているかのような音を出した。空挺特殊部隊（ＳＡＳ）の隊員も数名、「できるだけ騒々しくせよ」との命令を受けて、その地点にパラシュートで降下した。

こうした欺瞞作戦が行われている時に、二万人近い空挺部隊の兵士を乗せた輸送機の大群が、ノルマンディーの空挺降下地点に向けて進んでいた。それらの輸送機は、ドイツ空軍の夜間戦闘機に見つかれば、理想的な獲物になるだろう。兵員と機材を満載した輸送機は一〇〇〇機を越える機数だったが、多くの機体は武装どころか、敵の戦闘機が襲ってくるのを知る手段さえ持っていなかった。ドイツ空軍の戦闘機が、僅かな機数でも輸送機の群れに襲い掛かっ

たら、大きな損害を与えるだろう。数百機のグライダーとそれを曳航する機体は、もっと攻撃に弱い存在だった。攻撃を受けそうになると、曳航機はグライダーを切り離すしかなく、グライダーはもう成り行きに任せて、ともかく降下していくしかない。

輸送機の編隊の両側には、モスキート夜間戦闘機の部隊が、ドイツ軍機の攻撃に対する護衛として付き添っていた。それでも、ドイツ軍機が決死の勢いで輸送機部隊に突入してくれば、それを全て阻止できるとは限らない。ドイツ軍の注意を魅力的な獲物である輸送機部隊からそらすため、第一〇一飛行中隊の二四機のランカスター爆撃機と、第二一四飛行中隊の五機のB‐17爆撃機が、爆撃機の大編隊が飛行しているように見せかけてドイツ軍の注意を引き付けるために、ソンム川に沿って飛行した。各機は大量の「ウィンドウ」を散布すると共に、「エアボーン・シガー（ABC）」通信妨害装置で、ドイツ空軍の地上から戦闘機への通信を妨害した。その通信妨害があれば、ドイツ空軍の戦闘機が輸送機部隊を発見して攻撃する事があるとしても、地上からの指示による組織的な攻撃ではなく、偶発的で散発的な攻撃になるだろう。

ドイツ空軍の戦闘機管制官は、出撃可能な全ての夜間戦闘機を、偽の爆撃機の大編隊に向かわせた。しかし、戦闘機がそれらしい空域に到着しても、管制官からの指示はABCの通信妨害のため受信できず、「ウィンドウ」の雲を追いかけるだけになってしまった。ランカスター爆撃機が一機撃墜されたが、搭乗員は救助された。その間に、輸送機部隊は兵員、機材をノルマンディーに送り届けて、基地へ帰って行った。一機の輸送機も敵の戦闘機に撃墜されなかった。

上陸部隊を乗せた船を護衛する艦艇の内、二〇〇隻以上がレーダー妨害装置を装備していて、上陸地点に近付くと全ての妨害装置を作動させた。その強力な妨害により、それまでの数週間の間、連合国軍機の猛攻撃を受けても生き残っていたドイツ軍のレーダーは、目標を探知できなくなった。その時の妨害は、テクニックよりひたすら力で圧倒する、電波による攻撃と言える激しさだった。その妨害は、まるでコショウで目つぶしをするように、残酷かつ効果的に防衛側のレーダーの探知能力を無力化した。ドイツ側では一つのレーダー基地だけが上陸部隊の大船団を探知したが、連合国側の電波妨害と欺瞞作戦による大混乱の中では、その情報は全く利用されなかった。

連合国の上陸部隊がノルマンディー海岸を目指している事を、ドイツ軍は六月六日〇二時〇〇分ころに認識した。シェルブールのあるコタンタン半島の東岸にいたドイツ軍の監視兵は、多くの船のエンジン音が聞こえると報告してきた。上陸部隊の接近がその時点まで気付かれなかった事は、様々な探知妨害工作が成功した証明であり、妨害工作としてこれ以上の成功はなかった。

コックバーン博士は、「司令部の状況表示地図に、敵が攻撃してきた位置が大きな矢印で表示されたら、それは司令部公認の事実であり、それを取り消すのは簡単ではない」として、妨害工作による偽情報がそのように扱われる事を予想していた。博士の予想通りになった事は、当日の朝のドイツ軍の戦闘記録にも示されている。Dデイ当日の一〇時一五分（連合国側の欺瞞作戦は、その六時間前に終わっている）のドイツ空軍の前線司令部に、「グリマー」作戦によるみせかけの連合国軍の活動が電話で報告されている事が、記録されている。その電話連絡では、カーンの海岸への上陸作戦について、それまでに分かっている事を報告したのに続いて、次のように述べている：

早朝のまだ暗い時間に、ノルマンディー地方のグランカン、コルビル、アロマンシュが砲撃された。砲撃を加えた艦艇の位置についての報告は来ていない。〇六時〇〇分から〇七時〇〇分の間に、沿岸監視兵はル・アーブルから約一八キロメートル離れた海上に、戦艦を含む大型艦を六隻と駆逐艦を約二〇隻視認したと報告してきた。更に、〇六時四五分にレサルドリュー（サン・マロの西方）の北に、艦艇が集結しているとの報告が有った。しかし、その地域での上陸作戦は、現時点まで行われていないと報告されている。偵察機からの報告によると、朝のうちに敵の艦艇がディエップとル・トレポールの沖合に集結しているとの事だった。〇四時〇〇分に報告された、カレーとダンケルクの沖合における敵の艦艇部隊の集結については、これまでの所、まだ確認されていない。

沿岸のレーダー基地からの報告に基づき、ドイツ軍はカレーからダンケルクの間の地域に対して、敵の大規模上陸作戦の可能性がある、との緊急警報を出した。

「タクサブル」作戦は、結局はあまり敵の注意を引きつけなかったようである。筆者は、ドイツ軍の記録を調査したが、この欺瞞作戦に関する報告は発見できなかった。連合国軍の戦闘爆撃機により、この地域のドイツ軍のレーダー基地への攻撃が徹底的に行われたので、「幽霊艦隊」の接近を探知できるレーダーが残っていなかったためかもしれない。

ドイツ軍の沿岸監視用レーダー基地が、半分でもまだ機能していたら、ドイツ軍は連合国軍の上陸部隊の接近について、かなり前から知り得たはずである。しかし、Dデイ当日のまだ暗い早朝には、ドイツ陸軍の司令部はひどく混乱していたので、ノルマンディーの海岸に敵の上陸部隊が本当にやってきたとの報告が来ても、それは偽の攻撃だと思ってしまった。ドイツ軍は、連合国軍の上陸作戦の主正面はもっと東側だと思っていて、その方面での戦闘の準備をしていたが、Dデイの午後になってやっと上陸作戦の場所がノルマンディーの海岸だと認識して、機甲部隊を派遣しようとした。しかし、その頃には連合国軍の多くの部隊は海岸に上陸して橋頭堡を確保していたので、ヒトラーが撃退を命じても、ドイツ軍は上陸部隊を追い返す事はできなかった。

第12章　ヨーロッパ戦線　最後の数か月

「敵を惑わせ、撃滅せよ」

英空軍第一〇〇飛行連隊のモットー

一九四四年になると、英国の情報部門は、ドイツ空軍の夜間戦闘機の戦闘能力は最近大幅に向上しているが、その理由は新しいレーダーを搭載したからではないかと考え始めた。しかし、それがどのようなレーダーかは分かっていなかった。その頃、英空軍の夜間戦闘機が搭載している「セレート」逆探装置で、敵の夜間戦闘機のレーダー波を捕捉する回数が大幅に少なくなっていた。その理由としては、ドイツ空軍の夜間戦闘機の標準的な装備となっている「リヒテンシュタイン」レーダーが、「ウィンンドウ」による妨害などで有効性が減ったために、搭載されなくなったからと考える事もできる。しかし、英空軍の爆撃機が夜間爆撃の往路や復路で大きな損害を出し続けているので、ドイツ空軍の夜間戦闘機が、それまでの「リヒテンシュタイン」レーダーとは異なる、別のより優れたレーダーを搭載しているが、英空軍の機体がそのレーダー波を受信できていない可能性が大きいと考えられた。

前にも書いたように、ゲーリング国家元帥は、ドイツ空軍の夜間戦闘機のレーダーを、急いでＳＮ‐２レーダーに換装するように命じた。一九四四年五月初めには、ＳＮ‐２レーダーは一〇〇〇台が夜間戦闘機部隊に引き渡されていた。ドイツ軍の捕虜からの情報で、英国の情報部門は「ＳＮ‐２」と呼ばれるレーダーが存在する事は知っていたが、その詳細な内容は分かっていなかった。捕虜の話では、ＳＮ‐２だけではなく、夜間戦闘機用の新しい装備品には、「フレンスブルク」と「ナクソス」と言う二つの装置もあるとの事だった。しかし、その二つの装置についても、どのような装置なのかははっきりしなかった。英空軍は電子偵察機をドイツの勢力範囲内に送り込み、そうした新しい電子装置が出している電波を受信しようとしたが、以前の「リヒテンシュタイン」レーダーの時のように成果を得られなかった。その理由は、ＳＮ‐２レーダーが、「フライヤ」レーダーの後期型と同じ周波数帯を使用しているためだった。そのため、電子偵察機の搭乗員が、ＳＮ‐２レーダーからの電波を受信しても、それまでに受信した事がある、「フライヤ」レーダーからの電波だと思ってしまったのだ。また、英空軍の爆撃機の「モニカ」後方警戒レーダーの電波を探知してその方向を示す「フレンスブルク」装置と、H_2Sレーダーの電波を受信してその方向を示す「ナクソスＺ」装置は、自分からは電波を出さない受信専用の装置なので、それらの装置の出す電波を探しても、発見できるはずは無かった。

ドイツ空軍の新型レーダーに関する初めての確実な情報は、昼間爆撃で米軍の爆撃機を護衛していた、米軍の長距離戦闘機のガンカメラの写真から得られた。その戦闘機のパイロットは、ドイツ空軍のＪｕ88夜間戦闘機を発見し、攻撃して撃墜した。その時のガンカメラの写真を現像して調べてみると、そこに写っていたＪｕ88型機の機首に、大型の見慣れないアンテナが付いていた。その写真から、ジョーンズの空軍情報部科学技術情報班は、そのアンテナを使用している装置はレーダーだろうとは推測したが、そのレーダーがどのようなレーダーで、どう対処したら良いのかまでは分からなかった。

しかし、思いがけない事に、ドイツ空軍が直接その情報をもたらしてくれた。一九四四年七月一三日のまだ夜が明けきらない早朝に、サフォーク州ウッドブリッジの英空軍の飛行場上空に双発機が現れ、旋回を始めた。帰投してきたモスキート機だと思った飛行場の管制官は、着陸支障なしと緑色の信号灯で合図した。双発機は着陸すると、滑走路の端まで行って停止してエンジンを止めた。搭乗員は機体から降りて背伸びをしていたが、そこへ英空軍のバスが搭乗員を迎えにやってきた。バスを運転してきた英空軍の軍曹は、そこに居るのがドイツ空軍の三名の搭乗員である事に気付いて驚いた。驚いたのはドイツ空軍機の搭乗員も同じだったが、英空軍の軍曹は信号拳銃を取り出し、それで脅してドイツ空軍機の搭乗員を降伏させた。

管制官がモスキート機と思った機体は、ドイツ空軍の完全装備のＪｕ88夜間戦闘機だった。その機体のパイロットは経験が少なく、東に向かって飛ぼうと思ったのに、間違えて反対の西に向かって飛んでしまったのだ。Ｊｕ88型機はウッドブリッジの飛行場へ到着できただけでも幸運だった。英空軍の整備兵が機体の燃料タンクから燃料を取り出して調べようとしたが、燃料はほとんど残っていなかったので、取り出せない程だった。

捕獲されたＪｕ88型機は、英国の情報部門がその詳細を全く知らなかったＳＮ‐２レーダーと、英空軍機のレーダーの電波を捕捉してその方向を表示する「フレンスブルク」装置を搭載していた。

ＳＮ‐２レーダーは八五ＭHzの周波数の電波を使用するので、それまで英国の爆撃機が使用していた「ウィンドウ」は妨害効果がない。英空軍にとって幸いな事に、ノルマンディー上陸作戦の支援作戦で、ドイツ軍のレーダーに偽の艦隊を表示させるために開発した、アルミ箔をアコーディオン式に折り畳んだ「ウィンドウ」は、このレーダーに対して妨害効果があった。一〇日もしない内に、英空軍の爆撃機航空団は、ドイツ上空で折り畳み型の「ウィンドウ」を使い始めた。八か月の間、ＳＮ‐２レーダーは妨害を受けなかったので、ドイツ空軍の夜間戦闘機が大きな戦果を上げるのに役立ってきたが、そのドイツ空軍にとって有利な期間は終わってしまった。

「フレンスブルク」装置を試験して評価するのは、デレク・ジャクソン中佐が担当する事になった。中佐は「モニカ」後方警戒レーダーを装備したランカスター爆撃機に、ファーンボロー飛行場から西に向けて、高度四五〇〇ｍで飛んでもらった。それに合わせて、ジャクソン中佐は入手したＪｕ88型機のレーダー員席に搭乗して、同じ高度でファーンボロー飛行場の上空を飛行した。Ｊｕ88型機の「フレンスブルク」は、ランカスター機が二〇〇km離れたエクゼター上空にいる時でも、「モニカ」の電波を捉えた。「フレンスブルク」は「モニカ」を装備したランカスター機の方向を正確に指示したので、ジャクソン中佐はＪｕ88型機をランカスター機に向かって飛ばすのは簡単だと感じた。「モニカ」が近い距離内に何台もある場合に、それぞれの「モニカ」が送信する電波の周波数は少しずつ異なるので、「フレンスブルク」がどの「モニカ」を受信したら良いかで混乱しないかを調べるために、ジャクソン中佐は数日後に、「モニカ」を装備した五機のランカスター機に編隊で飛行してもらって試験を行なった。その試験で、「フレンスブルク」は受信した「モニカ」の電波の正確な周波数を表示するので、受信周波数を追跡したい「モニカ」の周波数に正確に合わせれば、その「モニカ」を搭載した機体の方向は問題なく分かる事が確認できた。

この試験で、英空軍の「モニカ」後方警戒用レーダーの危険性がはっきりした。後方警戒用レーダーは、爆撃機の損害を減らすよりも増やす可能性が大きい。ジャクソン中佐の試験の結果を爆撃機航空団司令官のハリス大将が聞くと、大将は「一〇〇機の爆撃機の全機が、同時に『モニカ』を作動させたらどうなるか？　捕捉すべき電波が多すぎて、うまく追跡できないのではないか？」と中佐に質問した。ジャクソン中佐は、五機でしか試験してないのでその質問には答える事ができない、実際にどうなるかを知るためには、もっと多くの機体で試験する必要がある、と答えた。ハリス司令官はその答えに同意して、彼の幕僚にその試験の実施を命じた。次の試験では七一機のランカスター機が「モニカ」を作動させた状態で、ケンブリッジからグロスター、ヘレフォードを経てケンブリッジへ戻る円形のコースを飛行した。今回もジャクソン中佐はファーンボロー飛行場上空を飛行しているＪｕ88型機で、「フレンスブルク」を作動させてその表示器を観察した。中佐の「フレンスブルク」は、七二km先にいる爆撃機の「モニカ」の電波を選んで受信すると、その機体の方向を表示した。「フレンスブルク」の表示器だけを見て、中佐はＪｕ88型機のパイロットにその爆撃機への飛行方向を指示する事ができた。それは、「フレンスブルク」が、受信したい「モニカ」の周波数を正確に選べるので、多くの「モニカ」の電波の中から、特定の「モニカ」からの電波を選んで受信すれば、その「モニカ」の方向を知る事ができるからだ。この試験結果を見て、ハリス司令官はいかにも彼らしく、思い切った決定を行なった。彼は爆撃機航空団の全ての爆撃機から「モニカ」装置を外す事を命じたのだ。

ほぼ同じ頃、爆撃機航空団は飛行機から電波を出す事の危険性を認めて、電波を出す機器の使用に関する方針を改定した。それまでも、「マンドレル」、「ティンセル」、「エアボーン・シガー（ＡＢＣ）」などの電波妨害装置を使用するのは、敵地上空かその近くだけにするように命令が出されていた。それに加えて、今後はＩＦＦ（敵味方識別装置）も電波を出すので、緊急時以外は敵地上空での使用が禁じられた。H_2Sレーダーは、敵地から六四km（四〇マイル）以内まで近付いてから使用する事になった。その距離まで近付けば、機体は敵の地上設置レーダーに発見されるので、H_2Sレーダーを使用しても、それで探知される危険が増える事はない。

ドイツ空軍が敵機の位置を知る方法は、英国側のレーダーに対する電波妨害が激しくなったので、通信部隊が英空軍機の出す電波を追跡する方法を利用する事が多くなっていた。しかし、英国側が電波を出す事を制限したので、敵機の位置を知る事はそれまでより難しくなった。この頃になると、ドイツ空軍は国境地帯に、北はシュレースヴィヒ・ホルシュタインから南はシュヴァルツヴァルト（黒い森）にいたるまで、「ナクスブルク」を使用する電波探知局を連ねて、H_2Sレーダーの電波を出している機体を追跡するようになっていた。こうした「ナクスブルク」局の一つがシュヴァルツヴァルトのフェルトベルク山の標高の高い地点に設置されていたが、その局はH_2Sレーダーの電波を受信する事で、英空軍の爆撃機の編隊を、ドーバー海峡からドイツ南部まで継続的に追跡する事ができた。

「ナクスブルク」は、英空軍機のレーダーが出した電波を受信してその方向を指示する受動的な装置で、自らは電波を出さない。それとは性格が異なるが、ドイツはきわめて巧妙で独創的な遠距離探知装置の「クライン・ハイデルベルク」を開発したが、この装置も受動的な装置である。この装置は、英国本土の「チェイン・ホーム」レーダーの送信したレーダー波が、飛行中の機体に当たって反射された電波を利用する。その作動原理は次の通りである。「クライン・ハイデルベルク」は英国の「チェイン・ホーム」レーダー局の一つが送信しているレーダー波を、直接に受

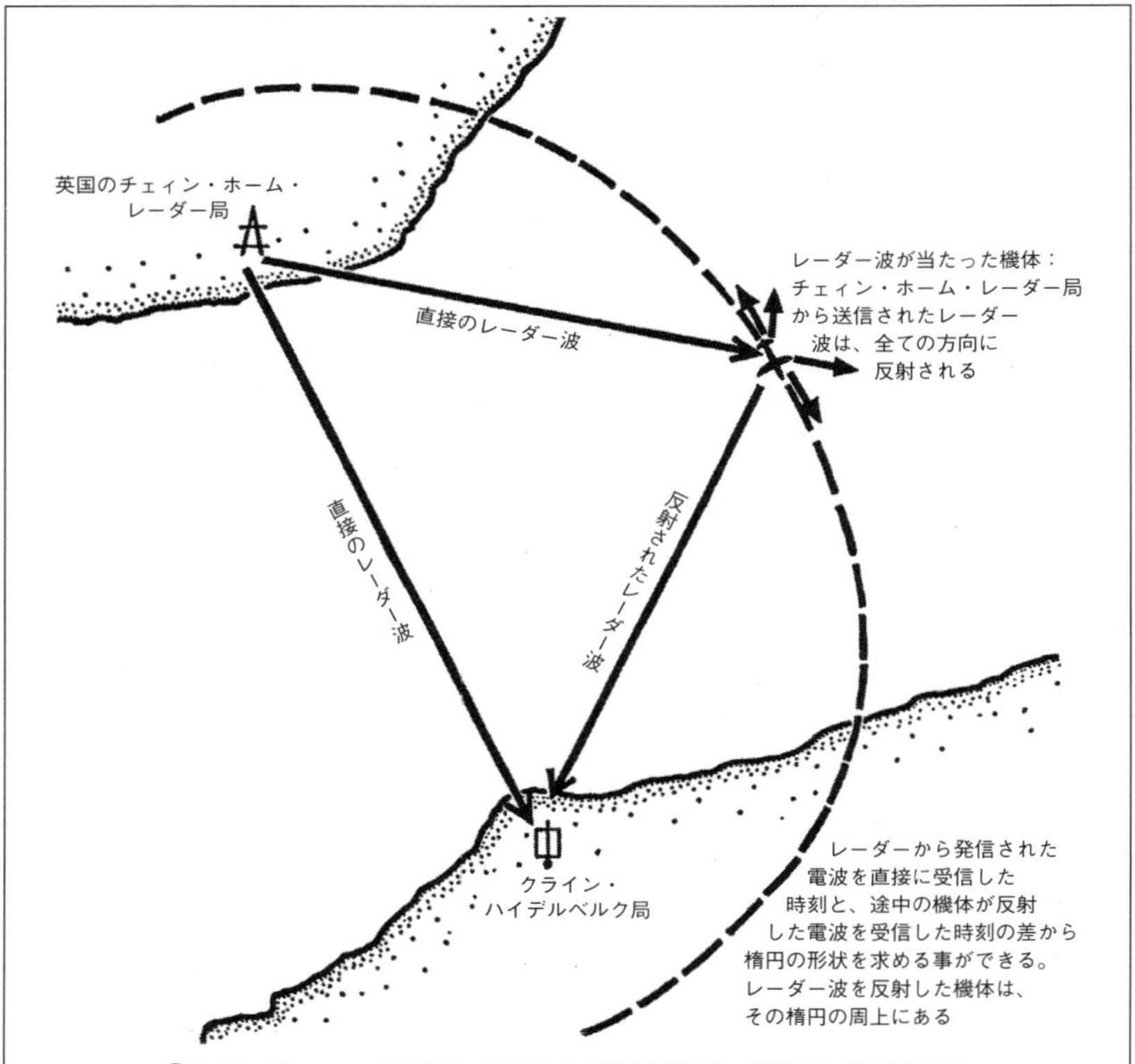

「クライン・ハイデルベルク」遠距離探知装置の作動原理

信する。それに加えて、その「チェイン・ホーム」レーダーの電波が届く範囲内を飛行している飛行機が反射した、その「チェイン・ホーム」レーダーのレーダー波も受信する。「クライン・ハイデルベルク」の表示器には、二つのレーダー波の受信信号が表示される。一つは「チェイン・ホーム」レーダーの電波を直接に受信した信号である。もう一つは、飛行中の航空機が反射した信号で、「クライン・ハイデルベルク」局が受信するまでに、直接波より長い距離を伝わってきている。そのために二つの信号の受信時刻には、直接波と反射波の伝播距離の差に応じた違いが生じる。その時間差で、反射波の伝播距離が直接波の伝播距離よりどれだけ長いかが分かる。

「ヤークトシュロス」戦闘機管制レーダーは、ドイツのレーダーとしては初めて、レーダー画像の表示にPPI（平面位置表示器）を使用している。敵からの電子妨害（ジャミング）に対抗するため、このレーダーでは使用する電波の周波数を、操作員が４つの周波数から１つを選んで使用する事ができる。

「クライン・ハイデルベルク」局と「チェイン・ホーム」レーダー局の位置は固定されていてその間の距離は分かっているので、伝播距離の差が分かれば反射波の伝播距離が分かる。そのため、レーダー波を反射した飛行機は、その二つの地上局を焦点とする楕円の周の上に存在する事になる。その楕円の周上のどこにいるかは、反射されたレーダー波が到来した方向で求める事ができる。

　理想的な条件がそろえば、「クライン・ハイデルベルク」は、機体の位置を一〇km以内の精度で求める事ができ、デンマーク領レム島の基地に設置された装置は、四五〇km離れた機体の位置を知る事ができた。しかし、レム島の基地に「クライン・ハイデルベルク」が設置された一九四四年中頃には、英空軍の爆撃部隊がデンマーク南部を通過する事はほとんど無くなっていた。その結果、この他に例を見ない探知装置（バイスタティック・レーダーの一種）は、ドイツ空軍の夜間防空にはほとんど貢献しなかった。

また、一九四四年夏、ドイツ空軍は夜間戦闘機の誘導用に、新型の地上設置レーダー「ヤークトシュロス」の使用を開始した。それまでのレーダーとは異なり、このレーダーは最初から敵の電波妨害を受ける事を想定して設計された。妨害を受けた場合には、一二九〜一六五MHzの周波数の範囲内に設定されている四つの周波数の中から、そのどれかに自由に切り替える事ができる。「ヤークトシュロス」の最大探知可能距離は一八〇kmで、「ツァーメ・ザウ」戦法で戦う夜間戦闘機を誘導するには十分である。

ノルマンディー上陸作戦の成功により、連合国軍はフランス本土に軍を進める事ができたので、英空軍の爆撃機部隊がドイツ本土内の目標の爆撃を計画する際の飛行コースが変化した。一九四四年八月上旬、連合国軍の機甲部隊は、ノルマンディー海岸の橋頭堡を包囲していたドイツ軍の戦線を突破した。一ヵ月も経たないうちに、連合国軍はフランスの国土のほとんどを奪還した。それまでは、ドイツ側は英空軍が夜間爆撃に来る際に、独仏間の国境を越えてやって来るコースは考える必要はなく、ドイツ空軍は国境地帯に防空探知網を建設する努力をしてこなかった。しかし、フランスの占領地域を失ったので、ドイツ空軍の対空警戒レーダー網には、ぽっかりと巨大な空白地帯が生じた。この頃から、ドイツ本土を爆撃する際には、英空軍の爆撃機部隊はフランスの上空を通ってドイツ本土へ向かう事が多くなった。

＊＊＊

一九四四年には、ドイツ空軍は英空軍のH^2Sレーダーと「オーボエ」に対処する方法を見つけようと懸命に努力したが、あまり大きな成果は得られなかった。H^2Sレーダーに対してまず考えられたのは、都市ではない場所がレーダー画面上では都市の市街地の様に表示されるよう、多数のコーナーリフレクターを地面に置く事だった。工兵隊が重要な都市の近郊の広い野原に、金属板で出来た四面体のコーナーリフレクターを数百個置いて、建物が密集した地区のようにレーダー波を強く反射させようとした。同様に、湖や沼はレーダー波の反射が弱く、レーダーの表示画像ですぐに分かるので、水面ではないと見せかけるために、コーナーリフレクターを乗せた筏を浮かべる事が試みられた。しかし、コーナーリフレクターは非常に高い精度で製作しないと効果が小さいし、市街地のようにレーダーに表示されるには、膨大な数が必要なので、この案は成功しなかった。例えば、H_2SレーダーのⅢ型は波長が三cmの電波を使用するが、それに対応するコーナーリフレクターは二・七mほどの大きさが必要である。各面は完全な平面で、隣の面との直角度は三分の一度以下の精度でなければならない。一・六km四方の広さの「市街地」を模擬するためには、こうしたコーナーリフレクターが五〇〇個必要である。キール軍港やヴィルヘルムスハーフェン軍港のように、レーダーに特徴的な地形として表示される場所を、コーナーリフレクターでレーダーには別の場所のように表示させる事も試みられたが、いずれの場合も、コーナーリフレクターの設置数が十分ではなかった。これらの地域を攻撃した英空軍の爆撃機の搭乗員は、ドイツ軍のこの種の欺瞞工作は全く効果が無かったと報告している。

英空軍が精密盲目爆撃を行うために利用した「オーボエ」航法装置に対する電波妨害も、効果は長続きしなかった。一九四三年末の英空軍のルールオルトなどへの爆撃で、ドイツ空軍が「オーボエⅠ」に対して妨害を行なった結果、爆撃を失敗させた事は前に述べた。それ以後、英空軍は「オーボエⅡ」と「オーボエⅢ」を使用し始めたが、これらはセンチメートル波の電波を使用したので、妨害する事は「オーボエⅠ」よりずっと難しかった。しかし、英空軍は「オーボエⅠ」の電波を、ドイツ軍にまだ妨害が可能と思わせるため、送信し続けた。やっと一九四四年七月になって、ショルベンの人造石油製造工場に対する「オーボエ」を利用した爆撃の際に、ドイツ空軍の電波監視所は波長九cmの電波で爆弾投下信号が送られた事に気付いた。この信号で爆弾が投下されたが、その四分後に「オーボエⅠ」の爆弾投下信号が送られたのだ。それでドイツ軍の無線監視員は真実に気付いた。「オーボエⅠ」はそれまでの五か月間、単に偽装のために使用されていて、この爆撃の時は「オーボエⅠ」の爆弾投下信号を送信するスイッチを押すのを忘れたらしく、四分遅れて爆弾投下信号が送信された事に気付いたのだ。

前にも述べたように、RRLの「チューバ」電波妨害装置は、第二次大戦で用いられたこの種の装置の中では最も出力が大きな装置である。しかし、もっと大出力の装置が検討された事がある。一九四四年の夏に、ロンドンに対してV-1飛行爆弾が多数発射されたが、RRLはそれに対する対策として、非常に大胆な提案をした。V-1飛行爆弾は、普通に考えると電波妨害には影響されない。なぜなら、V-1飛行爆弾は、妨害される可能性があるレーダーや電波を利用する誘導装置を使用していない。目的地へのコースは、設定された方位へまっすぐに飛行するだけで、その方位は内蔵しているジャイロスコープの向きで決めている。ジャイロスコープの向きは時間と共にずれるので、磁気コンパスの信号で修正する。機首がジャイロスコープの方向と一致するように、サーボ機構で方向舵を動かして機首の方向を修正して飛行し、設定された距離を飛行すると、機首を下げて急降下し、地面に激突して爆発する。しかし、RRLと提携している研究所の一つが、V-1飛行爆弾の飛行コースを狂わせる方法を考え付いた。ガイ・スーツ博士は筆者に次のように説明してくれた：

そのアイデアは、ロンドンを取り巻く一周約一〇〇㎞の地域を対象に、その中を走る鉄道線路の中でこの目的に適する線路を選び、選んだ線路を電気的に接続して磁気を発生させるコイル（ループ）として利用する事だった。この電気的に接続されたループに、極めて強い電流を流すと、ループは周囲の磁場を歪める。この方法で、高度三〇〇mを飛行するV-1飛行爆弾の磁気コンパスに影響を与えて、飛行コースを狂わせる強さの磁場を発生するには、一〇〇〇アンペア程度の直流電流を流す事が必要だ。この装置を機能させるのに必要な電力は二〇メガワットから三〇メガワット程度、つまり、専用の大型発電所が必要である。この構想は非常に真剣に検討が行われ、一部の装備品については設計も行なわれた。

しかし、この妨害装置がまだ基本構想段階にある間に、連合国軍はV-1飛行爆弾の発射基地が多いフランス北部を攻略してしまった。そのため、このアイデアは実現しなかった。しかし、このV‐1飛行爆弾用の妨害装置は、これまで検討された中で、最も強力な装置として記録に残るだけとなった。

＊　＊　＊

ドイツ空軍が「ウィンドウ（チャフ）」によるレーダー妨害に、予想以上に短期間で対応した事に、爆撃機航空団の司令部は不安を感じていた。もしドイツ空軍が夜間戦闘関連の電子技術で大きな進歩を達成したら、それにより英空軍の夜間爆撃機の損害が、作戦を継続できないほど大きくならないだろうか？　爆撃機航空団の副司令官だったソーンドビー中将は、筆者との会話の中で、その頃の司令部の雰囲気を次のように話してくれた：

我々はドイツの科学者が、防空能力を劇的に向上させる技術を開発する事を、いつも心配していた。我々はどんな事態になっても対応できるよう、各種の電子装置の研究をずっと続けていた。そうしておけば、ドイツ側が何か新技術を用いた装置を出してきても、我々が研究してきた電子装置のどれかを基にして、それに対抗できる装置を作り出せるだろうと期待していた。

ドイツ側が何か新しい装置を使用し始めても、それが英国側に壊滅的な効果を及ぼさないように、前もって対応を考えておく必要があったのだ。

ドイツ軍が使用するレーダーの電波の周波数の範囲が拡張されて行ったので、その広くなった周波数の範囲の全域を妨害して爆撃機を守るには、より多くの妨害装置が必要になった。しかし、一機の爆撃機に搭載できる妨害装置の数には限りがある。そのため、爆弾の代わりに妨害装置を数多く搭載する、電波妨害に特化した支援用の機体を作り、そうした機体で編成された部隊を撃機撃部隊に随伴させる事が計画された。最初は三〇機程度の機数を有する飛行中隊が二つで十分だろうと考えられた。しかし、すぐに一〇〇機程度の機体を持つ飛行連隊規模の部隊が必要な事が分かってきた。

爆撃機編隊の支援用に、電子妨害専用の機体に改造されたB-17フライング・フォートレス機。英空軍第100飛行連隊第214飛行中隊への引き渡し前の写真。機首下部のレドームにはH_2Sレーダーのアンテナが収納されている。

英空軍は一九四四年の春から夏にかけての時期に、夜間爆撃で爆撃部隊に同行して電子的な支援を行う事を任務とする第一〇〇飛行連隊を発足させた。その飛行連隊の指揮官はエドワード・アディソンで、彼は一九四〇年から一九四一年の、ドイツ空軍による夜間爆撃に英国が苦しんだ時期に、「電波ビームの戦い」で奮闘した第八〇飛行大隊の指揮官だった。

彼はこの頃は少将に昇進して、部隊の司令部はノーフォーク州にあるカントリーハウスのビーラホールに置かれた。飛行連隊には幾つかの飛行中隊が所属していて、その中には第五一五飛行中隊があった。この飛行中隊は元々は戦闘機航空団の電子妨害部隊で、旧式化したデファイアント機を、ほとんど同じくらい旧型機のボーファイター機に機種変更している最中だった。歴戦の第一四一飛行中隊も含まれていたが、この飛行中隊は「セレート」逆探装置を装備する機体を、ボーファイター機からモスキート機に機種変更中だった。更に第一六九飛行中隊、第二三九飛行中隊もあり、それぞれ数機のモスキート機を持っていたが、訓練済みの搭乗員はまだいなかった。第二一四飛行中隊は、大型電子妨害機としてB‐17型機を使用する予定だったが、まだ機体は一機も配備されていなかった。唯一、完全編成の任務可能部隊は第一九二飛行中隊で、電子偵察を任務としていて、ハリファックス機、ウェリントン機、モスキート機が配備されていた。後に第一九九飛行中隊も第一〇〇飛行連隊に加えられたが、この飛行中隊は「マンドレル」妨害装置を搭載したスターリング機を使用していた。

こうした状況だったので、第一〇〇飛行連隊は、まだ実戦で他の部隊を支援できる段階ではなかった。それでもアディソン司令官は、部隊を実戦に参加できるようにするために精力的に行動した。第二一四飛行中隊用のB‐17型機は、スコットランドのプレストウィックにあるスコティッシュ・アビエーション社に引き渡されて、外部には秘密にされた状態で、電子妨害任務用の改造が施された。これらの機体は、夜間爆撃に同行するので、標準型のB‐17型機と異なり、エンジンの排気管には消炎用のカバーが取り付けられた。機首にはH_2Sレーダーのアンテナ用の大きなレドームが付けられ、爆弾倉扉は閉位置に固定され、爆弾倉の内部には電波妨害用の機器が搭載された。各B‐17型機には、ドイツ空軍の「フライヤ」、「マムート」、「ヴァッサーマン」、「ヤークトシュロス」レーダーの使用する周波数の電波を妨害できるよう、八台の「マンドレル」妨害装置が搭載された。また、ドイツ空軍のVHF通信を妨害するために、一セットに三台の妨害電波送信機が含まれる「エアボーン・シガー」通信妨害装置も搭載された。妨害装置の操作を担当する搭乗員二名のための座席も追加された。

ノルマンディー上陸作戦が成功すると、ドイツ本土への夜間爆撃が再開され、第一〇〇飛行連隊の第一九九飛行中隊と第二一四飛行中隊は、本来の任務である夜間爆撃の支援任務を再開した。部隊の主な戦術の一つに、一八か月前に第五一五飛行中隊のデファイアント戦闘機を改造した電子戦機が行ったのと同様の、「マンドレル・スクリーン」の生成があった。重爆撃機を改造した電子妨害機は、デファイアント機より大型なので、当然ながら妨害電波の出力がより大きく、より長い時間、所定の位置で電子妨害を続ける事ができた。典型的な戦術としては、一二機が二機一組の六グループに分かれて、約二二kmの間隔で味方の地域の上空で旋回を続けながらレーダー妨害電波を送信する。

こうして妨害電波を送信する事で、敵味方の境界線から約一三〇km下がった位置で飛びながら、境界線に沿った電子的な防衛線を作り、その線より後方の味方機の動きを、ドイツ空軍の対空警戒レーダーから探知されないようにする。一九四四年の八月には、この部隊は一六回、「マンドレル・スクリーン」を作るために出動した。

ドイツ空軍の防空活動を妨害するために、第一〇〇飛行連隊の爆撃機を改造した電子戦機は、「ウィンドウ（チャフ）」の散布を行う時もあった。典型的な「ウィンドウ」の散布方法としては、最大規模の二四機で散布する場合には、一二機による縦の列を二つ作って「ウィンドウ」を散布した。各列では機体の前後方向の間隔は約三・二km（二マイル）で、二つ目の列は一つ目の列の約五〇km（三〇マイル）後方を飛行する。各機は「ウィンドウ」の束を二秒に一束ずつ投下する。こうする事で、敵のレーダーの表示器では、約五〇〇機の爆撃機の編隊のように表示される。そのため、ドイツ空軍の戦闘機管制官は、自分の見ているレーダー画面に表示されているのが、「ウィンドウ」による偽の編隊なのか、それとも本物の爆撃機の編隊なのか、見分ける事が難しくなる。爆撃を行う機体も「ウィンドウ」を大量に散布するので、この「ウィンドウ」による妨害で戦闘機管制官は非常に悩まされた。

アディソン少将は「ウィンドウ」を散布する支援部隊の損害は大きいだろうと覚悟していた。こうした部隊は、自分達にドイツ空軍の注意を引きつけ、それによりドイツ国内へ侵入していく爆撃部隊の損害を減らす事も目的の一つにしていた。しかし、結果的に「ウィンドウ」散布部隊の損失率は、他の爆撃機航空団の部隊より大きくなかった。「ウィンドウ」の散布が、ドイツ空軍の戦闘機を引き寄せる事もあったが、「ウィンドウ」を散布している機体の周囲は、「ウィンドウ」の金属箔が大量に漂っているので、ドイツ空軍の戦闘機が、「ウィンドウ」を散布している機体をレーダーで発見するのが難しかったからだろうと思われる。

一九四四年の夏と秋の期間は、第一〇〇飛行連隊の戦力の強化と機種の更新が続けられた。B‐24リベレーター機を使用する第二二三飛行中隊と、ハリファックス機を使用する第一七一飛行中隊が加わった。また、第一九九飛行中隊の古いスターリング機は、より性能が優れたハリファックス機に置き換えられた。爆撃機支援用の電子戦能力は、

B‐17型機とB‐24型機に、ドイツの夜間戦闘機のSN‐2レーダーを妨害する「パイプラック」妨害電波送信機を搭載する事で更に向上した。第一〇〇飛行連隊に属する夜間戦闘機部隊を強化するために、モスキート機を使用する三個飛行中隊が加えられた。第二三、第八五、第一五七飛行中隊で、いずれも完全編成で、実戦経験のある部隊だった。第八五、第一五七飛行中隊の機体は、最近、ドイツ領内での使用が許可された最新型の機体搭載用のAI MarkXレーダー（米軍での名称はSCR‐720）を装備していた。その後、第一〇〇飛行連隊の他のモスキート夜間戦闘機部隊のほとんどの機体にも、この新型レーダーが装備された。

第一〇〇飛行連隊のモスキート機に、ドイツ空軍の夜間戦闘機を発見し追尾するために、二種類の新しい装置の搭載が始められた。一つは「セレートⅣ」逆探装置で、ドイツ空軍の夜間戦闘機のSN‐2レーダーが出している電波の到来方向を示す装置である。他の無線方向探知機の多くと同じく、この装置も敵機の方向と、自機に対する上下方向の角度しか分からない。もう一つの新しい装置は、「パーフェクトス」と言う名前の巧妙な装置だった。この装置は、近くにいるドイツ空軍機の敵味方識別装置に対して、応答を要求する質問信号を送信する。ドイツ機がその質問信号を受信して応答信号を送り返すと、モスキート機はその応答信号から、相手の方位、上下方向の角度、距離を知る事ができる。

新しい機体と装備が加わった事で、第一〇〇飛行連隊の戦術は、より独創的かつ積極的になった。第一〇〇飛行連隊は、爆撃作戦の有無に関係なく、天候が許せば「マンドレル・スクリーン」の生成や「ウィンドウ」の散布をほとんど毎晩行なった。「マンドレル・スクリーン」は、そのスクリーンの背後の爆撃機部隊を、ドイツ空軍の対空警戒レーダーが探知できなくする。ドイツ空軍の夜間戦闘機の注意を引きつけるために、「ウィンドウ」を散布する事で大編隊に見せかけた爆撃機の小編隊が、「マンドレル・スクリーン」から最初に出て来る事がよくあった。その少し後に、本物の爆撃機編隊が別の場所から出て来るが、その編隊は電子戦用のB‐17型機やB‐24型機が、「パイプラック」を作動させて援護する。こうした戦術を用いる事で、第一〇〇飛行連隊は、酷使されているドイツ空軍の夜間戦闘機部隊に圧力をかけ続けると共に、無駄な飛行を繰り返させる事で、ドイツ空軍の乏しくなりつつある航空燃料を消費させていた。

＊＊＊

一九四四年の中頃、第一〇〇飛行連隊は、これまで作られた中で最も強力な搭載型通信妨害装置である「ジョスルⅣ」を使用し始めた。コックバーン博士は、後にこの装置が開発された際の経緯を語っている。それまでの各種の電子戦用の装置の開発に成功した事で、ＴＲＥ内での博士の部署の評価は非常に高くなっていた：

私の仕事は極めて順調だった。私は各種の委員会に参加し、そこで何か有益な提案を述べると、それを採用してもらえる事が多かった。ある時、高出力の通信妨害装置が必要だと言う話になった。どれくらいの出力が必要か、その場で紙に書いて計算してみた。私が設計した装置を作ってくれているメトロポリタン・ヴィッカース社がその会議に出席していた。メトロポリタン・ヴィッカース社は有能な会社だが、その頃は仕事が少なくて困っていた。

しばらくして、メトロポリタン・ヴィッカース社から、私が計算した出力を持つ通信妨害装置を作ったので、見て来て欲しいとの連絡を受けた。私はその装置は、大型のビスケット缶程度の大きさだろうと考えていた。しかし、高々度における放電対策のために、機器を収容する圧力容器やアンテナの絶縁機構などが必要だったので、「ジョスルⅣ」はひどく大型の装置になっていた。私はこの装置の製作について、研究所の本部に申請や提案をまったく出してなかったのを思い出して、心配になってしまった。彼らは私の構想を聞いて、それだけで装置を作ってしまったのだ。その後、私は研究所の本部から、文書で厳しい叱責を受けた。私は、計画が公式に承認されなければ、勝手に会社に物を作ってもらってはいけない事を深く認識し、反省した。

コックバーン博士の上司達は、全く何も知らされていなかったのに、突然、五〇万ポンドもの請求書を送りつけられ

強力な「ジョスルⅣ」VHF通信妨害装置。重量は270Kgで、円筒形の容器に収容される。この写真では専用の移動用トラックの後部に搭載されている。この通信妨害装置は、第100飛行連隊のB-24リベレーター機やB-17フライング・フォートレス機に搭載され、爆撃機部隊を支援するのに用いられた。

て、とても驚くと共に困惑したに違いない。

「ジョスルⅣ」の製作では正規の手続きが踏まれなかったが、出来上がった妨害装置は驚異的な装置だった。この装置は二kWの出力で、雑音妨害用の電波を連続的に送信する事ができる。装置の本体は、直径が大型バケツ程度で、高さが直径の約二倍の円筒形の容器に格納されていて、重量は二七〇kgある。格納容器の内部は、空気の薄い高々度でアーク放電を起こすのを防ぐため加圧されている。非常に大型の装置であり、必要な電力を供給するために、機体に発電機を追加する必要があるので、電波妨害専用の大型機でないと搭載できない。この装置が妨害するのは、ドイツ空軍の戦闘機が通信に使用している三八～四二MHzのVHF帯の電波である。

「ジョスルⅣ」が完成すると、B-17型機とB-24型機に、それまでの「エアボーン・シガー」通信妨害装置に代わって搭載された。この新しい通信妨害装置が導入されると、ドイツ空軍の地上管制官の仕事は非常にやりにくくなった。ドイツ空軍は「ジョスルⅣ」の妨害を避けるため、戦闘機の誘導には以前から用いられてきた三～六MHzのHF帯の電波をもっと使用するようにした。しかし、その周波数帯も「ティンセル」、「コロナ」、「ダートボード」、「ドラムスティック」妨害装置がすでに妨害を行っていた。

＊＊＊

ドイツ空軍のレーダー操作員達は、英空軍第一〇〇飛行連隊が使用する種々の電子戦の戦術を理解し、対策を考えるようになった。一九四四年秋、ドイツ空軍は「ヤークトシュロス」対空警戒レーダーの基地に、英空軍の電波妨害や「ウィンドウ」による妨害がある状況下での、レーダーの使用方法についての冊子を配布した。その冊子では、英空軍は、ドイツ空軍に夜間戦闘機を早すぎるタイミングで出撃させて搭載燃料を浪費させるが、彼等の爆撃部隊を実際に進出させる時間は遅らせる事で、ドイツ側に防空能力を十分に発揮させない戦術を用いる。と書いてあり、続いて次の説明があった：

夜間戦闘機を正しいタイミングで出撃させるには、我々が状況を的確に把握している事、つまり、敵の全ての編隊の位置と規模を継続的に把握している事が必要である。しかし、敵の「ウィンドウ」によるレーダー探知妨害のため、この敵編隊の状況の把握が困難になっている。

この冊子の中では、レーダー操作員達は、「ヤークトシュロス」レーダーの指示器の中で、一番重要な役割を果たすPPI（平面図表示器）に示される航跡を注意深く観察せよ、と書かれていた。「ウィンドウ」の反射像は、投下されるとすぐに爆撃機編隊の反射像から後ろに離れて行く。そうすると、レーダーのPPIには、「明るい点」が幾つも連なった、長く伸びた軌跡が表示されるが、それは爆撃機の長い編隊にも似ている。しかし、数分すると本物の爆撃機編隊の場合は「明るい点」はそのままだが、チャフの場合は「明るい点」がぼやけて細かなさざ波の連なりのように表示される。「ウィンドウ」でカバーされない爆撃機編隊の先頭機ははっきりと分かるので、編隊が飛行方向を変更するとすぐに分かる。一〇分もすると、最初に散布された「ウィンドウ」の雲は薄れて来るので、注意して見れば「ウィンドウ」の雲が表示されていても敵の機体を見つける事ができる。それでも、冊子では「目標を確実に追跡し続ける事はまだ非常に難しい」としている。

三〇分もするとチャフの雲は薄れるので、「ヤークトシュロス」レーダーの操作員は、爆撃機編隊の個々の機体を見分けて、追跡できるようになる。それまでは、敵の編隊の機数は推測で決めるしかない。電子妨害の大きな効果の一つは、敵のレーダー操作員が状況を把握するのに時間をかけさせて、防空側の対応を遅らせる事である。

＊＊＊

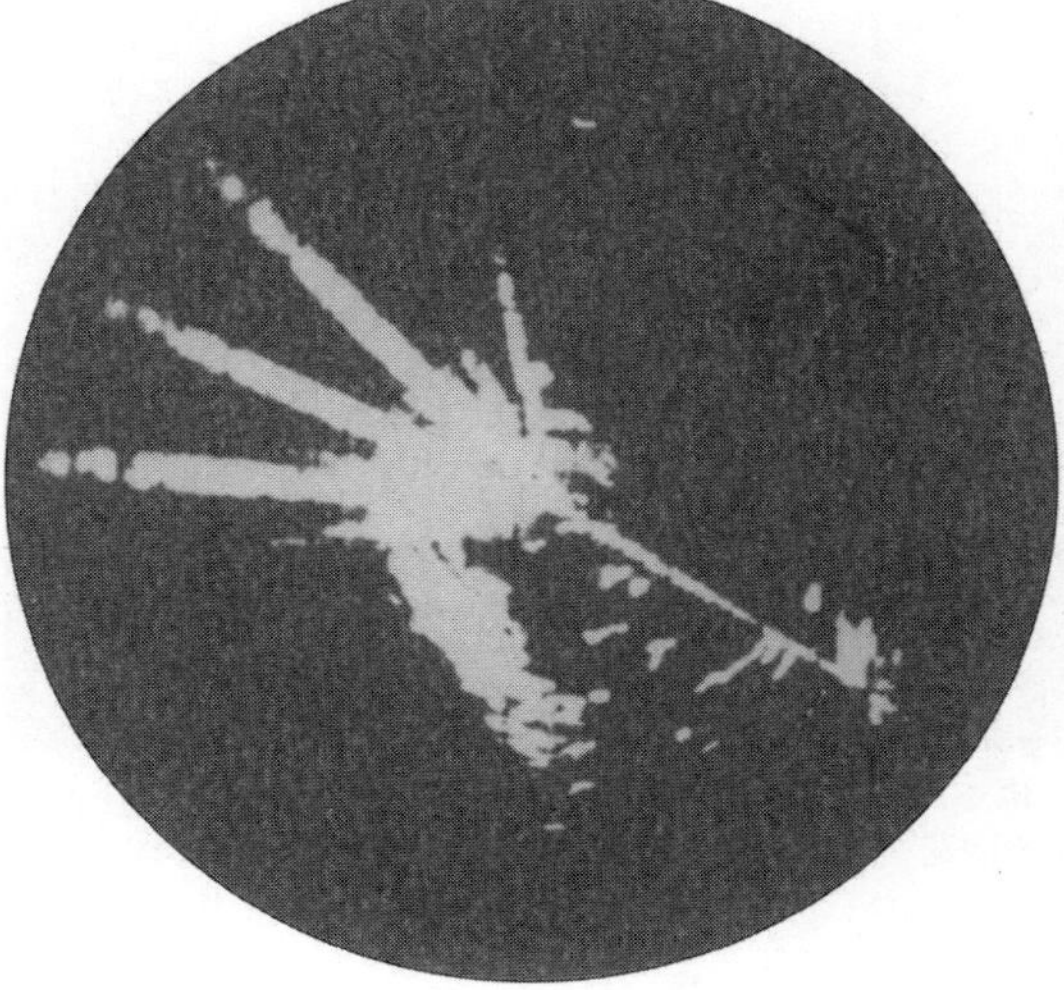

「ヤークトシュロス」レーダーの表示画面で見た、「マンドレル」電波妨害装置の妨害効果。画面では北を上にして表示されている。画面の左斜め上の部分の3本の太い筋は、「マンドレル」妨害を行っている3機の機体の方向を向いている。南南東方向に映っているのは、連なって侵入してくる爆撃機に見えるが、実際には「ウィンドウ」による偽の表示である。南東方向の幾つかの個別の輝点は、ドイツ空軍の夜間戦闘機と、英空軍の第100飛行連隊のモスキート機である。

英空軍第一〇〇飛行連隊のモスキート機がドイツ上空で各種の任務で活躍し始めると、ドイツ空軍の夜間戦闘機もモスキート機に対抗すべく、新しい装備品を採り入れた。機体の後方を監視するために、SN-2レーダーのアンテナが尾部に追加され、機上のレーダー員が後方から接近してくるモスキート機を探知できるようになった。また、H_2Sレーダーの電波を受信して爆撃機の方位を知る事ができる「ナクソスZ」装置も、夜間戦闘機の標準的な装備品になった。英空軍はH_2Sレ

機体の尾部に装備された、SN-2 レーダーの後方警報用のアンテナ。後方からの敵の夜間戦闘機の接近に対して警報を出すのに用いられる。

ーダーを使用する時間と地域を制限したので、「ナクソスＺ」で爆撃機編隊の位置を知る機会は減ったが、「ナクソスＺ」はモスキート機が搭載するＡＩ ＭａｒｋＸ捜索レーダーの電波も受信できるので、モスキート機に対する警報装置としても役に立った。

ドイツ空軍機がこうした装備品を追加しても、モスキート機によるドイツ空軍の夜間戦闘機の損害は増え続け、英空軍が大規模爆撃に来襲した際には、ドイツ空軍の夜間戦闘機が一機か二機、モスキート機に撃墜される事が何度もあった。モスキート機に撃墜される機数は多くないが、機数以上にドイツ空軍に与えた効果は大きかった。ドイツ空軍では航空燃料が不足していたので、爆撃部隊を迎撃する際は、経験の豊かなベテラン搭乗員が乗る機体しか出撃しなくなっていた。こうした経験豊富な搭乗員の乗る機体が撃墜されると、それはドイツ空軍にとっては、数字以上に大きな損失だった。第一〇〇飛行連隊の活動は、ドイツ空軍の夜間戦闘機部隊の有能な搭乗員をじわじわと減少させ、ドイツ空軍の戦力基盤をすり減らしていった。もはや、ドイツ空軍の夜間戦闘機が敵の爆撃機を撃墜するために、祖国の上空を悠然と哨戒しながら待ち受けていられる状況ではなかった。

ドイツ空軍の夜間戦闘機に優秀な搭乗員が搭乗していれば、英空軍の爆撃機編隊を発見し、護衛戦闘機に邪魔されずに攻撃できれば、大きな戦果を上げれる事は疑いがない。ハインツ＝ヴォルフガング・シュナウファー少佐は終戦までに夜間戦闘で一二一機（そのうち一一七機は英空軍の四発重爆撃機）を撃墜した事が確認されているが、これは同じ夜間戦闘機パイロットのプリンツ・ツー・ザイン・ヴィットゲンシュタイン少佐の八三機撃墜を大きく上回る。シュナウファー少佐が二四時間で撃墜した機数が最も多かったのは、一九四五年二月二一日の戦闘においてだった。少佐は敵の爆撃機を、まだ未明の早朝に二機を、その日の夜にさらに七機を撃墜している。

一九四四年秋以降に英空軍の爆撃機航空団の損害は急に減少したが、その理由は第一〇〇飛行連隊の活躍だけではない。しかし、その電波妨害、欺瞞作戦、敵夜間戦闘機への攻撃が、ドイツ空軍の劣勢を挽回しようとする努力を挫折させるのに貢献した事は疑問の余地がない。一九四五年一月五日のベルリンにおける航空省での会議で、第一〇〇飛行連隊の活動に触れた発言があった。戦闘機総監のアドルフ・ガーランド中将は、それまでにドイツ夜間戦闘機部隊の上げた大きな戦果について述べたが、最後に次のように述べた：

現在では、夜間戦闘機部隊は全く戦果を上げていない。その理由は連合国軍の電波妨害であり、それにより地上レーダーも機上レーダーも全く役に立たなくなっている。他の理由はそれに比べれば微々たるものである。

＊＊＊

一九四五年の前半には、爆撃機航空団の欺瞞戦術や電波妨害戦術は高度に完成された段階に達していた。どれくらい完成度が高かったかを、一九四五年三月二〇日から二一日にかけての夜間爆撃の実施状況で見てみよう。その夜の爆撃目標はライプツィヒのすぐ南の、ボーレンにある人造石油製造工場と、その北にあるシュレースヴィヒ・ホルシュタインのヘミングシュテットの油田だった。ボーレンへの爆撃開始時刻（ゼロアワー）は三月二一日〇三時四〇分で、ヘミングシュテットへの爆撃開始時刻はその五〇分後と予定されていた。

二〇日の夕方、日没と共に、英空軍爆撃機航空団はもう定例となっている陽動攻撃用の爆撃部隊を発進させた。まず、敵の注意を分散させるために、三五機のモスキート機による、ベルリンへの爆撃が二一時一四分から始められ

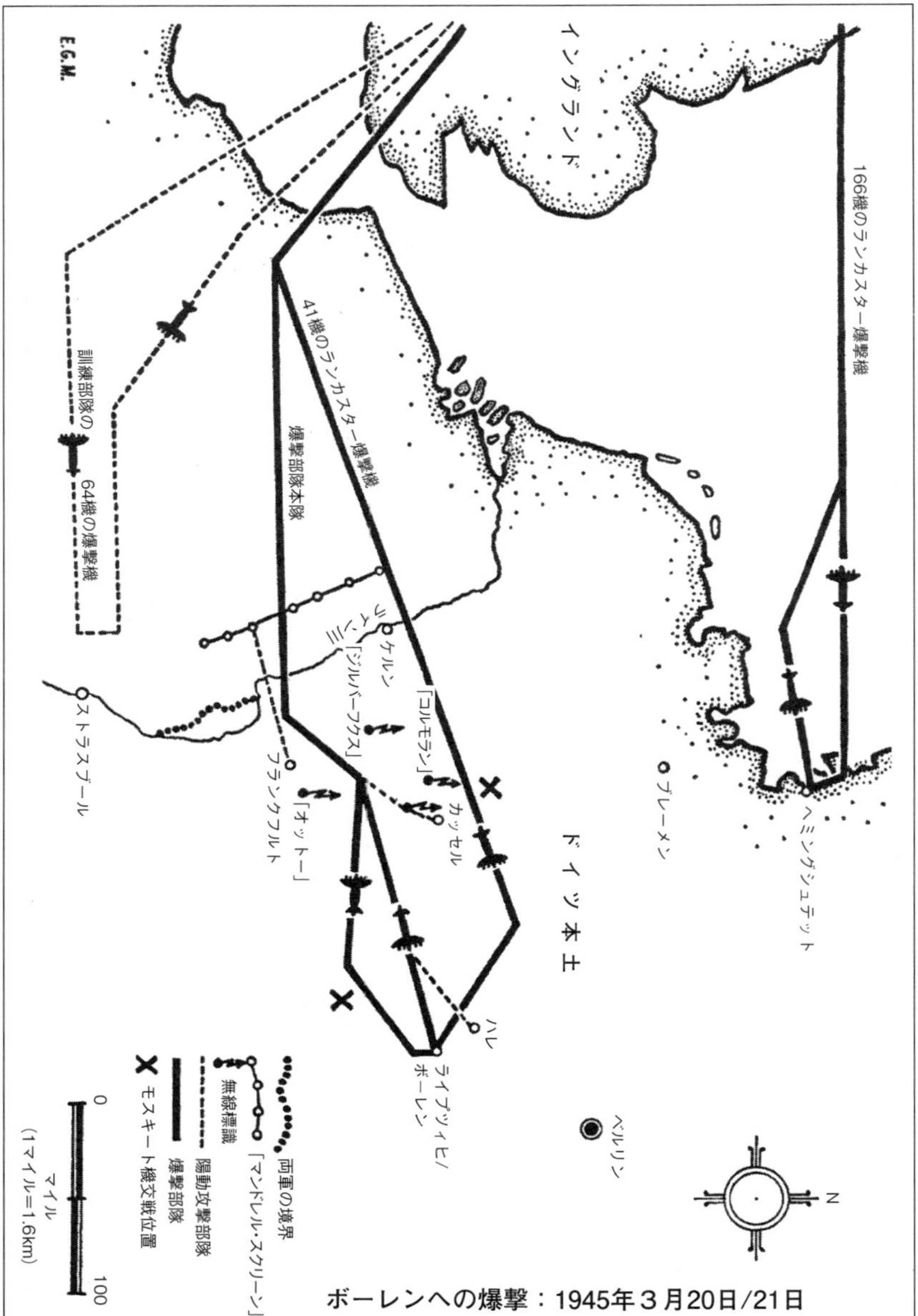

ボーレンへの爆撃：1945年３月20日/21日

た。二一日の〇一時〇〇分を少し過ぎた時刻に、二三五機のランカスター機とモスキート機からなるボーレン攻撃の本隊が、ドーバー海峡を横切って、南東方向へ進んでいた。その南方五kmの所を、訓練部隊の六四機のランカスター機とハリファックス機で編成された陽動攻撃部隊が飛行していた。この二つの爆撃機部隊の前方については、それらの部隊がフランスの北部の海岸線を横切るのに合わせて、第一〇〇飛行連隊の第一七一飛行中隊と第一九九飛行中隊からの一四機のハリファックス機が、二機ずつが組になって、長さ一三〇kmの「マンドレル・スクリーン」を生成した。このレーダー妨害用の「マンドレル・スクリーン」より後方は、ドイツ空軍の対空警戒レーダーは爆撃機編隊を探知できない。〇一時五五分に、ボーレン爆撃隊は二つに分かれた。「マンドレル・スクリーン」の後方では、ドイツ軍に探知されないまま、四一機のランカスター爆撃機が針路を北よりに変えて、爆撃部隊の本隊から離れて行った。

この時点から、ドイツ空軍の地上管制官を悩ます状況が始まった。実際に爆撃を行う部隊と、陽動攻撃部隊がドイツの国境線に向かって進んでいるのと同じ時間帯に、第一〇〇飛行連隊の第二三飛行中隊と第五一五飛行中隊からの一四機のモスキート機は、一、二機ずつに分かれて、その夜にドイツの夜間戦闘機が利用すると思われるドイツ空軍の飛行場へ向かった。目的の飛行場に到達すると、モスキート機は何時間も飛行場上空に留まり、地上でドイツ軍機の動きが見られると、すぐさま爆撃や機銃掃射を行なった。〇三時〇〇分、訓練部隊による陽動攻撃部隊はストラスブール付近まで達していたが、そこで向きを変えるとイングランドの基地へ戻っていった。その頃、別々に分かれてボーレンに向かう二つの爆撃部隊は、「マンドレル・スクリーン」から出て来て、突然、ドイツ軍の前に姿を現した。第一〇〇飛行連隊第二二三飛行中隊の七機のB‐24型機と、第一七一飛行中隊の四機のハリファックス機が、ボーレンを攻撃する爆撃部隊の本隊より時間にして五分、距離にして約三〇km弱前方を飛んでいた。これらの機体は、後続の爆撃機編隊の機数を分からなくするために、大量の「ウィンドウ」を散布しながら進んで行った。ライン川を越えると、南側を飛んでいた爆撃部隊は、カッセルに向けて北東に進路を変更した。

この時点では、ドイツ空軍の戦闘機管制官は、その夜の英空軍の爆撃部隊の目標地点がどこかを判断できなかった。

ライン川中流地域担当の戦闘機管制官のハインリッヒ・リュッペル少佐は、接近中の二つの爆撃部隊の機数を実際よりかなり少なく見積もっていた。彼はどちらの部隊もチャフの散布で大編隊に見せかけようとしているが、実際には三〇機程度だと思っていた。しかし、各地の地上監視所からの報告が入り始めると、南側の部隊は少佐の推定よりずっと機数が多い事がはっきりした。いくら電波妨害を行って隠そうとしても、大編隊の四発爆撃機の八〇〇台以上のエンジン音は隠しようがなかった。

リュッペル少佐はどこが爆撃の目標になりそうか考えた。一つの編隊は南からカッセルに向かっている。もう一つの編隊も、いつカッセルに向けて変針するか分からない。敵の爆撃目的地が分かってきた様に思えたが、しかし、それが見せかけだけの事も良くある。いずれにせよ、決断を下すまでの時間はあまり残っていない。もし目的地が確実に判明するまで待てば、敵はドイツ軍機が襲い掛かる前に爆弾を投下してしまうだろう。その夜は八九機の夜間戦闘機が迎撃に離陸していて、彼等の飛び立った飛行場に近い無線標識の上空で、少佐の指示を待ちながら待機している。リュッペル少佐は彼の担当するほとんど全ての機体に、カッセルを守る事を念頭に、カッセルの南と西にある、「ジルバーフクス」、「ヴェルナー」、「コルモラン」無線標識へ向かうよう指示した。残りに機体には、フランクフルトへの爆撃に備えて、フランクフルトに近い「オットー」無線標識上空での待機を指示した。

しばらくはリュッペル少佐の爆撃目標地点の予測は正しいように思われた。カッセルからは、英空軍が爆撃を開始する前にいつも行う行動があったとの報告が入ったのだ。〇三時〇八分に、明るい着色照明弾がカッセル上空を照らしだし、爆弾が何発か投下された。実際、チャフを散布したB - 24型機とハリファックス機が、そのままカッセルまで来て爆弾を投下したのに加えて、一二機のモスキート機が照明弾と爆弾を投下して、本当の爆撃らしくみせかけた。しかし、それは主力部隊の爆撃ではなかった。その夜のカッセルへの爆撃はそれだけだった。

南側を飛行していた機数が多い方の爆撃部隊は、カッセルの南方四〇kmの位置で進路を東へ変えた。三一機のモスキート夜間戦闘機がその側面を守っていた。第八五飛行中隊のモスキート機が「パーフェクトス」装置で、ドイツ空軍の夜間戦闘機の敵味方識別装置に応答信号を出させて、その信号を利用してBｆ110型機を見つけて撃墜した。それと同じ頃、ドイツ空軍の夜間戦闘機がカッセル上空で、第一〇〇飛行連隊の電子戦用のB‐24型機を見つけて撃墜した。搭乗員は一人を除いて全員が死亡した。

B‐24型機の搭乗員の死は無駄ではなかった。ドイツ空軍の夜間戦闘機は、カッセルへの陽動攻撃が開始されてから二〇分間、カッセル上空に留まり続けた。〇三時三〇分になって、ドイツ空軍の戦闘機管制官はだまされた事にやっと気付いた。管制官は担当している夜間戦闘機部隊に爆撃機編隊を追いかけて東に進むように指示し、六分後の通信ではボーレンに最も近い大都市のライプツィヒが目標らしいと伝えた。しかし、連絡が遅かったので、大半の夜間戦闘機は敵の爆撃機編隊に追いつけなかった。夜間戦闘機の群れが東に進路を変え、速度を上げて追跡を始めた時には、爆撃部隊の先頭の機体はすでにボーレンから五〇kmの位置まで迫っていた。

この段階に至っても、陽動攻撃作戦はまだ終わっていなかった。〇三時二〇分、ボーレンを目指していた爆撃部隊は、またしても二つに分かれた。〇三時四〇分に最初の目標指示弾がボーレンに投下されたが、それと同じ時刻に、北西に三二km離れた重要な施設であるロイナ石油精製工場にも、別の機体が目標指示弾を投下した。第二一四飛行中隊の四機のB‐24型機と、第一九九飛行中隊の二機のハリファックス機は、ボーレン攻撃の本隊から離れて、二回目の「ウィンドウ」の散布を始めた。その後、一二機のランカスター機と一緒に、あたかも本格的な爆撃であるかのように、ロイナ石油精製工場に目標指示弾を投下した。ロイナ石油精製工場はボーレンに急行するドイツ空軍機の進路上の位置にあり、この陽動作戦でドイツ空軍の夜間戦闘機のボーレンへの到着は更に遅れた。ボーレンへの爆撃部隊に対するドイツ空軍機の攻撃を遅らせるこの陽動作戦で、ランカスター機が一機、尊い犠牲になった。

結局、二一一機のランカスター爆撃機が、爆撃目標のボーレンに到達し、一一分間に渡り人造石油製造工場に対して集中爆撃を加えた。第二一四飛行中隊の五機のB‐17型機と。第二二三飛行中隊の一機のB‐24型機が、爆撃目標地点上空で電波妨害を行ない、爆撃部隊を支援した。爆撃部隊の最後の機体がボーレンを去ろうとする〇四時一〇分になって、やっとドイツ空軍の夜間戦闘機がボーレン上空に到着した。夜間戦闘機は搭載レーダーに対して激しい電波妨害を受けたが、ボーレン上空で二機を、帰投途中で三機の爆撃機を撃墜した。

同じ頃、第一〇〇飛行連隊のモスキート機がカッセル付近でBf110型機を一機撃墜し、それに続いてライプツィヒ西方でHe219型機を一機撃墜した。この夜、第一〇〇飛行連隊の機体がドイツ空軍の夜間戦闘機を二機撃墜したが、二機目がこのHe219型機だった。

この夜のドイツへの爆撃はまだこれで終わりではなかった。〇四時一七分、ドイツ北部でも激しい戦闘が行われた。まず二七機のモスキート機がブレーメンを攻撃し、ドイツ空軍がそれに気を取られている間に、一六六機のランカスター爆撃機が北海上空から、ドイツ軍の対空警戒レーダーが探知できない低い高度で侵入してきた。この爆撃部隊は、この夜のもう一つの大規模爆撃の目標であるヘミングシュテットの石油精製工場に向かう部隊だった。爆撃部隊は高度を一五〇〇m以下に保ち、目標地点に近付くまで一切の電波を出さないようにしていた。目標地点に近付くと、爆撃部隊は高度四五〇〇mまで急上昇し、〇四時二三分に爆撃を開始した。六分間続いた爆撃の間、B-24機が一機、B-17機が一機、モスキート機が一機、電波妨害を行って爆撃部隊を掩護した。

ヘミングシュテットを爆撃した部隊は、ドイツ空軍の防空部隊にほとんど気付かれずに目標に近付く事ができた。この爆撃部隊は、大規模な爆撃機編隊とは認識されず、ドイツのレーダー基地が初めて「少数機の編隊」を探知したと報告して来た時には、爆撃機の編隊は目標地点からすでに離脱していた。損失は、目標地点付近で夜間戦闘機に撃墜されたランカスター機が一機だけだった。

爆撃機部隊はドイツ空軍の戦闘機を二機撃墜したと報告しているが、それでこの夜の英空軍が撃墜したドイツ機の機数は、合計して四機になった。ドイツ空軍の記録では、夜間戦闘機の損失は七機となっている。この差の三機について、何が起きたのかは永遠に解明されないだろうが、推測する事は出来る。戦闘で疲れ切ったドイツ空軍のパイロットが、英空軍の夜間戦闘機が見張っている飛行場に、滑走路の照明灯が消されている状態で着陸しようとして、判断を誤って墜落したのかもしれない。また、基地へ戻ろうとした戦闘機が、高度を下げ過ぎて丘の中腹に激突した事も考えられる。ドイツ空軍の夜間戦闘機の無線士で用心深い無線士は、英空軍のモスキート戦闘機の「パーフェクトス」装置で敵味方識別装置が反応させられて発見されるのを防ぐため、敵味方識別装置のスイッチを切る事があるが、そのためにドイツ空軍機とは認識されずに、味方の高射砲で撃墜されたのかもしれない。こうしたドイツ軍機が敵と誤認されて味方に攻撃されるのはよくある事で、それは戦闘による損失ではないかもしれないが、第一〇〇飛行連隊の活動が引き起こ結果と言っても良いだろう。

＊＊＊

戦争が終わる数ヵ月前に、ドイツの技術者は、H_2Sレーダーをある程度は妨害できる地上設置型の妨害装置の開発に成功した。それは三GHz帯の周波数で、H_2Sレーダーを妨害できる強さの電波を出せる装置だった。しかし、「ポストクライストロン」を名付けられたこの装置は、近距離でしか効果が無かった。終戦までの間で、この妨害装置が配備されたのは、戦争の続行に不可欠なロイナの石油精製工場だけだった。しかし、その頃になると、H_2Sレーダーは新しいⅢ型（ＭａｒｋⅢ）が使用されるようになった。この新型のレーダーは九GHz帯の電波を使用するが、ドイツの技術ではこの周波数帯の妨害電波を出す装置は完成させれなかった。

一九四五年四月には、ドイツ空軍はついに、センチメートル波の電波を使用する「オーボエⅡ」と「オーボエⅢ」を妨害できる装置を完成させ、ある程度の妨害が可能な事を確認した。また同じ頃に、ドイツ空軍はセンチメートル波の電波を使用するレーダーを何種類か製作した。夜間戦闘機用には「ベルリン」レーダー、高射砲の射撃管制用には、ほとんど使い物にならなくなっている「ヴュルツブルク」レーダーや「マンハイム」レーダーに代わる、「エーゲルラント」レーダーが開発された。長い間、英空軍の電波妨害に苦しめられてきたドイツ空軍の戦闘機管制官のためには、それまでの「ヤークトシュロス」レーダーの代わりに、センチメートル波の電波を使用する夜間戦闘機誘導

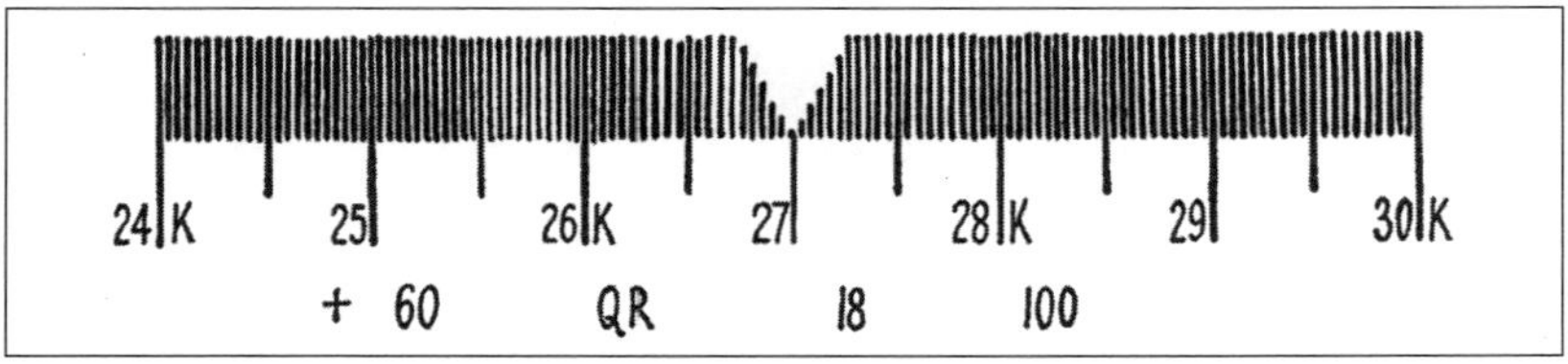

用の「ヤークトシュロス・Z」レーダーや「フォルストハウス・Z」レーダーが開発された。これらのレーダーは、試作品は作られたが、量産品は戦闘での使用に間に合わなかった。その頃の連合国軍が使用していた妨害電波やチャフは、これらのレーダーには効果が無いので、もし使用が始まれば、数ヵ月もしない内に、英空軍の爆撃部隊は大きな損害を出していただろう。

更に、ドイツ空軍が夜間戦闘機を地上から誘導するのを困難にしていた、地上と上空の機体との間の無線通信に対する妨害についても、それを克服する方法を実用化しようとしていた。ドイツ国内の何カ所かに、高さが約二一ｍ、幅も同じくらいの大きなアンテナと「ベルンハルト」送信機を備えた夜間戦闘機管制局が建設された。この局は電波を横幅の狭いビームで送信するが、そのビームを水平方向に一分間に一周の速さで回転させる。その電波を受信する「ベルンハルディン」受信機の、夜間戦闘機への搭載も急いで進められた。この受信機は、「ベルンハルト」送信機からの暗号化された信号を受信し、解読した結果を機上のテレプリンターで紙テープに印字する。受信信号には、管制局から見た機体の方位と、送信した局名も含まれている。狭い横幅の電波ビームが一分毎に機体を通過するが、そのつど機体に搭載された「ベルンハルディン」受信機は、地上からの情報を受信し、解読結果を印字する。地上からの情報は、簡単な略号などを使って、上のように表示される。

管制局から見た機体の方位は、紙テープ印字部分の中央のV字形の先端部に、一〇度単位で表示される（図では27、つまり二七〇度、真西の方向である事を示している）。縦線を並べた横方向の帯の下の、二〇度おきの方位を示す数字の横に印字されている文字は、受信している「ベルンハルト」局の略号が示されている。図示の「K」は、受信している局がシュレースヴィヒ・ホルシュタイン地方のレック局である事を示している。敵の爆撃機編隊の現況情報は、所定の形式で紙テープの下部に印字される。図示されている敵編隊の現況情報の意味は次の通りである：

＋　＝現況情報の始まり
60　＝爆撃機編隊の先頭の機体の飛行高度（ここでは六〇〇〇mである事を示している）
ＱＲ　＝爆撃機編隊の先頭の機体の位置が、軍用地図上でＱＲと表示された区画（グリッド）に達している
（ＱＲはマインツの近くの区画である）
18　＝爆撃機編隊の進行方向（ここでは一八〇度、つまり真南の方向である事を示している）
１００＝敵爆撃部隊の推定規模（つまり一〇〇機程度である事を示している）

この方式は、強い電波を横幅の狭いビームの形で送信し、モールス信号に類似したテレプリンター用の信号を用いるので、通常の「ジョスル」妨害装置のような妨害装置では使用不能にする事は難しい。このシステムは一九四五年夏に本格的に使用が始まる計画だったが、ドイツ第三帝国はその使用開始前に連合国に降伏した。

一九四五年五月八日、ヨーロッパにおける戦争は、公式に終了した。しかし、連合国はまだ大日本帝国との戦争を続けており、その戦争は最後の山場を迎えていた。太平洋戦域における電子戦の状況については、次章で述べる。

第13章　太平洋戦域における激戦

「今回の遠征では、我々の住むアテネから遠く離れた土地で戦うので、それをしっかり認識しておかねばならない。これまでのアテネの近くでの戦いとは条件が全く異なるので、武器は十分に持って行かねばならない。」

アテネのニキアス：紀元前四一五年のシチリア島シラクサへの遠征に際しての、アテネの人々への演説より

一九四三年の年末の近い頃、米陸軍航空隊は画期的な新型爆撃機、ボーイングB‐29スーパーフォートレス機の実戦部隊への配備を開始した。この機体は与圧式の搭乗員室を持つ最初の機体であり、その防御用の武装はこれまでで最も強力で、一二・七㎜機銃を一二挺、二〇㎜機関砲を一門装備していた。この本のテーマである電子戦に関連する装備としては、B‐29型機は第二次大戦で使用された爆撃機としては、設計段階から地形表示レーダーの装備を考慮してある唯一の機体である。最大全備重量は六七トンであり、それまでの主力爆撃機であるB‐17爆撃機やB‐24爆撃機よりも二倍以上も重量が大きい。B‐29型機は、二・七トンの爆弾を搭載して、出発した基地から二七〇〇㎞離れた目標地点を爆撃できるが、その当時、これに近い能力の機体は全くなかったほどの高性能な爆撃機だった。この

新型爆撃機のＢ - 29型機は、その卓越した航続性能を活用するため、完成した機体は全て太平洋戦線へ送られた。

この頃、連合国の情報部門は、日本本土の防空態勢について、使用される兵器の種類、数量、能力などについて、ほとんど情報を持っていなかった。しかし、大方の予想としては、日本軍は、それまでに連合国が発見した日本のレーダーよりも進歩したレーダーを持っていて、それを本土防空用に温存していると思われていた。

米陸軍航空隊は電波情報収集に用いるため、最初に受領した四機のＢ - 29型機の内の一機に、ＡＰＲ - 4レーダー電波受信機を一台搭載し、「レイヴン（ワタリガラス）」と呼ばれる電子戦担当員の席を追加した。また、数機のＢ - 29型機にもＡＲＲ - 5通信電波捜索受信機が搭載された。日本本土に対する爆撃を始めるに当たって、日本本土の防空態勢の情報を集め、予想外の事態に驚かされる事がないように、出撃するＢ - 29爆撃機の部隊には、日本軍の防空戦の実施状況を帰投後に報告するよう指示が与えられた。

一九四四年四月、Ｂ - 29爆撃機の最初の実戦部隊である第五八爆撃航空団は、インド北東部のカラグプル付近の基地に派遣された。中国国内にも、施設的には不十分な点があるが、前進基地が用意され、その基地からＢ - 29型機は日本本土を爆撃に行く事になった。第五八爆撃航空団は、一九四四年六月五日、最初の実戦として、九八機がタイ国のバンコクの鉄道操車場に対して昼間爆撃を行なった。その内の一六機は、日本軍の電波を捜索するための受信機と、電子戦担当員を乗せて参加した。Ｂ - 29型機は実戦配備を急いだため、まだ重大な不具合が幾つか残ったままだったので、この爆撃では五機が失われたが、その原因は敵の反撃ではなく、機体の故障のためだった。

電子戦担当員はレーダー波を幾つか捉えたが、それらはすでに知っている日本海軍の一号一式電波探信儀の電波だった。また、六八～八〇MHzの範囲の周波数の電波を使用する、未知のレーダーの電波も九回受信した。そのレーダーは陸軍のタチ6号レーダーで、一九四二年から使用が始まり、広く使用されていた。すでに二〇〇台以上が配備されていたのに、このように発見が遅れた事で、一九四四年中頃までの中国と東南アジアにおける、連合国側の電子情報収集（エリント）活動が不十分だった事が分かる。

一〇日後の六月一五日には、二回目の実戦として、第五八爆撃航空団は日本本土を爆撃する事になった。爆撃目標は九州の八幡市（現北九州市八幡東区）にある日本製鉄八幡製鉄所だった。この爆撃を行う爆撃部隊は、中国の新津付近の前進基地に進出した。この前進基地は連合国が利用できる飛行場としては、日本本土に最も近い飛行場である。それでも往復の飛行距離はほぼ三八〇〇kmにもなり、それまでに計画された爆撃作戦としては、最も長距離の爆撃作戦だった。六八機のB‐29爆撃機が飛び立ち、日本本土へ向けて北東の方向へ進んで行った。この作戦に参加した電子戦担当員のトム・フリードマン中尉は、筆者に次のように話してくれた：

我々は攻撃目標に真夜中に到着し、各機が個別に爆撃を行う計画だった。そのため編隊は組まなかった。長い往路の飛行が始まると、私は側面機銃手の席まで行き、悠久の歴史を持つ中国の国土が、黄昏の明るさの中で眼下に拡がっているのを見つめていた。暗くなると、私は自分の定位置である、窓が無くて狭いレーダー員席まで這って戻った。電波妨害装置は、機体の引き渡し直前に追加されたので、大きな機体にもかかわらず、与圧された搭乗員室内には、ほとんど空間は残っていなかった。私が担当する機器が搭載された電子機器用の棚（ラック）は、搭乗員室の後方隔壁と化学式トイレの間に詰め込まれていた。私はこの機体の一二人目の搭乗員（当初の正規搭乗員は一一名）なので、私の「席」はそのトイレの蓋だった！　この席については、いつも冗談の種にされていた。

フリードマン中尉は七五〜三〇〇MHzの範囲の周波数の電波を主に調査するが、日本軍がドイツの「ヴュルツブルク」レーダーに類似したレーダーを使用していないかを調べるために、五〇〇〜六〇〇MHzの周波数の電波についても、時々は受信できないか調べるように指示されていた。B‐29爆撃機が進んでいくと、彼はAPR‐4レーダー電波受信機で日本軍のレーダー波を受信した。そのレーダー波は陸軍の対空警戒用のタチ6号レーダーからの電波で、バンコク空襲以後はB‐29爆撃機の電子戦担当員には、おなじみの電波だった。フリードマン中尉は次のように話しを続けた：

日本軍の対空警戒レーダーの電波を受信したので、我々の機体がまだ中国の海岸線の手前で、目標までまだ数時間の距離にいるが、日本軍は中国の占領地域に設置したレーダーで、我々をすでに探知しているのが分かった。この探知情報により敵がどう対応するかは、これから分かるだろう。中国の海岸線に近付くと、別の対空警戒レーダーの電波を、周波数が八〇ＭHz付近と一〇〇ＭHz付近で受信した。電波の強さは、レーダー局の直上を通過したと思われる時まで、ゆっくりと強くなって行った。振り向いて、爆撃用の地形表示レーダーの画面を見ると、中国大陸が南西方向に離れて行くのが見えた。海上に出ると、天候の悪い空域に入ったので、機体は大きく揺れた。私のトイレの蓋を利用した「座席」には安全ベルトが付いていないので、私は電子戦用の機器と爆撃用レーダーの機器の背部に手をついて、体を支えていた。

気流の悪い空域を抜けて、爆撃コースに入る進入点（イニシャル・ポイント）に指定された対馬海峡の小島の上空を通過した。

この頃になると、日本軍のレーダーの活動は非常に活発になった。地上にいる敵は、我々の動きをレーダーで注意深く監視しながら、指揮所の状況表示板に我々の位置を書き込んでいるのかと思うと、不安な気持ちになった。問題は、敵は何ができて、どう反応するかだった。私は受信した日本軍のレーダー波の諸元を受信した順に記録した。飛行後に飛行記録と照合する事で、どこでどの信号を受信したかが分かるように、受信時刻は正確に記入するよう特に注意した。目標地域における敵のレーダーで最初に受信したのは、この飛行で最初に受信したのと同じ、八〇ＭHz付近の周波数の電波を使用するレーダーと、一〇〇ＭHz付近の周波数の電波を使用する海軍の一号一型電波探信儀（ガダルカナル島で入手して、私がエグリン基地で見たのと同じレーダー）だったが、それらに加えて、一五〇ＭHzと二〇〇ＭHz付近の周波数でも幾つかの電波を受信した。これらの電波は、高射砲の射撃管制用か、サーチライトの照射管制用のレーダーからの電波だろうと思った。この飛行では、五〇〇～六〇〇ＭHzの周波数の電波は全く受信しなかった。

爆撃コースに入ると、二〇台近くのレーダーに追尾された。私は時々ヘッドフォンの接続先を、レーダー波の受信機から通常の機内交話系統（インターコム）に切り替えて、機銃手や爆撃手が我々を探すサーチライトの光や、高射砲弾が爆発した時の閃光について話すのを聞いていた。レーダー員を見ると、彼が爆撃目標である八幡製鉄所の横の埠頭地区に向けて爆弾投下スイッチを操作するのが見えた。機体が進路を反転して帰途に就くと、私はヘッドフォンをレーダー波の受信機に切り替えた。

新津飛行場へ戻る途中、フリードマン中尉は往路と同じ日本軍のレーダー信号を受信したが、味方の地域に入ると、その信号は弱くなり受信できなくなった。この爆撃では、飛行時間は一四時間を少し越えた。

七機のＢ‐29型機が、この八幡製鉄所の爆撃から帰還しなかったが、その原因は事故か機体の故障だろうとされた。電子戦担当員の受信記録を分析して、中国と日本本土に配置された日本軍のレーダーについて、初めて直接的な情報を得る事ができた。何台かの陸軍のタチ６号レーダーの電波が受信できたし、海軍の一号一型探信儀の使用する一〇〇ＭHz帯の電波も、飛行中のほとんどの時間、受信していた。

爆撃目標地点のある九州北部、朝鮮半島の南の海上、南京付近では、一七五ＭHzから二二〇ＭHzの間の周波数で、多くのレーダー波を受信した。これらのレーダー波が、海軍の対空警戒用の一号二型電波探信儀、四号一型および二型電波探信儀、陸軍のサーチライトや高射砲の照準用のタチ１号、タチ２号レーダーからのレーダー波である事は、ほぼ確実だった。こうしたレーダーが作動していたにもかかわらず、この爆撃作戦では、高射砲の射撃やサーチライトの照射がレーダー管制で行われた事は確認されなかった。高射砲の射撃の激しさは中程度で、全体的に精度が低く、高射砲の照準はサーチライトの照射に頼っているようだった。機体が複数のサーチライトに捕捉された事は何度もあったが、最初にどれかのサーチライトが機体を捕捉すると、それを目がけて他のサーチライトも照射したようで、レーダーで目標を捕捉して照射したのではないようだった。

日本製鉄八幡製鉄所への爆撃は、日本本土に対する初めての爆撃だったが、日本軍は予期していなかったようで、その反撃は弱く、連携が取れていなかった。Ｂ‐29爆撃機の編隊の接近については、日本軍が探知してから爆撃が開

マリアナ諸島の基地におけるB-29爆撃機。B-29爆撃機は1945年の春から夏の期間に、日本の都市や産業拠点に壊滅的な被害を与えた爆撃を行ったが、電子妨害装置を使用したので損失機数は少なかった。

始されるまで二時間以上の時間があったのに、日本軍は高射砲の射撃では一機も撃墜できなかった。米軍の報告書では、レーダーを装備した夜間戦闘機の存在は認められなかったとしている（実際、日本軍はこの頃はまだレーダーを装備した夜間戦闘機をまだ実用化していなかった）。

八幡製鉄所に続いて、B - 29爆撃機は日本国内の別の場所も爆撃した。こうした爆撃に参加した電子戦担当員の記録では、これらの爆撃作戦で判明した日本のレーダー技術の水準は、三年前の一九四一年前半の連合国側の水準とほぼ同じとの印象を再確認した、と書かれている。こうした低い技術水準のレーダーは、B - 29爆撃機にとっては大きな脅威ではないが、日本本土を直接に爆撃された事で、日本は防空態勢を改善、強化しようとするだろうと推測された。

インドに派遣されたB - 29爆撃機の部隊は、中国の前進基地からの日本本土爆撃を九回行った。中国の前進基地では、爆弾や航空燃料を含めてほとんど全ての物資を、インドからB - 29爆撃機や輸送機で空輸しなければならなかった。B - 29爆撃機の出撃回数が多くなかったのは、日本の防空態勢が強力だったからではなく、空輸による補給能力が不足していた事が原因である。中国の前進基地からのB‐29爆撃機の日本本土への爆撃は、一九四五年一月六日の爆撃が最後だった。それから一九四五年三月末までは、インドに駐留しているB‐29爆撃機の部隊は、日本本土よりもっと近い、東南アジアの日本の占領地域だけを爆撃した。

この頃、米国の第二一爆撃機航空軍団は、B‐29爆撃機を占領したばかりのマリアナ諸島のグアム島とテニアン島の飛行場に進出させた。一九四四年一〇月末から一九四五年三月末の間に、第二一爆撃機航空軍団は五〇回の出撃をしたが、その内の二九回は日本本土を爆撃するためだった。その頃、インドに派遣されていたB‐29爆撃機の部隊はマリアナ諸島に移動し、第二一爆撃機航空軍団に編入された。

第二一爆撃機航空軍団がマリアナ諸島でその戦力を拡充していた時期に、スタンレー・カイザーは米国のRRLから、電波妨害装置の保守点検作業の技術指導員としてマリアナ諸島に派遣された。彼は次のように回想している：

私は、一九四四年一一月、第二一爆撃機航空軍団が日本への初めて爆撃を行うための準備を進めている時に、サイパン島に到着した。B‐29爆撃機は、標準装備品になっている電子妨害装置を全て搭載した状態で米国から到着したが、すぐに妨害電波送信装置は取り外された。当初は敵のレーダーに対して電波妨害を行う事は要求されていなかったし、我々は必要もないのに妨害電波を出して、日本側に情報を与えたくないと考えた。しかし、APR‐4レーダー波受信装置は搭載したままとした。それにより、日本本土を爆撃した際に、電子戦担当搭乗員は日本軍が使用しているレーダーについて、有益な情報を大量に入手する事ができた。

一九四五年三月上旬までは、B‐29型機による日本本土への爆撃の大部分は昼間に行われていた。この場合、爆弾は高度六〇〇〇m以上から投下されていた。こうした高い高度では天候が悪い事が多く、天候が良い場合でも、雲、乱気流、強風により正確な爆撃が難しい場合が多かった。それまでの爆撃では日本軍の反撃が弱かったので、第二一爆撃機航空軍団の司令官、カーティス・ルメイ少将は、爆撃方法を試験的に大きく変更する事を命じた。東京に対して、爆撃機航空団の全戦力を投入して行う夜間爆撃で、ルメイ少将は爆撃部隊に、爆弾の投下を高度一五〇〇mから一八〇〇mで行うように命じた。この高度は日本軍の大型高射砲の射程内ではあるが、レーダー照準による爆撃の精度は、六〇〇〇m以上の高度から爆撃する場合よりずっと高い。ルメイ少将は、日本軍の夜間戦闘機は心配しなくて良いと考えたので、この爆撃作戦では、B‐29爆撃機の防御用の機銃座は、尾部銃座以外は使用しない事とし、使用しない銃座には機銃手も弾薬も載せない事にした。これにより一・五トンの重量を減らす事が出来たし、爆撃高度を下げた事で、機体重量が重い状態で高い高度まで上昇しなくて済み、その分の燃料を減らす事ができたので、B‐29爆撃機は爆撃の際の爆弾搭載量を、それまでの三トンから、二倍の六トンへ増やす事ができた。これは後に米国の戦史研究家が指摘した様に、大胆な決定だった：

日本本土に対して全戦力を投入して行う爆撃で……ルメイ少将は、低高度からの焼夷弾による爆撃を、何回も繰り返し行う事にした。このような作戦にはある程度の危険は覚悟する必要があり、こうした決断を下すには、司令官には大きな勇気が必要である。何人かの関係者が懸念したように、爆撃部隊の損害が大きかった場合には、作戦全体を考え直す事が必要になるかもしれない……

この爆撃作戦に参加するB‐29爆撃機の搭乗員達が、この新しい爆撃方法を喜ばなかった事は理解できる。敵の防空活動に対して、自分の乗る機体の安全を確保するにはできるだけ高く飛ぶのが良い、と長い間教え込まれて来たので、今回命じられた様な比較的低い高度では、彼等が搭乗しているB‐29爆撃機は敵から見て「カモ」（絶好の標的）ではないか、と多くの搭乗員が感じたのだ。

搭乗員達は不安に感じたが、ルメイ少将の新しい爆撃方法は成功した。一九四五年三月九日、三二五機のB‐29爆撃機が、東京に対してそれまでで最も大規模な爆撃を行うために出撃した（東京大空襲）。大量に投下された焼夷爆弾で広い範囲に火災が生じ、大日本帝国の首都である東京の広い範囲が焼け野原と化し、十万人近い死者が出た。東京を守る高射砲部隊は、日本で最も強力な高射砲部隊だったが、大火災による煙で視界が遮られ、来襲した爆撃機へ正確な射撃をするのが困難だった。この爆撃作戦では一三機が帰還できなかった。一機は東京上空で高射砲弾が命中して墜落した。七機は「行方不明」とされたが、恐らく高射砲で撃墜されたと思われる。残りの五機は帰投中に海上に不時着水したが、搭乗員は救助されている。この損失機数は、出撃機数に対する比率で四％をやや上回ったが、それまでの日本に対する、高々度からの爆撃の場合とあまり差がなかった。それ以降、低高度からの夜間爆撃は、日本の都市に対する標準的な爆撃方法となり、それに続く一〇日間に、名古屋、大阪、神戸にも同様な爆撃が行われた。

＊＊＊

一九四五年四月初旬、第二一爆撃機航空軍団は、B-29爆撃機に搭載されていたが、これまで使用していなかった電波妨害装置の使用を始めた。その理由は日本軍の防空能力が向上したためではない。B-29爆撃機の損害を少しでも減らす事が出来るなら、使用可能な手段は全て使うべきだ、との意見があったからだ。

日本側の敵の飛行機を探知する手段には、主として、陸軍のドップラー効果を利用する超短波警戒機甲、要地用の対空警戒レーダーのタチ6号（六八～八〇MHzの電波を使用）、移動式対空警戒レーダーのタチ18号（一〇〇MHzの電波を使用）が用いられていた。迎撃戦闘機を地上から管制するためには、それらのレーダーに加えて、タチ20号高度測定用レーダーも少数だが用いられた。日本海軍は敵機を探知するために、一号一型電波探信儀（一〇〇MHzの電波を使用）と、一号三型電波探信儀（一四六～一六五MHzの電波を使用）を用いていた。実際、日本軍にとって、米軍機の接近に関する情報が不足する事は無かった。B-29爆撃機が来るのが中国からであれ、マリアナ諸島からであれ、B-29爆撃機は、中国の日本軍の占領地域、南方諸島、海上に配置された監視船などのレーダーに監視されながら、長い距離を飛行してくる。

サーチライトの照射管制用や、口径七五㎜、八八㎜、一二〇㎜の大型高射砲の射撃管制用に使用される陸軍の主力レーダーは、タチ1号および2号（一八五～二〇五MHzの電波を使用）、タチ3号（七二～八四MHzの電波を利用）、タチ4号（一八七〜二一四MHzの電波を使用）だった。同じ目的に使用される海軍の主力レーダーは、四号一型、二型、三型電波探信儀（一八七〜二一四MHzの電波を使用）だった。日本軍はその限られた研究開発能力を、サーチライト照射管制用と高射砲射撃管制用の何種類かのレーダーに分散させていたが、敵の電波妨害に対する抵抗力を高めるための初歩的な対策である、使用する周波数を分散させておく対策を講じていなかった。それに加えて、戦争が終わりに近づいたこの時期でさえ、サーチライト照射管制レーダーや高射砲射撃管制レーダーの供給量が少なく、多くのサーチライト部隊や高射砲部隊にはレーダーが配備されていなかった。また、高射砲の弾薬も不足していて、敵機をレーダーやサーチライトで捕捉していない場合は、高射砲部隊は弾幕射撃を行う事が禁止されていた。一〇〇機以上のB‐29型機が爆撃に来た時にも、大口径の高射砲を一〇〇発以下しか発砲しなかった事もあった。

米軍は、日本軍の対空警戒レーダーは爆撃部隊の脅威にはならないとして妨害は行わず、七二〜八四MHz、一八五〜二一四MHzの周波数の電波を使用している、サーチライト照射管制レーダーや高射砲の射撃管制レーダーに集中して妨害を行なった。米軍の爆撃部隊が初めてレーダー妨害を行なったのは、一九四五年四月七日の、本州の工業地帯に対する昼間爆撃の時である。その日、米軍は一〇七機のB‐29爆撃機で、東京の北西に位置する中島飛行機の飛行機用エンジン工場を爆撃した。同じ日に、米軍は一九四機のB‐29爆撃機で、名古屋にある三菱重工業の飛行機用エンジン工場を爆撃した。中島飛行機のエンジン工場への爆撃では、日本本土に対する爆撃作戦では初めて、硫黄島から発進したP‐51ムスタング戦闘機が爆撃機を護衛するために随伴した。

こうした日本本土への爆撃作戦で、B‐29爆撃機の部隊は、レーダー妨害装置のAPT‐1「ダイナ」とAPQ‐2「ラグ」を合計して二四七台搭載していた。それに加えて、各機は大量の「ロープ」を搭載していた。「ロープ」は、長さ一二〇m、幅一二・五ミリの金属箔のテープを巻いたものである。機体から投下すると、テープの先端に取り付けられた小さな厚紙の「パラシュート」に作用する空気力で、巻いてあるテープがほどけて、一本の長い金属箔の帯になり、長い波長の電波を使用するレーダーによる探知を妨害する。

B-29 爆撃機の「守護天使（ガーディアン・エンジェル）」機。この機体は日本を爆撃する爆撃機を、レーダーに対する電子妨害（ジャミング）により掩護するための機体である。8 本の妨害電波送信アンテナが見える。

B‐29爆撃機部隊は、通常の昼間爆撃では、一飛行中隊の九機から一一機が編隊を作り、そうした編隊が約八〇〇mの間隔で飛行する。各編隊は一つの独立した電子妨害部隊として、各機が搭載する一八五～二〇五MHzの帯域を対象とするAPT‐1広帯域妨害装置で敵のレーダに対して広帯域妨害[訳注1]を、それ以外の帯域の電波を使用するレーダーについては、二台のAPQ‐2狭帯域妨害装置で狭帯域妨害[訳注2]を行う。七二～八四MHzの周波数の電波を使用するタチ3号レーダーについては、各編隊の先頭の機体が、「ロープ」を一分間に一〇個の割合で投下する。日本軍の戦闘機と高射砲が爆撃機編隊を迎え撃ったが、損害は少なかった。この二回の爆撃で、五機のB‐29爆撃機が帰還できなかった（損失率一・六%）。三機が戦闘機に、二機が高射砲により撃墜されたと思われる。

これ以後、B‐29爆撃機の部隊は、昼間爆撃でも夜間爆撃でもレーダー妨害を行なった。夜間爆撃では、英空軍がヨーロッパ戦線で行ったように、緩やかな編隊で爆撃を行なった。そのため、昼間爆撃の場合に比較して、電波妨害と「ロープ」による妨害の集中度は小さくなった。

この間、日本の電子機器産業は、最優先で高射砲やサーチライトの管制用レーダーを増産していた。レーダーの配備数の増加と、防空戦術の改善とが合わさって、夜間爆撃におけるB‐29爆撃機の損失は増加した。この増加傾向は一九四五年五月二五日から二六日にかけての東京への爆撃で頂点に達し、四六四機の爆撃機のうち二六機が失われた（損失率五・六％）。これはヨーロッパ戦線での爆撃作戦における損失率と比べると、特に大きな損失率ではないが、第二一爆撃機航空軍団は電子妨害の実施方法を再検討する事にした。

七二〜八四MHzの周波数の電波を使用するタチ3号レーダーを妨害するために、B‐29爆撃機は、事前に妨害する周波数帯域を設定してあるARQ‐8妨害装置を搭載して出撃する事にした。また、B‐29爆撃機のほぼ半数に、狭帯域妨害をさせる事にして、各機に三台のAPT‐3妨害装置と、妨害する相手の周波数を知るためのAPR‐4レーダー波受信機を一台搭載し、これらの装置を操作するための搭乗員を一名追加して搭乗させる事にした。

こうしたレーダー妨害装置の追加は、昼間爆撃では爆撃機の損害を減らすのに十分な効果が有ったが、夜間爆撃では編隊各機の間隔が広いために妨害の効果が減って、十分な効果が得られなかった。そこで、英空軍の第一〇〇飛行連隊がドイツを爆撃する際に用いたレーダー妨害専用の機体にならって、何機かのB‐29型機に、爆弾の代わりにレーダー妨害装置を多数搭載する事にした。各航空団ごとに四機のB‐29型機を改造して、六台以上のレーダー妨害装置を搭載するレーダー妨害専用機にした。改造一号機は一九四五年六月に運用可能になり、その後の数週間で他のレーダー妨害専用機も運用可能になり、夜間爆撃で爆撃部隊をレーダー探知から守れるようになった。第五八爆撃航空団の電子妨害担当員のハリー・スミス中尉は、こうした機体の役割について次の様に述べている：

理由はお分かりいただけると思うが、B‐29型機のレーダー妨害専用機は、「守護天使」と呼ばれるようになり、私はそうした機体に搭乗して、何回か爆撃作戦に参加した。レーダー妨害装置の操作員の仕事は、適切なタイミングで広帯域妨害装置のスイッチを入れて妨害を始め、続いて、広帯域妨害装置の妨害範囲外の敵のレーダーを妨害するために、狭帯域妨害装置を使用する。通常の場合、「守護天使」機は爆撃部隊の本隊に先行して目的地に行き、そこでレーダー妨害を行いながら、高度三六〇〇m以上で爆撃目標地点の上空を周回し続ける。「守護天使」機のうち、最も低い高度を飛ぶ機体は時計方向に周回し、次に高い高度を飛ぶ機体は反時計回りに周回するなど、高度により違った周回方向で飛行する。「守護天使」機が真っ先に爆撃目標上空に到着するので、地上の高射砲部隊は我々を目がけて発砲してくる。この状況はとてもスリリングだし、時には機体が損害を受ける事もある。しかし、すぐに爆撃部隊の本隊が一五〇〇m前後の高度でやって来るので、高射砲部隊は我々からそちらに攻撃目標を変更する。

B‐29型機の「守護天使」機が作戦に参加するようになると、撃墜される機体や損害を受ける機体の数はすぐに大きく減少した。レーダー妨害担当員の評判は、たちまち「同乗者」から「頼れる奴」に跳ね上がった。最初の作戦で成功すると、我々の航空団の司令官は非常に喜び、脅威となるレーダーが配備されていない爆撃目標を攻撃する場合でも、「守護天使」機の支援を要望した。昼間爆撃の時は、レーダー妨害機の支援が必要ない事を説得できた場合もあった。しかし、夜間爆撃の場合で、妨害すべきレーダーが無いと予想される場合でも、司令官は我々の支援を要望した。司令官は「どっちでも良いだろう。もう機体は改造してあるのだから、それを使おうぜ！」と言うのが常だった。

＊＊＊

B‐29爆撃機の空襲により、日本の多くの都市の中心部は焼け野原と化し、産業基盤は根こそぎ破壊された。しかし、もっと恐ろしい爆撃が計画されていた。厳重な秘密管理の下で、第五〇九混成航空団の第三九三飛行中隊のB‐29型機が、原子爆弾を投下するための最終的な準備作業を行っていた。その飛行中隊の電子戦担当士官のジェイコブ・ビーザー中尉は、原子爆弾を投下する機体に搭載するレーダー妨害装置を選ぶ事を許された。中尉はレーダー照準の高射砲に狙われる場合に備えて、APT‐1、APT‐4、APQ‐8妨害装置を搭載する事にした。

広島市を壊滅させた原子爆弾「リトル・ボーイ」。爆弾を空中で爆発させるための信管用のレーダーアンテナが４本あり、その内の２本が爆弾の側部についているのが分かる。

ビーザー中尉には、日本軍の防空兵器の他に、別の心配があった。原子爆弾が爆発した時の爆風による破壊効果を最大にするために、原子爆弾を目標地点の真上で、正確に五七〇ｍの高度で爆発させる必要があり、そのために初期の原子爆弾には独立したレーダー作動信管が四本装備されていた。この信管は、ＡＰＳ-13後方警戒レーダー（四一〇～四二〇ＭHzの電波を使用）を改造した物で、爆弾の外周上に前方を向いた指向性アンテナと一緒に取り付けられていた。日本軍のレーダーの電波が爆弾のレーダー作動信管に作用して、原子爆弾が予期しない爆発を起こす事が懸念されていた。もし爆発すれば、搭載しているＢ-29爆撃機は自分の爆弾により消滅してしまう。日本軍のレーダーで四一〇ＭHz帯の電波を使用するレーダーは知られていないが、そのようなレーダーが存在したり、新しく導入された可能性はある。また、二〇五ＭHzの電波を使用しているレーダーがあった場合、その第二高調波（四一〇ＭHz）の強さによっては、レーダー信管を作動させてしまう可能性もある。

原子爆弾の予期しない爆発の危険性を減らすために、Ｂ-29爆撃機が投弾コースに入ると、ビーザー中尉は、ＡＰＲ-４レーダー波受信機を使用して、原子爆弾の各レーダー信管が使用する周波数の電波が外部から来ていないか、受信周波数を切り替えて監視する必要があった。爆弾を投下するまでに、もし信管を作動させる可能性がある電波を受信したら、ビーザー中尉はその周波数を使用する信管か、又は全ての信管を爆弾の点火回路から切り離して、原子爆弾が爆発しないようにする事が許されていた。最後の手段としては、原子爆弾を爆発させるのに、予備の気圧作動信管か触発信管を選択する事も許されていた。

ビーザー中尉は、一九四五年八月六日の広島、八月九日の長崎に対する原爆投下の双方で、投下した爆撃機に搭乗していた唯一の人物である。どちらの爆撃でも、B‐29爆撃機に対する高射砲の射撃用のレーダーの電波は無かったし、原子爆弾に予定外の爆発を起こさせる可能性がある電波を受信する事も無かった。

この二発の原子爆弾の投下で、太平洋戦域の戦いは突然終わった。日本本土上陸作戦を覚悟していた連合国の陸軍や海軍の兵士は、ほっと安心する事ができた。

＊＊＊

一九四四年六月から一九四五年八月までの間に、B‐29爆撃機は二七七回の爆撃作戦で、延べ二七〇〇〇機が日本の占領地域と日本本土に爆撃を加えた。日本軍によるB‐29爆撃機の損失は、推定分も含めて合計二一四機、損失率では出撃した機数に対して〇・八％以下だった。敵戦闘機による五八機の損失の大部分は、一九四五年四月の長距離護衛戦闘機の使用開始以前の、昼間爆撃の際のものだった。また、対空砲火による四八機の損失の大部分は、レーダー妨害が行われる以前のものだった。一九四五年六月から、B‐29型機の「守護天使」機が敵のレーダー探知を妨害するようになってからは、夜間爆撃における損失機数は著しく減少した。

第14章　戦いを顧みて

「我々がどこで、何を間違えたかを調べるのは、弁解をするためではない。戦争では、その場その場での対応を迫られるので、間違う事が多い。戦争ではそれまで経験していない事を行う場合が必ず生じる。戦時の重圧の下で、急いで対応した内容が完全無欠だったとしたら、それは奇跡だと言えるだろう。」

米国海軍大将　ハイマン・リッコーヴァー[訳注1]

第二次大戦が終わるとすぐに、連合国の空軍情報部の将校や科学者達は、大挙して敗戦国ドイツを調査のために訪れた。彼らの主要な調査項目には、ドイツ側の行なった防空戦闘に関して、連合国軍のレーダー妨害やレーダーで探知される事への対抗策の効果がどれほどだったかの調査も含まれていた。

英空軍としては、第一〇〇飛行連隊が爆撃機部隊を支援するために行なった、電波妨害などの活動の効果についての関心が特に強かった。戦争が終わって僅か一三日後に、二機のハリファックス爆撃機がハンブルクに近いヤーグの飛行場に着陸した。この二機の爆撃機には英空軍の調査チームが乗っていた。調査チームを率いるのは、第一〇〇飛行連隊の首席幕僚のロデリック・チザム准将で、チームには爆撃機航空団、戦闘機航空団、第二戦術空軍の将校たちが参加していた。

この調査では英空軍の調査チームは、英空軍の爆撃機部隊に大きな損害を与えたドイツ空軍の搭乗員達と、直接に話をする事ができた。調査チームでドイツ空軍の装備品の調査を担当したのは、デレック・ジャクソン中佐だった。中佐は「ウィンドウ（チャフ）」の実戦での使用に大きな貢献をしている。また、大戦中に英国が入手したＪｕ88夜間戦闘機を試験飛行した際には、その機体に搭乗して、実際にドイツ空軍のレーダーを操作している。この時の試験では、英空軍の爆撃機の「モニカ」後方警戒レーダーの電波を受信しその方向を指示する「フレンスブルク」装置の機能や性能が、実戦に近い状態で評価された。この装置については、次の興味深い事実が判明した。「フレンスブルク」を一九四四年夏に試験した結果、「モニカ」が英空軍の爆撃機から撤去された事を、読者は記憶しておられる事と思う。今回の調査で、ジャクソン中佐はドイツ空軍が「モニカ」からの電波の方位を測定するのに関して、機体搭載用の「フレンスブルク」に加えて、地上設置型の方向探知装置を開発した事を知った。この二つの装置は、ドイツ空軍には非常に役に立った。しかし、一九四四年九月から英空軍の爆撃機は「モニカ」の電波を出すのを止めてしまったが、ドイツ空軍にはその理由は分からなかった。結局、それ以後、「モニカ」を対象としたドイツ軍の方向探知装置は無用の存在と化してしまった。

英国機がレーダーの電波を出していた事が、ドイツ空軍にどれほど役立ったかを、東部戦線で戦ったドイツ空軍の夜間戦闘機の搭乗員の話から、英国の調査員達は知る事ができた。ドイツ空軍の搭乗員は、「東部戦線では夜間戦闘は難しかった。ロシアのレーダー技術はひどく遅れていたので、彼等は我々が探知し追跡できるような電波を全く出さなかった」と話した。また、調査員達は英国の爆撃機がドイツ領内深くまで爆撃に行く際に、モスキート夜間戦闘機が護衛で随伴するようになった事に、ドイツ軍は非常に困らされた事も知った。ドイツ空軍の夜間戦闘機の搭乗員達は、モスキート機の飛行性能の高さと、搭載しているレーダーの性能の高さを高く評価していて、モスキート機の能力を実際以上に高く感じていた。ドイツ機の損失は、その原因が何であろうと、全て神出鬼没のモスキート機のせいにする程だった。ドイツ空軍のパイロット達は、ふざけてだが「ヘルマン・ゲーリング元帥閣下、我々にモスキート機をお与え下さい！」と祈る事があった程だった。

モスキート機に発見されないために、ドイツ空軍の夜間戦闘機パイロットは、危険な飛行を行う事があった。モスキート機のレーダーに探知されないため、夜間に基地へ戻る際には高度四五m以下の低空で飛び、基地の近くになると三〇mまで高度を下げて飛行したと話すパイロットも何人かいた。パイロットのハンス・クラウス大尉は、基地へ帰投する時には、基地の滑走路の延長線上で高度三〇〇〇mの位置に行き、そこから急降下して滑走路に着陸するようにしていた、と話している。この方法の良い所は、「着陸進入中にモスキートに襲われて脱出する羽目になっても、速度を利用して高度を上げる事で、機体から脱出する時間を確保できる事だ」との事だった。

ヨーロッパでの戦闘があと数週間で終わりそうな頃になると、ヒトラー総統は撤退を続けるドイツ軍に対して、撤退する際には敵にとって価値の有る物は何も残してはならないと命令した。その命令に従って、莫大な労力を投入して建設したドイツ空軍の防空戦用の施設の大半は、ドイツ空軍自身が爆破して破壊した。しかし、戦争が終わった時に、ヨーロッパの中には破壊措置が徹底されていなかった地域もあった。例えば、デンマークでは、ドイツが連合国に降伏した時でも、ドイツ空軍の防空戦用の施設は完全に機能する状態のまま残っていた。

そのため、英空軍情報部は、ドイツ空軍の防空システムを実際に作動させてその長所や短所を調べる、またとない機会を得る事が出来た。デンマーク中部を受け持つドイツ空軍の防空部隊では、一〇か所の大型のレーダー基地と、それとは別の場所に設置された四〇台のレーダーからの探知情報が、有線でグローヴの飛行場にある防空戦闘機管制所に伝えられていた。この防空部隊の設備は無傷だったので、「検視解剖」と名付けられた調査計画で、そうした残された施設をそのまま使用して調査する事になった。ドイツ空軍のレーダー操作員と戦闘機管制官が、この防空戦用の施設を実際に動かすために、捕虜収容所から連れて来られた。

これまでに前例がない事だったが、実際にドイツ空軍の防空システムを動かして、防空戦闘を模擬的に行う試験が行われた。英空軍の将校が見守る中、ドイツ空軍の担当者達は、かっての実戦の時と同じように、各機器を操作し、探知した情報に基づいて行動するよう指示された。この実戦を模擬した試験は一一回行われ、英空軍の爆撃機が二〇〇機参加した事もあった。ドイツ空軍の防空戦闘方式の有効性を検証するために、各種の通信妨害やレーダー妨害が、かっての実戦の時と同じ様に行われた。ただし、試験に参加した機体が空中衝突するのを防ぐため、試験は昼間に行われた。

「検視解剖」調査の第一回目の試験は、一九四五年六月二五日に実施された。この試験の結果、英空軍の電波妨害を受けると、ドイツ空軍の地上管制官は夜間戦闘機に対して、非常に大まかな管制と誘導しか出来なくなる事が分かった。そのため、夜間戦闘機が搭載しているレーダーも妨害されると、ベテランの搭乗員でないと戦果を上げる事が難しかった。一方、「マンドレル」を使用して生成する「マンドレル・スクリーン」が、英空軍機がドイツ空軍のレーダーに探知されるのを防ぐ効果は、英空軍が期待していた程は大きくなかった事も分かった。「検視解剖」の試験では、ドイツ軍のレーダー基地や電波監視所で、「マンドレル・スクリーン」の後ろが何が起きているかを推測できるレーダー操作員が必ず一人はいた。それが可能だったのは、ドイツ空軍の地上基地のレーダー操作員は、英空軍の行う電波妨害を二年間に渡り、ほとんど毎晩のように経験してきたからだと考えられる。こうした経験を積んできた操作員達は、簡単には騙されない。爆撃機の編隊が探知を確実に遅らせる事ができた唯一の方法は、低高度で侵入する方法だけだった。

「ウィンドウ（チャフ）」による妨害はより効果的だった。何回かの試験で、ドイツ空軍の地上管制官達は、「ウィンドウ」を投下しながら侵入してくる爆撃機編隊の規模を、ほとんどの場合、正しく推定する事が出来なかった。彼らが編隊の規模を一〇倍に見積ったり、一〇分の一に見積ったりした場合があった。ある試験では、グローヴの防空戦闘機管制所の状況表示板に、一五〇機規模の爆撃機の編隊が表示された事がある。実際にはその空域には爆撃機は存在せず、小規模な陽動作戦部隊が三〇分前に散布したチャフの金属箔の雲が漂っていただけだった。別の試験では、実際には散布されていないのに、「ウィンドウ」が散布されていると報告された事もあった。重要な事だが、どの試験においても、ドイツ空軍の地上管制官は本物の爆撃機編隊と、チャフによる偽の編隊とを確実に見分ける事が出来なかった。あるドイツ人のレーダー操作員は、立ち合いの英空軍の人間に、敵編隊の規模や意図を見分けるには、超能力が必要だと話した事がある。

レーダーに対する妨害の効果が十分でなかった場合でも、防空側が爆撃機編隊の進路を継続的に把握し続けれなかった場合があった。爆撃部隊の飛行コースをひどく間違えた事も何度かあった。最後の試験では、爆撃機編隊がデンマークの西海岸を越えるまでは、グローヴの防空戦闘機管制所の状況表示板には爆撃機編隊の位置が正確に表示されていた。編隊は海岸線を横切った後、デンマーク東部のフレデリカを攻撃するかのように見せかけてから、進路を変えて再び西側の海岸線を横切って英国へもどったが、その状況はグローヴの状況表示板には全く表示されなかった。爆撃機編隊が西にもどって行く時にも、状況表示板には間違った状況がもっともらしく表示されていた。まず、「ウィンドウ」による偽の編隊が表示され、続いて、戦闘機管制官の妄想に違いないが、全く関係が無い飛行コースを、存在していない爆撃機編隊が進んでいると表示された。

「検視解剖」調査が終了すると、英空軍のドイツ軍の武装解除チームは、英国の占領区域内に残置されていたドイツ軍のレーダー局の分解、撤去と、破壊を開始した。大半の機器は詳細な調査のため英国に送られた。ファーンボロー基地に運ばれたレーダーの中には、歴史的な意味を持つ、一九三六年に製造された「フライヤ」レーダーの一号機も含まれていた。「フライヤ」レーダーの一号機が製造されてから、大きな変化があり、実にさまざまな事が起きた。

＊＊＊

ヨーロッパにおける戦闘が終わりに近い時期では、米軍の爆撃機の損失の原因の大部分はドイツ軍の高射砲だったので、米陸軍航空隊の情報部は、ドイツ軍の高射砲による防空戦闘の実施状況について、特に詳しく調査を行なった。

ドイツ軍高射砲部隊については、将官から末端のレーダー操作員や整備兵にいたるまでの多くの将兵から聞き取り調査を行なった。その結果、ドイツ側としては、爆撃を受ける際には雲がかかっている事が多かったので、高射砲の射撃にはレーダーによる照準が必要だったが、米軍がチャフ（「ウィンドウ」）と「カーペット」妨害装置を併用した場合には、高射砲の命中率は四分の一程度にまで低下した事が分かった。一九四四年九月初めから一二月末までの期間では、米国第八空軍のヨーロッパ戦線における全出撃回数のほぼ半数は、雲量が一〇分の八以上ある状況で爆撃を行なったので、ドイツ軍の高射砲用の射撃管制レーダーを妨害して、高射砲の命中率を減少させた事には、非常に大きな意味があった。

米軍の聞き取り調査によると、一九四三年一〇月から米軍が「ヴュルツブルク」レーダーに対する電子妨害を開始すると、妨害により高射砲の有効性が減少した事にドイツ軍は強い危機感を感じたとの事だった。その対策として、ドイツ軍は「ヴュルツブルク」レーダーの使用する電波の周波数の範囲を拡げると共に、周波数の切り替えを短時間に行えるようにした。米軍が電波妨害を始めた頃は、「カーペット」による広帯域妨害は、同時に使用する台数が少ないために、妨害対象の周波数帯全体に対する妨害電波の強度が低くて効果が低かったし、チャフも使用していなかった。しかし、米軍が一九四三年一二月以降の昼間爆撃でチャフを使い始めると、チャフと電波妨害装置を併用した効果で、ドイツ軍の高射砲が米軍の爆撃機を、レーダー照準により正確に狙う事が難しくなった。聞き取り調査の報告書には、次のように書かれている：

> 一九四四年の夏には、「カーペット」によるレーダーへの妨害の激しさが減り、ドイツ空軍のレーダー操作員がチャフへの対処に慣れて来たので、ドイツ軍はチャフと「カーペット」によるレーダー妨害に対応できるようになってきた。しかし、ドイツ側の話では、夏にはチャフの投下量が著しく増え、その量はチャフ対策を設計から組み込んである「ヴュルツラウス」レーダーでも、ほとんどの場合に探知がうまくできない程だった……このチャフによる妨害が激しくなったのに加えて、一九四四年一〇月に、「カーペット」によるレーダー妨害が突然激

しさを増した事は、ドイツ側にとって全く予想外であり、妨害の影響は大きかった。ドイツの科学者、技術者、軍の関係者は口を揃えて、最も有効な妨害方法は、チャフと「カーペット」の併用だったと言っている。この米軍が使用した複合的な妨害は、ドイツ軍の「ヴュルツブルク」レーダーに対して非常に大きな効果を上げた……

ドイツ空軍の高射砲部隊の関係者は、レーダー妨害への対応が上手く行かなかった一番の原因は、担当する隊員の知識と経験の不足だったと証言している。経験豊かなレーダー員や整備兵でも、健康で頑健な者は歩兵に配置転換されてしまった。引き抜かれた隊員の交代要員は、配置される前に短期間しか訓練を受けていない、年齢の高い兵士か女性だった。聞き取り調査を受けた整備兵やレーダー員は、有能なレーダー員なら妨害を受けてもいろいろ対応できたであろうが、そうした能力の高いレーダー員は少なかった、と話している。

＊＊＊

一九四五年八月に日本が降伏すると、ドイツに対して行われたのと同様に、日本においても、日本本土の防空戦における電波妨害の効果について、詳細な調査が行われた。

戦争中の一九四二年から数回にわたり、日本は潜水艦により、ドイツから「ヴュルツブルク」レーダーの輸入を試みたが成功せず、図面などの技術資料だけは入手に成功した。また、チャフ対策を考慮してある「ヴュルツラウス」レーダーの技術情報や運用方法の資料も入手した。これまでに述べたように、ヨーロッパ戦線では、「ヴュルツブルク」レーダーは妨害を受けるとほとんど役に立たなかったが、それでも当時の日本のレーダーより技術的にずっと優れていた。日本陸軍は「ヴュルツブルク」レーダーを日本で量産しようと計画したが、終戦までに試作機が一台完成しただけだった。

米国の調査報告書では、日本側の行なったレーダー妨害対策については、素っ気なく次のように書かれていた：

この件については、ただ一言、「何の参考にもならない」と総括できる。

米軍の報告書には、レーダー妨害対策をしたレーダーが無い状況で、日本軍の高射砲部隊は米国のレーダー妨害に対して、どのように対応したのかが次のように書かれている。

電子的なレーダー妨害に対して、日本軍は実効性のある対策を持っていなかった。ある場合には、受信器の表示器でどの方角からの妨害電波が強いかを見て、妨害電波を出している敵機の方向を推定するといった、原始的な方法を用いていた。距離については、妨害の影響が少ないレーダーがあれば、その情報を利用していた……日本陸軍はドイツから、「ヴュルツラウス」レーダーのドップラー効果を用いる妨害対策の技術情報を入手し、それに関連する試験をかなり多く行っていた。しかし、日本陸軍のレーダー操作員は、米軍の「ロープ」型のチャフによる妨害があっても、レーダー画面上で敵機の位置を把握できると考えていたので、ドイツの妨害対策は、実戦では全く利用されなかった。

＊＊＊

様々な方法を用いた電子戦は、第二次大戦における空での戦闘にどのような影響を与えたろう？　英空軍第八〇飛行大隊によるドイツ空軍の航法用電波ビームに対する電波妨害が、一九四〇年の冬のドイツ空軍の爆撃による苦しい状況を、英国が耐え抜いた事に大きく貢献した事は疑いが無い。もし第八〇飛行大隊の電波妨害作戦が失敗していたら、英国が最も苦しかった時期に、ドイツ空軍は英国にもっと大きな損害をもたらしていた事だろう。ドイツ空軍の爆撃により、英国の都市は大きな被害を受け、多数の死者が生じていたが、被害はもっとひどくなっていた可能性がある。その可能性を現実化させなかった事は、電波妨害の大きな成果である。それに次ぐ電子戦の重要な成果は、大陸反攻作戦の第一歩であるノルマンディー上陸作戦への貢献である。ノルマンディー上陸作戦では、レーダー妨害と欺瞞作戦が功を奏した。もしこうした支援作戦が成功しなかったら、ノルマンディーの海岸に橋頭堡を築く際に、ずっと多くの死傷者が生じていた事だろう。

英空軍が行なったドイツに対する爆撃で、電波妨害により爆撃機の損失をどれだけ減らせたかを、定量的に表すのは難しい。効果があった事は否定できないが、爆撃機の損失がどれだけ減ったかを数値ではっきりと示す事は出来ない。しかし、種々な電波妨害を実行する事で、一九四二年一二月から戦争が終わるまでの期間において、英空軍の爆撃機の損失率を一％程度は減少させる事が出来たと考えても良いだろう。これは小さな数字に見えるが、この期間全体で考えれば、一〇〇〇機以上の機体とその搭乗員を救った事になる。

米軍のヨーロッパ戦線における昼間爆撃では、最初の頃の爆撃機の損失の大部分は、ドイツ空軍の戦闘機の目視による攻撃が原因だった。こうした損失については、レーダー妨害はほとんど影響を及ぼさない。しかし、高射砲による損失については話は別だ。雲がある場合や、日本を爆撃した場合のような夜間には、高射砲部隊はレーダー照準に頼るしかないので、レーダー妨害は高射砲の命中精度を大きく低下させる。大まかに見積もって、レーダー妨害により、ヨーロッパ戦線では米軍の重爆撃機の損害は六〇〇機程度、日本本土爆撃では二〇〇機程度は減少したと思われる。

電波妨害が敵の防空システムをほとんど無力化できたのは二回だけである。一回目は、一九四三年七月末に開始された「ウィンドウ（チャフ）」の散布が、ドイツの防空システムをほとんど麻痺させた時だ。二回目は、一九四五年の日本本土爆撃において、米軍のレーダー妨害が日本軍の夜間防空システムを麻痺させた時だ。戦争のそれ以外の局面では、電波妨害が敵の防空システムの機能を妨げて、爆撃機の損失を減少させた効果は、その二回の時よりは小さいが、それでもかなりな程度だった。

広い意味で考えて、電波妨害は、補充するのが比較的容易な機体の損失を減少させるのに貢献したよりも、別の面でずっと大きな貢献をした。機体の損失を減らすよりもっと重要だったのは、訓練された経験豊かな搭乗員の損失を減らせた事だ。それに加えて、爆撃機部隊を電波妨害により支援する事で、爆撃機の搭乗員の士気が保たれ、防衛側の士気は低下した。第二次大戦における、連合国側の通信妨害、レーダー妨害などの効果は、それに投じた費用、労力を大きく上回る効果を上げた事に疑う余地はない。

付録A　ドイツの主な地上設置型レーダー

（注：これらのレーダーには多くの改良型、改造型が存在する。そのため、以下には最も代表的な型の諸元を示す）

「フライヤ」レーダー
（用途）対空警戒
（生産台数）約一〇〇〇台
（使用開始時期）一九三八年
（尖頭電力）一五～二〇kW
（パルス繰り返し周波数）五〇〇Hz
（使用周波数）初期　一二〇～一三〇MHz　戦争末期　五七～一八七MHz
（最大探知距離）約一六〇km

「ゼータクト」レーダー
（用途）水上艦船の探知、火砲の射撃管制
（生産台数）約二〇〇台
（使用開始時期）一九三八年
（尖頭電力）八kW
（パルス繰り返し周波数）五〇〇Hz
（使用周波数）三六八～三九〇MHz
（最大探知距離）目標が艦船の場合　約三二km（アンテナの設置高さにより変化する）

「マムート」レーダー
（用途）対空警戒
（生産台数）約二〇台
（使用開始時期）一九四二年
（尖頭電力）二〇〇kW
（パルス繰り返し周波数）五〇〇Hz
（使用周波数）初期　一二〇～一三〇MHz　戦争末期　一二〇～一五〇MHz
（最大探知距離）三〇〇km

「ヴァッサーマン」レーダー
（用途）対空警戒

（生産台数）約一五〇台
（使用開始時期）一九四二年
（尖頭電力）一〇〇kW
（パルス繰り返し周波数）五〇〇Hz
（使用周波数）初期　一二〇～一三〇MHz　戦争末期
　一一九～一五六MHz
（最大探知距離）二八〇km

「ヤークトシュロス」レーダー
（用途）迎撃戦闘機の地上管制
（生産台数）約八〇台
（使用開始時期）一九四四年
（尖頭電力）一五〇kW
（パルス繰り返し周波数）五〇〇Hz
（使用周波数）一二九～一六五MHz
（最大探知距離）一八〇km

「ヴュルツブルクD」レーダー
（「ヴュルツブルク」レーダーの後期型）
（用途）高射砲の射撃管制、サーチライトの照射管制
（生産台数）三〇〇〇～四〇〇〇台
（使用開始時期）一九四〇年
（尖頭電力）七～一一kW
（パルス繰り返し周波数）三七五〇Hz
（使用周波数）
Aバンド　五五三～五六六MHz（初期に使用）
Bバンド　五一七～五二九MHz（一九四三年秋から使用）
Cバンド　四四〇～四七〇MHz（一九四四年末から使用）
（最大探知距離）四〇km
（最大追尾可能距離）二四km

「マンハイム」レーダー
（用途）高射砲の射撃管制、サーチライトの照射管制
（生産台数）約四〇〇台
（使用開始時期）一九四三年
（尖頭電力）一五～二〇kW
（パルス繰り返し周波数）三七五〇Hz
（使用周波数）「ヴュルツブルクD」レーダーと同じ
（最大探知距離）三〇km
（最大追尾距離）二〇km

「ヴュルツブルク・リーゼ」レーダー
（「ジャイアント・ヴュルツブルク」レーダー）
（用途）迎撃戦闘機の地上管制、高射砲の射撃管制
（生産台数）約一五〇〇台
（使用開始時期）一九四一年
（尖頭電力）七～一一kW
（パルス繰り返し周波数）一八七五Hz

（使用周波数）「ヴュルツブルクD型」レーダーのAバンド、Bバンドと同じ
（最大探知距離）六四km
（最大追尾可能距離）三五km

付録B　日本の主な地上設置型レーダー

（海軍のレーダーには艦載型も含む）

（注：これらのレーダーには多くの改良型、改造型が存在する。そのため、以下には最も代表的な型の諸元を示す）

日本陸軍のレーダー

超短波警戒機　甲

（用途）遠距離対空警戒（バイ・スタティック方式の装置で、ドップラー効果による電波の干渉を利用）
（生産台数）約一〇〇台
（使用開始時期）一九四一年
（送信出力）三、一〇、一〇〇、四〇〇Wの型がある
（使用周波数）四〇～八〇MHz
（最大探知距離）七〇〇km
注：この装置は厳密に言えばレーダーには区分されないが、用途を考慮して記載する

タチ1号

（用途）サーチライトの照射管制、高射砲の射撃管制
（生産台数）約三〇台
（使用開始時期）一九四三年
（尖頭電力）五kW
（パルス繰り返し周波数）約一〇〇〇Hz
（使用周波数）二〇〇MHz前後
（最大探知距離）約二〇km

タチ2号

（用途）サーチライトの照射管制、高射砲の射撃管制
（生産台数）約三五台
（使用開始時期）一九四三年
（尖頭電力）一〇kW
（パルス繰り返し周波数）一〇〇〇Hz
（使用周波数）二〇〇MHz前後
（最大探知距離）約四〇km

タチ3号
（用途）サーチライトの照射管制、高射砲の射撃管制
（生産台数）約一五〇台
（使用開始時期）一九四四年
（尖頭電力）五〇kW
（パルス繰り返し周波数）一八七五Hz
（使用周波数）七二～八四MHz
（最大探知距離）約四〇km

タチ6号
（用途）対空警戒
（生産台数）三五〇台
（使用開始時期）一九四二年
（尖頭電力）一〇～五〇kW
（パルス繰り返し周波数）五〇〇Hz又は一〇〇〇Hz
（使用周波数）六八～八〇MHz
（最大探知距離）約三〇〇km

タチ7号
（用途）対空警戒
（生産台数）約六〇台
（使用開始時期）一九四三年
（尖頭電力）五〇kW
（パルス繰り返し周波数）七五〇Hz
（使用周波数）六〇MHz、一〇〇MHz
（最大探知距離）約三〇〇km

タチ18号
（用途）対空警戒
（生産台数）約四〇〇台
（使用開始時期）一九四四年
（尖頭電力）五〇kW
（パルス繰り返し周波数）三七〇Hz
（使用周波数）九四～一〇六MHz
（最大探知距離）約三〇〇km

タチ31号
（用途）サーチライトの照射管制、高射砲の射撃管制
（生産台数）約七〇台
（使用開始時期）一九四五年
（尖頭電力）五〇kW
（パルス繰り返し周波数）三七五〇Hz
（使用周波数）一八七～二一四MHz
（最大探知距離）約四〇km

日本海軍のレーダー

一号一型　電波探信儀
（用途）対空警戒
（生産台数）約八〇台
（使用開始時期）一九四二年
（尖頭電力）五kW
（パルス繰り返し周波数）五三〇～一二五〇Hz
（使用周波数）九二～一〇八MHz
（最大探知距離）約一四〇km

一号二型　電波探信儀
（用途）対空警戒
（生産台数）約三〇〇台
（使用開始時期）一九四二年
（尖頭電力）五kW
（パルス繰り返し周波数）七五〇～一五〇〇Hz
（使用周波数）一八七～二一四MHz
（最大探知距離）約一四〇km

一号三型　電波探信儀
（用途）対空警戒
（生産台数）約一五〇〇台
（使用開始時期）一九四三年
（尖頭電力）一〇kW
（パルス繰り返し周波数）四〇〇～六〇〇Hz
（使用周波数）一四六～一六五MHz
（最大探知距離）約一四〇km

二号一型　電波探信儀
（用途）艦載　対空警戒および水上艦船の探知
（使用開始時期）一九四二年
（尖頭電力）五kW
（パルス繰り返し周波数）五〇〇～一一〇〇Hz
（使用周波数）一八五～二一〇MHz
（最大探知距離）航空機　約一四〇km　大型艦船　約三〇km

二号二型　電波探信儀
（用途）艦載　水上艦艇の探知、火砲の射撃管制
（使用開始時期）一九四二年
（尖頭電力）二kW
（パルス繰り返し周波数）二五〇〇Hz
（使用周波数）二八五七～三一二五MHz
（最大探知距離）大型艦船　約三六km

四号一型　電波探信儀
（用途）サーチライトの照射管制、高射砲の射撃管制

（生産台数）約八〇台
（使用開始時期）一九四三年
（尖頭電力）三〇kW
（使用周波数）二〇〇MHz前後
（最大探知距離）約五〇km

四号二型　電波探信儀

（用途）サーチライトの照射管制、高射砲の射撃管制
（使用開始時期）一九四四年
（尖頭電力）三〇kW
（パルス繰り返し周波数）一〇〇〇Hz
（周波数範囲）二〇〇MHz前後
（最大探知距離）約五〇km

付録C　本書に関連する主な機器、システム等

「アスピリン（Aspirin）」：ドイツ空軍の「クニッケバイン」航法システムを妨害するための、英国の地上設置型の妨害電波送信装置。

「ヴァッサーマン（Wassermann）」レーダー：ドイツ空軍の対空警戒レーダー。初期の型は一二〇～一三〇MHzの範囲の周波数の電波を使用。後期型は周波数の範囲が一一九～一五六MHzに拡張された。

「ヴィスマール（Wismar）」改修：ドイツ軍の「ヴュルツブルク」レーダーと「マンハイム」レーダーについて、使用する電波の周波数範囲を拡張するのと、使用する周波数を速やかに変更できるようにする改修。連合国側のレーダー妨害に対する対策。

「ヴィルデ・ザウ（Wilde Sau）」戦法：「ヴィルデ・ザウ」はドイツで「野生のいのしし」の意味。ドイツ空軍の単発戦闘機が、夜間爆撃に来襲する英空軍の爆撃機を、爆撃目標地域上空で目視により発見して攻撃する戦闘方法。

「ウィンドウ（Window）」：敵のレーダーによる探知を妨害するために、飛行機から空中に大量に散布する細長い金属箔に対する、英国側の名称（米国は「チャフ」と呼び、現在ではチャフと呼ぶのが一般的）。

「ヴュルツブルク（Wurzburg）」レーダー：ドイツ軍の高射砲の射撃管制、サーチライトの照射管制用の地上設置型レーダー。短い期間だが、夜間戦闘機を敵爆撃機へ誘導するのにも用いられた（この用途は「ヴュルツブルク・リーゼ」レーダーに受け継がれた）。初期には五五三～五六六MHzの範囲内の周波数の電波を使用。後には妨害対策として、使用周波数の範囲が拡張された。

「**ヴュルツブルク・リーゼ**（Wurtzburg-Riese）」**レーダー**：「ヴュルツブルク」レーダーを大型化したレーダーで、夜間戦闘機の誘導、高射砲の射撃管制に使用。使用周波数は「ヴュルツブルク」レーダーと同じ。英語名では「ジャイアント・ヴュルツブルク」レーダーと呼ばれる。

「**ヴュルツラウス**（Wurzlaus）」**改修**：「ヴュルツブルク」レーダーに対して適用された、「ウィンドウ」による妨害に対抗するための改修。探知目標の運動によりレーダー反射波の周波数がドップラー効果で変化するのを利用する。

「**エーゲルラント**（Egerland）」**射撃管制レーダー・システム**：ドイツ空軍の高射砲の射撃管制システム。センチメートル波の電波を用いる「マールバッハ（Marbach）」機体追跡用レーダーと、「クルムバッハ（Klumbach）」対空警戒レーダーを用いる。このシステムは大戦が終わる頃に量産が始まろうとしていた。

「**エアボーン・シガー**（Airborne Cigar）」**通信妨害装置**：ドイツ空軍が戦闘機を地上から管制するのに使用するＶＨＦ帯の三八～五二ＭHzの無線通信を妨害するための、英空軍の機体搭載型の装置。略称は「ＡＢＣ」

「**オーボエ**（Oboe）」**爆撃誘導システム**：英空軍の爆撃先導機が使用した、爆弾投下位置を正確に知るための航法システム。二か所の地上のレーダー局からの距離情報を利用する。

「**カーペット**（Carpet）」**レーダー妨害装置**：ＡＰＴ‐２を参照

「**クライン・ハイデルベルク**（Klein Heidelberg）」**レーダー**：ドイツ空軍の地上設置型の対空警戒レーダー。自分では電波を送信せず、英国のチェイン・ホーム・レーダーが送信した電波と、その電波が飛行機に当たって反射した電波の双方を受信し、その時間差と方位から機体の位置を測定する（バイ・スタティック・レーダーの一種）。

「**クニッケバイン**（Knickebein）」**航法システム**：ドイツの地上局が送信する電波ビームを利用する、ドイツ空軍の爆撃用航法システム。

「**グリマー**（Glimmer）」**作戦**：ノルマンディー上陸作戦の支援作戦の一つ。主に「ウィンドウ」による欺瞞方法を用いて、ブローニュ付近に上陸作戦を行うように見せかけた作戦。

「コルフ（Korfu）」受信機：ドイツ空軍の地上設置型のレーダー波受信機。H_2Sレーダーが出している電波を受信して、その方位を表示する。

「コロナ（Corona）」通信妨害：ドイツ空軍の夜間戦闘機と地上の管制官の間の無線通話に対して、英国側が同じ周波数で偽の内容を送信して混乱させる妨害方法の名称。英国内の地上局から送信が行われた。

「ジー（Gee）」：英空軍の航法システム。一つの主局と二つの従局を使用する。装置を搭載した機体は、主局と従局の組合せごとに、各局からの信号を受信した時刻の差を計測して、その時間差を利用して自機の位置を知る（双曲線航法方式）。

「ジョスル（Jostle）Ⅳ」機体搭載型通信妨害装置：ドイツ空軍の夜間戦闘機と地上管制官との間のＶＨＦ帯の無線通信を妨害するための、英国の強力な妨害装置。

「すりガラス（マットシャイベ：Mattsheibe）」）戦術：ドイツ空軍の夜間迎撃戦術の一つで、爆撃目標地域の上空に雲がある場合、下から雲にサーチライトを当てて、明るくなった雲を背景にして、戦闘機が上から敵の爆撃機を発見しやすくする戦術。

「ゼータクト（Seetakt）」レーダー：ドイツ海軍の、沿岸監視、艦砲の射撃管制、沿岸砲台の射撃管制に使用されるレーダー。三六八〜三九〇MHzの範囲内の周波数の電波を使用。

「セレート（Serrate）」逆探装置：英空軍の夜間戦闘機が装備する、敵のレーダー波探知用の装置。初期の型はドイツ空軍機の「リヒテンシュタイン」レーダーの電波を受信して、その方向を知るのに使用された。後期型の「セレートⅣ」はＳＮ‐２レーダーに対して使用された。

「タクサブル（Taxable）」作戦：ノルマンディー上陸作戦の支援作戦の一つ。主に「ウィンドウ」による欺瞞方法を用いて、フランスのカップ・ダンティフェールに上陸作戦を行うかのように見せかけた作戦。

「チェイン・ホーム（Chain Home）」：英国が建設した、侵入機を探知するための対空警戒レーダー網を指す言葉だが、そこに使用されるレーダーも同じ名前で呼ばれる事がある。初期の型は二〇～五〇MHzの周波数の電波を使用。レーダーの正式な名称は、AMES Type 1及びAMES Type 2である。

「チューバ（Tuba）」レーダー妨害装置：米国製の地上設置型の強力なレーダー妨害装置。ドイツ空軍の夜間戦闘機が装備する「リヒテンシュタイン」レーダーの妨害を行う。

「チャフ（Chaff）」：敵のレーダーの探知を妨害するために、航空機から空中に大量に散布する細長い金属箔。英国では「ウィンドウ（Window）」と呼ぶ。

「ツァーメ・ザウ（Zahme Sau）」戦法：「ツァーメ・ザウ」はドイツ語で「飼いならされた猪」の意味で、ドイツ空軍の夜間迎撃戦術の一つに対して付けられた名称。ドイツ空軍の双発夜間戦闘機が、英空軍の爆撃機編隊の目標地点までの往路と、目標地点からの復路で、爆撃機編隊と並行して飛行しながら攻撃する戦闘方式。長時間に渡り攻撃できるのが利点。

「ティンセル（Tinsel）」雑音妨害装置：英空軍の爆撃機が装備する短波無線機を改修した通信妨害装置。ドイツ空軍の夜間戦闘機管制用の無線通信に対して、同じ周波数の電波で、爆撃機のエンジンの出す雑音を送信して妨害する。

「デュッペル（Duppel）」：チャフ（ウィンドウ）に対するドイツ側の名称。

「ドイツ空軍　航空団（Geschwader）」：ドイツ空軍の戦闘組織で航空師団の下位の組織の名称。通常は三つの飛行大隊（もっと多い場合もあり）と本部飛行小隊から構成される。目的により、戦闘機航空団、夜間戦闘機航空団、爆撃機航空団がある。

「ドイツ空軍　飛行大隊（Gruppe）」：ドイツ空軍の戦闘部隊組織の一つ。第二次大戦初期は、一飛行大隊は各九機の飛行機を有する飛行中隊が三つと、三機の飛行機を有する飛行隊本部小隊で構成され、合計三〇機を有した。戦争の進展とともに、所属機数は変化した。

「ドイツ空軍 飛行中隊（Staffel）」：標準的には九機で編成されるが、状況により機数は変わった。

「ドミノ（Domino）」妨害装置：ドイツ空軍の爆撃用誘導装置であるγ装置に対して、地上から妨害電波を送信して妨害する装置。

「ナクスブルク（Naxburg）」逆探装置：ドイツ空軍の地上設置型レーダー波探知・追跡装置。「ナクソスZ」レーダー波方向探知機を「ヴュルツブルク」レーダーのパラボラアンテナと組み合わせた装置。遠距離から英空軍の爆撃機が搭載しているH$_2$Sレーダーの電波を受信して、その方向を知る事ができる。複数の「ナクスブルク」を使用すれば、三角測量でH$_2$Sレーダー搭載機の位置を知る事ができる。

「ナクソス（Naxos）Z」レーダー波方向探知機：ドイツ空軍の夜間戦闘機が搭載する装置で、H$_2$Sレーダーの電波を受信してその方向を知る事ができ、H$_2$Sレーダー搭載機を追尾するのに利用できる。

「ネプトゥーン（Neptun）」レーダー：ドイツ空軍の夜間戦闘機が搭載する索敵レーダー。一五八～一八七MHzの周波数の電波を使用する。

「ニュルンベルク（Nurnberg）」レーダー：ドイツ空軍の「ヴュルツブルク」レーダーの改良型で、「ウィンドウ（チャフ）」による妨害への対策を取り入れたレーダー。

「パーフェクトス（Perfectos）」装置：英空軍の夜間戦闘機が搭載する装置。ドイツ空軍の夜間戦闘機が搭載する敵味方識別装置（IFF）に対して、応答信号の送信を要求する質問信号を送り、その応答信号を受信して、その夜間戦闘機への方位や距離などを知る事ができる。

「ハインリッヒ（Heinrich）」妨害装置：英国の「ジー」航法システムを妨害するための、ドイツ側の地上設置型妨害装置

「パイプラック（Piperack）」レーダー妨害装置：英空軍の機体搭載型のレーダー妨害装置。ドイツ空軍の夜間戦闘機が装備するSN‐2レーダーを妨害する。

「ヒンメルベット（Himmelbett）」：ドイツ軍の本土防空システムの名称。国境に沿って設定された長い帯状の防空地域を幾つもの区画に分割し、区画ごとに夜間戦闘機を地上のレーダー局が誘導して迎撃させる方式。連合国側はドイツ空軍の司令官の名前から、「カムフーバー・ライン」と呼んでいた。

「ブーザー（Boozer）」警報装置：英空軍の爆撃機が装備した警報装置。ドイツ空軍の「リヒテンシュタイン」レーダーや「ヴュルツブルク」レーダーからの電波を受信すると、警報音で搭乗員に報せる。

「フライヤ（Freya）」レーダー：ドイツ軍の地上設置型対空警戒レーダー。初期の型は一二〇～一三〇MHzの範囲内の周波数の電波を使用。後期型は周波数の範囲が五七～一八七MHzに拡張された

「フレンスブルク（Flensburg）」逆探装置：ドイツ空軍の夜間戦闘機が搭載するレーダー波探知装置。英空軍の爆撃機が搭載する「モニカ」後方警戒レーダーの電波を受信し、その方向を表示する。

「ブロマイド（Bromide）」妨害装置：ドイツ空軍の爆撃用航法装置のX装置を妨害するための、英国の地上設置型の電波妨害装置。

「ヘッドエイク（Headache：頭痛）」：ドイツ軍のクニッケバイン航法システムに対する、英国側の名称

「ベルリン（Berlin）」レーダー：ドイツ空軍の夜間戦闘機が搭載する捜索レーダー。波長が10cm程度の電波を使用する。戦争の末期に少数が使用された。

「ベルンハルディン（Bernhardine）」受信機：「ベルンハルト」通信システム用の、ドイツ空軍の戦闘機が搭載する受信機

「ベルンハルト（Bernhard）」通信システム：ドイツ空軍の地上管制官と戦闘機の間の無線通信システム。幅が狭い電波ビームを用いるので、敵の通信妨害を受けにくい。

「**ベンジャミン**（Benjamin）」**妨害装置**：ドイツ空軍の爆撃機誘導用のγ装置を妨害するための、英国の地上設置型の妨害電波送信装置。

「**ポストクライストロン**（Postklystron）」**レーダー妨害装置**：英空軍の爆撃機が装備しているH２Sレーダーを妨害するための、ドイツ空軍の地上設置型の妨害電波送信装置

「**マムート**（Mammut）」**レーダー**：ドイツ空軍の対空警戒レーダー。初期の型では一二〇～一三〇ＭHz、後期の型では一二〇～一五〇ＭHzの範囲内の周波数の電波を使用。

「**マンドレル**（Mandrel）」**レーダー妨害装置**：「フライヤ」、「マムート」、「ヴァッサーマン」レーダーを対象とする、英国の機体搭載型の妨害装置。最初の頃は一一八～一二八ＭHzの周波数の電波を妨害した。後には妨害する周波数の範囲を二九～二一五ＭHzに拡大したが、そのために対象とする周波数に合わせて幾つかの型が作られた。

「**マンハイム**（Mannheim）」**レーダー**：「ヴュルツブルク」レーダーの後継の、サーチライトや高射砲の管制用レーダー。しかし、あまり多くは作られなかった。「ヴュルツブルク」レーダーと同じ周波数の電波を使用するので、連合国軍の電波妨害に対して、同じように影響を受けた。

「**ミーコン**（Meacon）」**送信機**：英国の地上設置型の送信機で、ドイツ軍の無線標識局の識別信号と同じ信号を、同じ周波数の電波で送信する事で、無線標識局へ飛行しようとするドイツ機の飛行方向を間違わせる。

「**ムーンシャイン**（Moonshine）」**レーダー妨害装置**：英国のレーダー妨害装置。ドイツ軍のレーダー波を受信すると、それを増幅したり、遅延させて送り返す事で、ドイツ軍の地上設置型レーダーに間違った探知画像を表示させる。

「**モニカ**（Monica）」**後方警戒レーダー**：英空軍の爆撃機が搭載する、機体の後方からの敵機の接近を知るためのレーダー。

「**ヤークトシュロス**（Jagtschloss）」**レーダー**：第二次大戦末期にドイツ空軍が使用を始めた、地上設置型の戦闘機管制用レーダー。ドイツのレーダーとしては初めてＰＰＩ方式の表示器（Plan Position Indiator：平面図表示器）を採用した。

一二九〜一六五ＭHzの範囲内の周波数の電波を使用する。

「ラグ（Rug）」：ＡＰＱ－２参照

「リヒテンシュタイン（Lichtenstein）」レーダー：ドイツ空軍の夜間戦闘機が搭載する索敵用レーダー。四九〇ＭHz前後の周波数の電波を使用。

「ロープ（Rope）」：２００ＭHz以下の低い周波数を用いるレーダーを妨害するために、米軍が使用したチャフの一種。金属箔の長いテープを巻いたもので、端末に厚紙の「パラシュート」がついていて、機体から投下されると、「パラシュート」に作用する空気抵抗で、巻いてある金属箔のテープがほどけて伸びる。敵のレーダーにその反射像が映る事で、敵のレーダーによる探知を妨害する。

「ロッテルダム（Rotterdam）」装置：英国のH_2Sレーダーに対する、ドイツ側の名称。

ＡＢＣ：「エアボーン・シガー（Airborne Cigar）」通信妨害装置の略称

ＡＩ：英国の夜間戦闘機が搭載する索敵レーダーを示す記号。「Airborne Interception」の略で、ＡＩ　ＭａｒｋＸのように使用される。

ＡＰＱ－２「ラグ（Rug）」：四五〇〜七二〇ＭHzの周波数帯の電波を使用するレーダーを対象とする、米国製の機体搭載型のレーダー妨害装置。

ＡＰＱ－９「カーペットⅢ」レーダー妨害装置：米国製の機体搭載型のレーダー妨害装置。四七五〜五八五ＭHzの周波数で、ＡＰＲ－１又はＡＰＲ－４受信機で測定した敵のレーダー波の周波数に合わせて、妨害電波を送信する。

ＡＰＲ－１受信機、ＡＰＲ－４受信機：米国製のレーダー波受信機。製造会社は前者がGalvin Mfg Co.、後者がCrosley Corpだが、内容的にはほとんど同じ受信機である。当初の受信可能な周波数の範囲は一〇〇〜九五〇ＭHzだったが、後に、何種類かの外付けの同調装置の中から、希望する周波数帯の同調装置を接続できるようにして、受信可能な周波数範囲を四〇〜三三〇〇MHzに拡大した。

APT-1「ダイナ（Dina）」レーダー妨害装置：米国製の機体搭載型のレーダー妨害装置。九〇〜二二〇MHzの範囲の周波数で妨害可能。

APT-2「カーペット（Carpet）」レーダー妨害装置：米国製の機体搭載型のレーダー妨害装置。四五〇〜七二〇MHzの範囲の周波数で妨害可能。非常に多く製作された。

APT-3「マンドレル（Mandrel）」レーダー妨害装置：英国の「マンドレル」レーダー妨害装置に相当する、米国の機体搭載型のレーダー妨害装置。八五〜一三五MHzの範囲の周波数で妨害可能。

ART-3「ジャッカル（Jackal）」通信妨害装置：米国側が設計した機体搭載型の、ドイツ軍の戦車用無線機に対する妨害装置。二七〜三三MHz範囲の周波数で妨害可能。

H²Sレーダー：英国製の機体搭載型の地形表示レーダー

H²Xレーダー：米国製の機体搭載型の地形表示レーダー。H²Sレーダーより高い周波数を使用するので、解像度が高い。

SN-2レーダー：ドイツ空軍の夜間戦闘機が装備する索敵レーダーで、初期の型は七三〜九一MHzの範囲内の周波数の電波を使用。後期型は高い方の周波数が一一八MHzまで使用できるようになった。

SPR-1レーダー波受信機：APR-1レーダー波受信機の艦載型。

X装置：ドイツ空軍の、電波ビームを利用する、爆撃機誘導用の航法装置。

Y装置：ドイツ空軍の、電波ビームと距離測定信号を利用する、爆撃機誘導用の航法装置。後に、夜間戦闘機の誘導にも使用された。

γ装置：ドイツ空軍の、電波ビームを利用する、爆撃機誘導用の航法装置。

訳注

本書について

訳注1　空の戦いで使用された物には、飛行機以外にも滑空機、飛行船、気球、オートジャイロがあるが、それらの使用は小規模だったり、限定的だった。ヘリコプターは大戦末期に出現したが、本格的に使用される前の戦争は終わっている。

訳注2　電子対抗手段はElectronic Counter Measure（ＥＣＭ）とも表現される。相手の電子システムに対して、妨害、欺瞞などで正常に機能させないようにする事を言う。

プロローグ

訳注1　エリント機：ＥＬＩＮＴ（Electronic Intelligence）用の機体で、電波情報の収集を行う機体の事。

訳注2　「チェイン・ホーム」レーダー網：英国はワトソン・ワットの指導の下に、レーダーの開発に着手し、一九三五年に基礎的な試験に成功した。一九三七年からはイングランド南部の海岸線に沿って、対空警戒用のレーダー基地の建設を始め、探知情報を指揮所に集めて、効率的に迎撃戦闘機を迎撃させるシステムも構築した。

第1章　電波ビームの戦い

訳注1　連続音：トン音とトン音の間にダッシュ信号がぴったり入ると、トン音とダッシュ音がつながって連続した音に

聞こえる。

訳注2　対地速度：爆弾を投下した場合、爆弾は投下位置の真下に落ちるわけではない。投下された時点で、爆弾は爆撃機と同じ速度で地面に対して進んでいる。落下しながら空気抵抗で速度がだんだん遅くなる。どこに爆弾が落下するかは、爆弾の空力抵抗、途中の風も関係する。投下時の対気速度から風の分を差し引いて、地面に対する相対速度（対地速度）を求めるのが、落下点推定にまず必要になる（落下途中で風向、風速が変わるので、その分も補正する必要があるが、実際には困難）。このシステムでは、自動爆撃時計の指針の動きで風の効果が分かり、自動的に投弾位置が補正される（例えば、追い風の場合は二本目のビームから三本目のビームまでの15㎞を飛ぶ時間は短くなり、二本目の指針が一本目の指針に追いつくまでの時間も短くなる。その分、無風の時より投弾するタイミングが早くなり、追い風で爆弾が落ちる位置がずれるのをある程度、補正できる）。

訳注3　R・V・ジョーンズ（一九一一年〜一九九七年）：オックスフォード大学で物理学を専攻し、二三歳で博士号を取得した。第二次大戦が近づくと、愛国的感情から国防省の軍事技術の分析の仕事に応募し、空軍省の情報部で、相手国の軍事用技術の情報収集、分析に従事した。ドイツはジェットエンジン、レーダー、ロケット兵器、さらには原子爆弾の開発も検討しており、英国はその状況に詳しくなかったので、ジョーンズの情報分析作業は必要だった。彼は少人数での作業を好み、当初は自分一人で作業に当たった。戦後、英国の情報組織の再編に賛成できず、アバディーン大学の教授になり、計測工学の研究で成果を上げた。

第3章　ドイツのレーダーを奪取せよ

訳注1　オスロ・レポート：ドイツ人のハンス・マイヤーが書いて、オスロの英国大使館に送った、ドイツの新兵器開発に関するメモ。マイヤーはシーメンス社の研究所長を務める優秀な科学者で、反ナチの立場から英国に情報を提供した。彼の情報には伝聞で得た情報もあり、全てが正確ではなかった。そのため、英国側はドイツ側の偽情報により英国を混乱させる工作ではないかと疑った。マイヤーはオスロ・レポートの件は露見しなかったが、反ナチ的な行動をとがめられて強制収容所の送られた。それでも、彼の高い能力を活用するために技術的な仕事をさ

せられたため、生き抜くことができた。しかし、彼は国を裏切った事にもなるので、戦後にもオスロ・レポートを書いた事を公表せず、彼が書いた事が判明したのは、彼の死後になってからだった。

訳注2 ステレオスコープ：離れた位置に取り付けられた二台のカメラで、同一地点を同時に撮影した二枚の写真を横に並べて、左右別々の接眼鏡（ステレオスコープ）で見ると、撮影された画像が両目で見た時のように立体的に見え、写っている物体を識別するのが容易になる。1台のカメラでも、移動しながら二枚の写真を連続撮影をした場合、二枚目の写真は、一枚目から二枚目を撮影するまでに移動した距離だけ離れたカメラで撮影したのと同じ事になり、二つの写真で、同じ所を撮影した部分の画像を並べて、ステレオスコープで見れば、その部分が立体的に見える。

訳注3 斜め写真撮影カメラ：偵察機のカメラの撮影方向は目的に応じて異なる。代表的には真下だが、、前方や側方を撮影する場合もある。焦点距離も様々で、広角レンズもあれば、超長焦点のレンズが使用される事もある。いずれの場合も、高速で飛行する機体からの撮影なので、カメラには機体の移動による撮影画像のぶれを防ぐ機構が組み込まれている。

訳注4 高射砲塔：都市の中心部を守るための、巨大で頑丈なコンクリート製の建造物。屋上に大型の高射砲を設置したので、「高射砲塔」と呼ばれる。ドイツ全体で八か所に設置された。ベルリンの高射砲塔は地下一階、地上五階で、屋上には高射砲や高射機関銃が設置されていた。四角形の塔は、一辺の長さが七〇ｍの正方形で、高さは三九ｍ。空襲時には内部に1万人以上の市民を収容でき、病院や工場もあった。爆撃で被害は受けたが、終戦まで機能した。

訳注5 パラシュートの装具：パラシュートを体に着ける際に、パラシュートとは別に、装具（ハーネス）と呼ばれる肩ベルト、腰ベルト、股ベルトがついた胴着を体に装着し、降下するときは装具の金具にパラシュート側の金具を取り付ける方式がある。パラシュート本体はかさばり重いのに加え、任務によっては装備品も取りつける場合がある。機内で作業を行なったり、降下を行うまでの時間が長い場合で、機内でパラシュートを装着できるスペースがある大型機の場合には、装具による装着方式が用いられる場合がある。

第4章　反撃の準備

訳注1　曲線の交点：時間差に応じた曲線は双曲線で、二本の双曲線の交点は二つある。しかし、機体のおおよその位置は、それまでの飛行の状況から分かっている。二つの交点にうちの一つの位置は、そのおおよその現在位置からかなり外れた位置なので簡単に除外でき、実用上はどちらの交点かで迷う事はない。

訳注2「マンドレル」の名称：「Mandrel」は「Monitoring and Neutralizing Defensive Radar Electronics」から作られた名称。

訳注3　ボマーストリーム（Bomber Stream）：文字通り、爆撃機を川の流れのように、途切れなく連続的に侵入させる方式。米軍の昼間爆撃では、多数の爆撃機が密集編隊を組んで、爆撃機の防衛用の機銃で敵機を撃退する戦術を採用したが、英空軍の夜間爆撃では、本文にあるように、地上のレーダーを利用した夜間戦闘機の迎撃を、多数の機体がまとまって侵入する事で数的に圧倒するために採用された。

第5章　米国の参戦と日本のレーダー

訳注1　レーダーの音：レーダーは非常に高い周波数の搬送波に、パルス信号を乗せて送信する。パルスは一定の間隔で繰り返される（パルス繰返し周波数）。レーダー波を受信した際に、パルス信号の繰り返し状況を音声信号の形で出力すると、表示器を見なくても受信しているが分かる。音声信号音の周波数によって、照射されているレーダーの種類（対空警戒レーダーか射撃管制レーダーかなど）も推測できるので便利である。

第6章　電波妨害の事項と新型レーダーの投入

訳注1　レーダーの測距精度：レーダーから対象物までの距離は、送信したレーダー波が、反射して帰ってくるまでの所用時間で計算できる。電波の伝わる速さは一定なので、誤差は時間の測定誤差が主な要因である。その他に、反射して戻ってきたレーダー波は微弱なので、受信パルスのどこを受信時刻の基準とするかなども誤差の原因となりうる。距離が大きくなると、誤差も増えるが、距離に比例して増えるとは言えない。

訳注2　H_2Sレーダー：当初のコードネームが、「Home Sweet Home」だったので、それをH_2Sと略した呼び方が、一般的になった。
訳注3　センチメートル波レーダー：センチメートル波レーダーを機体搭載用に使用すると、解像度が向上するのに加えて、アンテナも小型化できる。アンテナをレドーム内に収容できるので、アンテナによる空気抵抗の増加がなく、機体搭載レーダーとしてのメリットが大きい。
訳注4　ワトソン・ワット：英国の物理学者（一八九二年〜一九七三年）。一九三五年にレーダーの実験を行い、実用化に成功した。英国のレーダー開発の初期における彼の貢献は非常に大きい。

第8章　激しさを増す電子戦

訳注1　PPI表示：レーダー画像の表示方式としては、距離だけを表示するAスコープなどいくつかの表示方式があるが、現在ではPPI（Plan Positon Indicator）方式がほとんどである。自機の位置を画面の中心に、進行方向を上にして、真上から見た形で表示するので、地図のように距離と相対方位が一目で理解できる。しかし、高度情報は表示できないので、別画面に真横から見た形で表示したり、PPIに表示された目標に数値を付加して表示する場合がある。地形の場合は高さにより色を変える事もある。
訳注2　参謀長会議：英国の戦時内閣付属の小委員会の一つ。委員は陸軍、海軍、空軍の参謀総長に加え、イスメイ元帥が事務局長として参加した。
訳注3　エース・パイロット：単にエースとも表現される。五機以上の撃墜を成し遂げたパイロットを指す言葉。
訳注4　高射砲弾の爆発高度：高射砲の砲弾は命中すれば爆発するが、直撃できる事は少ない。そのため、直撃しなくても、敵機の高度に達した時に爆発して、砲弾の破片で敵機に被害を与えるよう、信管に爆発高度を設定する。なお、米国は大戦中に砲弾から電波を出し、その電波が敵機に当たって戻ってくるまでの時間が、決められた時間より短くなると、砲弾を爆発させる近接信管を開発し、使用した。

第9章　ハンブルクへの無差別爆撃とその影響

訳注1　ゴモラ：旧約聖書に出て来る町の名前。住民の罪深い行動に怒った神により、ソドムの町と共に、天からの硫黄と火により滅ぼされた。作戦名としては、都市の壊滅を象徴する恐ろしい名称である。

訳注2　照明弾投下筒（フレアシュート）：機体内から照明弾を機外に落とす際の筒。機内から胴体を貫通する形で筒が取り付けられている。上に蓋がついているだけの単純な筒で、内部に物を入れて手を離せば、重力で機外に落ちていく。

訳注3　ハンブルク爆撃：この時期、米国第八空軍も、七月二五日、七月二六日に昼間爆撃を行っている。ハンブルクは昼も夜も爆撃を受けた。

訳注4　盲目爆撃：英語では「Blind Bombing」。標的を直接に目視して狙うのではなく、推測航法、無線航法、レーダーの表示などを利用して爆弾を投下する爆撃方式。計器着陸が「Blind Landing」と表現されていた時もあった。

訳注5　敵味方識別装置（ＩＦＦ：Identification Friend or Foe）：レーダーでは相手の機種を目視では識別できない遠距離で探知できるので、探知した機体が敵か味方かを電子信号により識別する必要がある。そのため、レーダーに映った機体に対して、探知レーダー側から、レーダーに映った機体の敵味方識別装置に質問信号を送り、相手から応答信号を送信させて味方である事を確認する。応答がないと敵と判断されてしまう。民間航空の航空管制にもこの方式は使用されている。管制官は飛行している機体の飛行情報等を知り、それを管制作業に利用する事ができる。

第11章　ノルマンディー上陸作戦の支援

訳注1　第六一七飛行中隊：一九四三年五月一七日、第六一七飛行中隊はランカスター爆撃機一九機で、ドイツのルール地方の工業用水供給用の三つのダムを爆撃した。この爆撃は重量四トンの特殊爆弾を用いて行われ、三つのダムのうち二つのダムの破壊に成功した。しかし、一九機のうち九機、搭乗員一三三名のうち五三名が失う大損害を出した。この作戦後、第六一七飛行中隊は「ダムバスターズ」中隊と呼ばれる事になった。なお、この爆撃につ

いては、映画化もされている（邦題「暁の出撃」）。

第13章　太平洋戦域における激戦

訳注1　広帯域妨害：バラージ・ジャミング（Barrage Jamming）とも言われる。ある程度の帯域幅の全体を対象に、雑音電波を送信して妨害する。

訳注2　狭帯域妨害：スポット・ジャミング（Spot Jamming）とも言われる。妨害したい電波の周波数を選んで、その周波数に集中して妨害電波を送信して妨害する。妨害を受けると、敵は送信周波数を変更するかも知れないので、時々、妨害を停止して相手の送信周波数を知る必要がある。相手の送信周波数を知るための受信機が必要である。

第14章　戦いを顧みて

訳注1　ハイマン・リッコーバー：一九〇〇年生、一九八六年没。米海軍の技術系将校で、第二次大戦後は原子力潜水艦の原子炉の開発に取り組み、世界で初めて原子力潜水艦を実現させた。海軍の勤務は一九一八年から一九八二年まで実に六三年と長い（定年延長に際してはいろいろ事情があった）。妥協を許さない厳しい性格で毀誉褒貶はあるが、その高い能力のため、長く原子力潜水艦の開発に貢献し、最終的には大将になっている。米国の原潜が原子炉の事故を起こしていないのは、リッコーバーの功績と言える。

訳者あとがき

二〇一八年一二月、日本海上空を飛行中の海上自衛隊の航空機に、韓国海軍の軍艦が火器管制レーダーの電波を照射しました。火器管制レーダーに照射される事は、捜索レーダーとは違い、次にミサイルや砲による攻撃を受ける可能性があります。照射を受けた海上自衛隊機の機内では、レーダー波の受信を示す信号音が響き、搭乗員が冷静に、敏速かつ的確に対処している状況がテレビで公開されました。外部からは全く見えませんが、緊迫した状況である事が分かりました。このような状況が公開される事は珍しいのですが、現実に起きた事を正しく知ってもらうために、あえて公開されたものと思われます。こうしたレーダーによる探知、攻撃準備や、それを察知して対応する事は、電子戦（ＥＷ）の一部です。一九八三年にオホーツク海上空で、大韓航空機がソ連軍により撃墜された時も、自衛隊が傍受したソ連軍の通信を国連で公開する事により、ソ連は撃墜を認める事を余儀なくされました。見えない電子の世界での情報の取得、探知、妨害などが、平時でも大きな役割を果している事がうかがえます。

この本は、電子戦が初めて本格的かつ大規模に展開された、第二次大戦中の夜間空中戦における電子戦をテーマにした本です。テーマに選ばれた理由は、第二次大戦では夜間爆撃が大々的に行なわれましたが、暗い夜空での戦闘は目視では不可能で、電子機器の使用が不可欠なため、それを自分達は利用するが、相手の利用は妨げる事が決定的な重要性を持っていたからです。

第二次大戦の前半では、ドイツ軍は英本土進攻の準備のため、英国に対して爆撃を行ないます。昼間爆撃で英空軍の迎撃により大きな損害を出したドイツ空軍は、夜間爆撃に戦術を変更します。夜間に正確な爆撃を行うために、ドイツ空軍は電波による爆撃用航法システムを開発していて、それを使用して正確な爆撃を行ないます。英国は途中からそれに気付き、ドイツ軍の電波に対して、妨害や欺瞞を行ない、ドイツ軍の正確な爆撃を防ぐ上で大きな成果を上げます。

その後、ドイツがソ連への侵攻を開始したため、ドイツ空軍は英国への爆撃を中断します。ヨーロッパ本土での戦いでドイツ軍に敗北して撤退した英国は、地上戦での反撃が不可能なので、ドイツ本土に対する空軍の爆撃により反撃を試みます。戦争前から、英空軍は、戦略爆撃で敵の産業基盤を破壊し、国民の戦意を低下させる事で、戦争に勝利できるとする軍事理論を重視していて、爆撃部隊の強化に努力してきました。双発爆撃機に加えて、四発爆撃機を三機種も開発していました。しかし、ドイツに対する昼間爆撃は、ドイツ空軍の早期警戒レーダーに探知され、戦闘機の迎撃を受けて、大損害を出してしまいます。そのため、英空軍はやむなく、夜間爆撃に戦術を変更します。昼間爆撃では軍事目標を狙う事ができますが、夜間爆撃では爆撃精度が低く、市街地に対する無差別爆撃が主になるので、爆撃戦術としては大きな変更でした。そして、夜間爆撃では、爆撃目標地点を発見し、正確に爆弾を投下するのは、搭乗員の目視や推測航法だけでは不可能でした。英空軍はドイツ空軍と同様に、爆撃用の電波航法システムの構築に努力します。それと並行して、高精度のレーダーの開発にも努力します。戦前から英国は早期警戒用のレーダーの開発、運用には成功していました。しかし、その周波数が低いため、アンテナは巨大で、探知精度も低かったのです。機器を小型化し、探知精度を向上させるには、使用する電波の周波数を高める必要がありますが、当時の技術では困難でした。しかし、英国は空洞マグネトロンを発明して、高い周波数の電波を大きな出力で発生させる事に成功します。しかも、国防機密だったその技術を米国に無償で公開します。米国は莫大な資金と開発技術者を投入し、英国と共にレーダーの開発を進め、夜間戦闘機用や爆撃機用の高性能なレーダーの開発に成功しました（ドイツの夜間戦闘機は機首から大きなアンテナを何本も突き出していますが、英国や米国の夜間戦闘機のアンテナが外から見えないのは、使用している周波数が違うからです）。ヨーロッパでは爆撃地点上空に雲がかかり、目視では爆弾の照準が不可能な場合が多いのですが、レーダーを使用すればそうした状況でも正確に爆撃できるので、レーダーは爆撃の効果を高めるのに大きな貢献をしました。

防空側のドイツ軍も、レーダーを利用した大規模な防空システムの構築、夜間戦闘機部隊の拡充、夜間戦闘機用レーダーの開発などを行ない、英空軍に対抗します。英空軍もまた、ドイツ軍のレーダーや通信を妨害して迎撃を妨げます。終戦まで激しい電子戦は続きました。ドイツは米国の昼間爆撃と英国の夜間爆撃、ノルマンディー上陸作戦以後の連合国の地上部隊の進撃、ソ連軍の反撃を受けて、ついに力尽きます。しかし、ドイツ空軍と英国、米国の爆撃機の戦いは、最後まで激しく続きました。米国も英国もそれぞれ一万機近い爆撃機、十万人以上の搭乗員を失いました。英国は大戦後期には、四発爆撃機を毎月四五〇機程度も生産していました（一日一五機！）。その激烈な夜間空中戦で、電子戦は大きな役割を果たしました。電子システムが機能しなければ夜間爆撃も、夜間防空も成功しないので、攻撃側も防空側も電子の戦いに全力を投入しました。

この本では日本軍と米軍の爆撃部隊の戦いも記述されています。米国は最初は昼間精密爆撃を多用しますが、雲が多くて目視による精密照準ができない事が多く、高々度からではジェット気流の影響で正確な爆撃が行えないので、夜間の低高度からの焼夷弾爆撃に切り替えます。レーダー妨害により日本軍の迎撃を妨げながら、日本の都市を焦土化していきます。日本もレーダーの開発に努力していましたが、地上レーダーも機上レーダーも能力不足で、米軍のB-29爆撃機を撃退する事は出来ませんでした。最後は原爆投下により、力尽きて無条件降伏します。

本書はこの第二次大戦の夜間爆撃を巡る電子戦の状況を、アルフレッド・プライスが描き出したものです。プライスは第二次大戦後に英空軍に入っていますが、航空機の電子装備担当の搭乗員、教官でしたので、電子戦は「本職」であり、綿密な調査と、深い知識に基づいて、ドイツや日本の状況も含めて、第二次大戦の電子航空戦の戦闘の経緯を描いています。ブルネヴァル村のドイツ軍レーダーの奪取作戦など、様々なエピソードや関係する人物を紹介しながら、激戦だった電子戦の状況をいきいきと描写しています。それにより技術と技術がぶつかり合う電子戦の本質が理解できます。訳者は航空機関係の会社に入社した際、名著と勧められてこの本を読みました。その後、電子戦関係の機体の設計を担当した際、もう一度この本を読んで、電子戦の重要性を再認識しました。

第二次大戦後は電子技術の進歩は大きく、使用する周波数の範囲は広がり、デジタル技術の適用により電波情報の利用はより複雑、精緻になりました。通信分野でも、携帯電話、インターネットにより、軍民の区分を越えて、様々な通信手段が使用できるようになりました。現在では、軍事力を有効に発揮するには、C3Iと呼ばれる、通信(Communication)、指揮(Command)、統制(Control)、情報(Intelligence)が重要だとされていますが、電子戦はそれに直接的に影響します。平時からの電子戦関連の情報収集と分析、技術動向を踏まえた技術開発、対策の研究と準備が必要ですし、有事がもしあるとすれば、様々な状況への迅速な対応が必要です。この本に述べられている各国の事情を見て見ると、平時における科学技術の振興、国際情勢に関する情報収集と分析の必要性がわかりますし、不幸にして有事となった場合の、国家としての科学技術能力の有効利用について、国家戦略の在り方を考えされられます。ドイツにしても、V‐1やV‐2のような無人兵器による攻撃は、自国に対する爆撃の効果からしても、敵国の戦意をくじく事ができないのは予測できたと思います。その分の努力を防空に振り向けていたら(レーダーの改良やジェット戦闘機の早期戦力化など)、よほど国家的なリソースの有効利用としては良かったかもしれません。電子戦だけでなく、情報戦も重要な現代なだけに、ますます平時からの準備が重要になっているのではないでしょうか。電子戦の本質は、本書の時代から変わっていないと考えられます。実際の歴史を振り返る事で、読者の電子戦へのご理解に役立てば、翻訳担当者としては幸いです。

「米国-英国研究所第一五分室」参照
AI Mark Ⅳ　索敵レーダー　130，155
AI Mark Ⅶ　索敵レーダー　130
AI Mark Ⅸ　索敵レーダー　136
AI Mark X　索敵レーダー　138，152，153，223，269，274，323
APT-2「カーペット」レーダー妨害装置　107，162，165，208～211，236，241，243，304，305，317，324，328
ECM　電波対抗手段を参照
H_2S レーダー　90，120～123，144，146～148，151，167，168，173，185，196～200，204，209，215，216，218，219，228，230，256，259，262，263，266，267，273，281，318，320，322～324，329
H_2X レーダー　209，324
IFF（敵味方識別装置）198，199，259，269，279，281，320，330
RAE（王立航空研究所）98
RRL（無線研究試験所）106，107，109，110，114，138，162，163，211～214，235，242，264，290
SCR-720 索敵レーダー　136，137，152，223，269
SN-2 索敵レーダー　223～229，235，236，255～257，269，273，274，318，321，324
TRE（無線通信研究所）21，27，67，81，82，84，90，97，100，106，107，119，120，127，128，133，155，163，206，214，243，270
V-1 飛行爆弾　iii，264，265
V-2 弾道弾　iii，178，185，188
X 装置　8，9，11～13，31，33～39，41，42，45，321，324
Y 装置　160，177，194，324
γ 装置　41～45，149，161，320，322，324

「ブーザー」警報装置　123, 124, 151, 185, 321
「フライヤ」対空警戒レーダー　iii, 47～322
ブラハム、J. R.（英空軍）　v, 155, 189
プリンツ・ツーザイン・ヴィットゲンシュタイン（ドイツ空軍）　226～228, 275
ブルネヴァル村襲撃作戦　61, 74, 76, 81, 83, 84, 151
「フレンスブルク」装置　256～258, 300, 321
プレンドル、ハンス（ドイツ電子科学者、博士）　8, 41, 42, 124, 125, 145, 146, 149, 162, 195, 196, 215, 225, 226
「ブロマイド」電波航法妨害装置　33, 37, 39, 41, 321
米国-英国研究所第一五分室（ABL-一五）　214, 243
ヘルマン、ハヨ（ドイツ空軍）　157～160, 178, 179～181, 186, 188, 190～192
ベルリン爆撃（「ベルリンの戦い」）　190, 191, 204, 214～234
「ベルンハルディン」受信機　282, 321
「ベルンハルト」送信機　282, 321
ボーレン人造石油製造工場　275～277, 279, 280
放射研究所（Radiation Laboratory）　106, 114

ま行

「マムート」対空警戒レーダー　56, 57, 60, 115, 117, 171, 239, 241, 267, 309, 322
「マンドレル」レーダー妨害装置　94, 106, 107, 115～118, 137, 162, 165, 242, 243, 246, 249, 259, 267～269, 276, 273, 277, 302, 322, 324, 328
「マンハイム」レーダー　237, 181, 310, 316, 322
「ミーコン」電子航法妨害装置　23, 24, 26, 35, 322
ミルヒ、エアハルト（ドイツ空軍元帥）　142, 143, 145, 146, 151, 160～162, 166, 167, 180～182, 188, 190, 195～198, 202, 203, 215～220, 222
「ムーンシャイン」レーダー欺瞞装置　ii, 94, 95, 106～108, 115, 116, 248～250, 322
無線研究試験所　RRL 参照
無線通信研究所　TRE 参照
模擬火災　40, 41, 45
「モニカ」後方警戒レーダー　123, 151, 161, 183, 185, 256～259, 300, 321, 322

や行

「ヤークトシュロス」戦闘機管制レーダー　261, 262, 267, 272, 273, 281, 282, 310, 322
八幡製鉄所爆撃　286, 288, 289
「遊撃隊」戦法　「ヴィルデザウ」戦法の別名

ら・わ行

「リヒテンシュタイン」索敵レーダー　57～60, 124, 151, 152, 154～156, 174, 184, 213, 223, 224, 235, 236, 255, 256, 318, 319, 321, 323
リンデマン教授（叙爵後はチャーウエル卿）　v, 15, 16, 19, 24, 31, 34, 35, 90, 126, 129, 166, 184
ローレンツ・システム　6～10, 14～17, 22, 26, 91
ワトソン・ワット、ロバート　130, 134, 325, 329

漢数字

一号一型電波探信儀　109, 113, 113, 287, 288, 292, 314
一号二型電波探信儀　288, 314
一号三型電波探信儀　292, 314
二号一型電波探信儀　110, 314
二号二型電波探信儀　110, 314
四号一型電波探信儀　288, 293, 314
四号二型電波探信儀　288, 293, 314

英字

ABC　「エアボーン・シガー」通信妨害装置参照
ABL-一五

ジーマ社　47, 56
ジャクソン、デレク（英空軍）　v, 129, 130, 134, 136, 152, 244, 257, 258, 300
「シャルンホルスト」（ドイツ海軍戦艦）　84, 94, 248
シュナウファー、ハンス・ウォルフガング（ドイツ空軍少佐）　156, 157, 274, 275
ジョーンズ、R. J.（英空軍情報部）　v, 11〜20, 30, 31, 33, 41, 64, 65, 67〜71, 73, 76, 81〜83, 87, 99〜101, 134〜136, 183, 239, 256, 326
「ジョスル」通信妨害装置　270, 271, 283, 318
「スターフィッシュ」作戦　40, 41, 45
「スペシャル・ティンセル」通信妨害　193, 203
「ゼータクト」レーダー　47, 48, 63, 64, 68, 99, 108, 165, 239, 244〜246, 309, 318
「ゼーブルク・テーブル」（航跡表示盤）　54, 55, 188
政府暗号学校　13, 32, 33, 61
「セレート」逆探装置　154, 155, 189, 228, 255, 266, 269, 318

た行

「ダートボード」通信妨害装置　220, 272
タチ１号レーダー　288, 292, 312
タチ２号レーダー　288, 292, 312
タチ３号レーダー　292, 294, 295, 313
タチ６号レーダー　110, 285, 286, 288, 292, 313
タチ18号レーダー　292, 313
「チェイン・ホーム」レーダー　3, 4, 48, 259〜261, 317, 319, 325
チャーウエル卿（叙爵前はリンデマン教授）　29〜132, 134〜136, 166, 184
チャーチル首相　v, 5, 15, 16, 19, 24, 31, 34, 35, 50, 66, 89, 90, 166, 214, 215
チャフ　「ウィンドウ」の米国側の名称
「チューバ」レーダー妨害装置、MPQ-1　213, 235, 236, 264, 319
超短波警戒機甲（日本陸軍）　110, 292、312
「ツァーメ・ザウ（飼いならされたいのしし）」戦法　186, 194, 226, 233, 262, 319
「ティンセル」通信妨害　116, 118, 137, 193, 217, 220, 259, 272, 319
敵味方識別装置　「IFF」参照
テレフンケン社　v, 9, 47, 55, 57, 60, 81, 92, 145〜147, 152, 198, 223, 236, 237
「デュッペル」（チャフのドイツ側の名称）　iii, 139, 140, 223, 319
電子情報収集（エリント）　111, 112, 114, 285
電子対抗手段（ECM）　ii, 105, 106, 119
電子偵察機（エリント機）　3, 133, 154, 164, 242, 256
「ドミノ」電波航法妨害装置　43, 320
「ドラムスティック」通信妨害装置　220, 272

な行

「ナクソス」受信機　146, 196, 198, 216, 224, 228, 236, 256, 273, 274, 320
「ナクスブルク」探知装置　198, 223, 259, 320
ニュルンベルク爆撃　230, 231, 233〜235
「ニュルンベルク」レーダー　195, 196, 237, 320
ノルマンディー上陸作戦　ii, 235, 238, 241, 243, 257, 262, 267, 306, 317, 318

は行

「パーフェクトス」装置　269, 278, 281, 320
「パイプラック」レーダー妨害装置　269, 321
「ハインリッヒ」妨害電波送信機　93, 320
ハリス、アーサー（英空軍爆撃機航空団司令官）　152, 166, 167, 190, 191, 214, 215, 226, 230, 234, 235, 258, 259
ハンブルク爆撃　144, 167〜186, 190, 235, 330
ヒトラー、アドルフ（ドイツ国総統）　46, 124, 149, 177, 178, 206, 219, 221, 232, 238, 254, 301
「ヒンメルベット」防空システム　「カムフーバーライン」参照

索引

あ行

「アスピリン」電波航法妨害装置　26，28，316
アディソン、エドワード（英空軍）　v，20～23，27，28，44，266～268
「ヴァッサーマン」レーダー　56，57，60，116，117，165，171，239～241，267，309，316，322
「ヴィスマール」改修　236，237，316
ヴィットゲンシュタイン少佐
　プリンツ・ツー・ザイン・ヴィットゲンシュタイン参照
「ヴィルデ・ザウ（野生のいのしし）」戦法（「遊撃隊」戦法も含む）　158，159，160，178，180，181，186～188，190～193，233，234，316
ウィンドウ（チャフ）　iii，126～319
「ヴュルツブルク」レーダー　iii，47～322
「ヴュルツブルク・リーゼ」レーダー　53，56，58，60，73，75，86，87，108，116，117，126，173，183，239，310，316，317
「ヴュルツラウス」改修　194，195，237，304～306，317
「エーゲルラント」射撃管制レーダー　281，317
「エアボーン・シガー（ABC）」通信妨害装置　206，207，216～218，220，249，252，259，267，271，317，323，
オーデルビル村　68～71
「オーボエ」爆撃用航法システム　90，119，120，122，144，148～150，185，209，220～223，262，263，281，317
オスロ・レポート　62，65，326，327

か行

「カーペット」レーダー妨害装置
　APT-2「カーペット」参照
カムフーバー、ヨーゼフ（ドイツ空軍）　51～53，55，56，60，61，95，97，142，157，158，162，182，185，192
「カムフーバー・ライン」防空方式　51，52，56，59，60，87，95～97，116，156，157，172，173，181，183，185，187，188，321
「グナイゼナウ」（ドイツ海軍戦艦）　84，94，248
「クニッケバイン」爆撃用航法装置　iii，9～11，13～19，22，23，26～31，41，45，63，65，67，91，93，126，317，321
「グラーフ・シュペー」（ドイツ海軍巡洋艦）　63，64，68
「グラーフ・ツェッペリン」（ドイツ空軍飛行船）　1～4，7，62
「クライン・ハイデルベルク」レーダー　259～261，317
ゲーリング、ヘルマン（ドイツ軍国家元帥）　42，46，50，51，124，139，141，142，149，158，159，160，178，181，190，215，218，225，255，301
ケルン爆撃　96，129，144，150，159，221
「検視解剖」調査（ポストモルテン調査）　301～303
原子爆弾　296～298
コックバーン、ロバート（英国電子科学者博士）　i，iv，v，21，26，27，30，33，39，42～44，94，106，107，115，119，127，133，138，163，183，194，206，214，240，246～248，253，270
コベントリー爆撃　36～40
「コルフ」受信機　146，196，197，318
「コロナ」通信妨害方式　204，205，220，272，318

さ行

「ジー」航法システム　90，91，93，96，122，150，171，318，320

◉訳者略歴

高田　剛（たかだ つよし）

1944年中国東北地区（旧満州国）生まれ。
名古屋大学工学部、同大学院（修士課程）で航空工学を専攻。
1968年川崎重工業㈱に入社。設計部門を主に、飛行試験部門での技術業務も経験（約890時間の試験飛行に従事）。設計部門では対潜哨戒機、輸送機などを担当。救難飛行艇の開発にも参加。子会社で航空機の製造にも関与。趣味はグライダーの飛行と整備。自家用操縦士、操縦教育証明、整備士、耐空検査員。飛行時間は約1,100時間。

訳書『月着陸船開発物語』
『史上最高の航空機設計者 ケリー・ジョンソン 自らの人生を語る』
『点火！―液体燃料ロケット推進剤の開発秘話―』
『ステルス ―ステルス機誕生の秘密―』
（以上プレアデス出版）

インストゥルメンツ オブ ダークネス

第二次大戦、夜間航空戦の勝敗を決した電子戦の攻防

2024年11月22日　第１版第１刷発行

著　者　アルフレッド・プライス
訳　者　高田　剛
発行者　麻畑　仁
発行所　㈲プレアデス出版
〒399-8301　長野県安曇野市穂高有明7345-187
TEL 0263-31-5023　FAX 0263-31-5024
http://www.pleiades-publishing.co.jp
組版・装丁　松岡　徹
印刷所　亜細亜印刷株式会社
製本所　株式会社渋谷文泉閣

落丁・乱丁本はお取り替えいたします。定価はカバーに表示してあります。

ISBN978-4-910612-15-7　C0098　　Printed in Japan